Edita en castellano: Editorial Carbrame-98, S.L.
Primera edición 2024
Editor: José Ramón de Camps
Traducción: Glòria Bohigas
Fotografía de la cubierta: Antonio Vázquez
Maquetación e impresión: www.cegeglobal.com

Depósito legal: B 16770-2023
ISBN: 978-84-127241-2-7

EL MUNDO EN INVIERNO

El ingenio de la supervivencia animal

BERND HEINRICH

EDITORIAL
CARBRAME

Índice

Introducción

Durante mi adolescencia al oeste de Maine me dediqué a leer con fruición las novelas de Jack London, que me dieron a conocer el universo de hombres rudos y animales resistentes que habitaban en los gélidos bosques del norte. Soñando con ese mundo, me adentraba en el bosque con mis raquetas de nieve, y si por casualidad se desataba una tormenta, tanto mejor. En lo más recóndito del monte, cavaba un pozo poco profundo en la nieve y, utilizando corteza de abedul y ramitas secas de abeto rojo, encendía una hoguera que pronto se ponía a crepitar. El resplandor de las partículas que salían disparadas como flechas hacia el cielo oscuro, el humo acre elevándose entre los copos de nieve y la carne de liebre o puercoespín asándose en un palo sobre las llamas, todo formaba parte de la magia invernal. Mientras entraba en calor, solía pensar en un relato de Jack London, «Encender una hoguera», donde corrobora que en los páramos del norte, el calor y la vida van de la mano. En esta historia, que transcurre en el gélido territorio del Yukón, la clave de la supervivencia para el recién llegado consiste en no mojarse y estar en posesión de una cerilla. Sin embargo, tras una serie de infortunios, el protagonista se moja los pies y la hoguera y su vida languidecen.

El problema de ese principiante, en palabras de London, es que «carecía de imaginación. Era listo y despierto para las cosas de la vida, pero no profundizaba en su significado. Cuarenta y cinco grados bajo cero eran para él solo eso: cuarenta y cinco grados por debajo del punto de congelación. No le cabía en la cabeza que pudieran ser otra cosa». El recién llegado a esas tierras conocía los elementos en abstracto: el hielo y las cifras, pero era incapaz de entender su *significado*. A nosotros nos ocurre algo parecido, por la simple razón de que estamos adaptados a un entorno tropical y lo reproducimos en nuestro entorno durante todo el año, tanto en nuestro hogar como con la ropa con la que nos vestimos. La mayoría no nos sentimos cómodos a 0 °C, la temperatura en la que el agua se convierte en hielo. No tenemos ni idea de lo que significan cuarenta y cinco grados bajo cero. No solemos experimentar estas temperaturas y nos cuesta imaginar cómo sobreviven los animales; cuando llega el invierno, la mayoría nos rodeamos de un ambiente tropical completamente artificial.

Obsesionado como estaba por Jack London, puede que, durante la adolescencia, experimentara alguna vez el frío, pero no lo suficiente para que me quedara bien impreso en la mente. Deseaba convertir en aventura todas y cada una de mis excursiones a los bosques invernales. Recuerdo que una noche salí a hurtadillas de casa con dos amigos del colegio para esquiar a la luz de la luna en los bosques de pinos y cicutas junto al camping Martin Stream, al oeste de Maine. Nos encantaba fantasear que recorríamos la ruta Dawson del Yukón, donde se tenía que ser un hombre duro. Al fin y al cabo, en esos parajes podía ocurrir cualquier cosa. Oíamos claramente los ladridos de los huskies y otros perros en una granja remota, que, en nuestra imaginación, equiparábamos a los aullidos de los lobos. Las auroras boreales parpadeaban bajo el telón verdoso que arropaba el cielo tal como las describía London, dando pábulo a nuestras quimeras. Un búho barrado ululaba en el oscuro pantano de cedros, las liebres atravesaban la balsámica espesura de abetos en absoluto silencio, mientras los ciervos seguían su andadura por la cresta. Sin embargo, no sabíamos nada del mundo de esas criaturas, y no teníamos ni idea de cómo los animales sobrevivían a temperaturas extremas de hasta 50 grados centígrados bajo cero. Como el chechaquo en su primer invierno, carecíamos de imaginación por falta de experiencia.

Cada especie tiene su propia percepción del mundo, y un gran número de ellas tienen capacidades muy distintas a las nuestras. Pueden desvelarnos lo *inimaginable*. Así, cuanto mayor sea nuestra empatía por una gran variedad de animales, más aprenderemos de ellos. Por ejemplo, nadie por sí mismo trataría de recoger un líquido prácticamente indistinguible del agua de un tipo concreto de árbol para luego evaporarlo y convertirlo en azúcar. Pero eso es precisamente lo que hacían los iroqueses, la población indígena del estado de Nueva York. Cuentan que el jarabe de arce fue descubierto por un niño que se fijó en una ardilla lamiendo la sabia de un arce que fluía de una hendidura. Descubrió así uno de los alimentos invernales de esta especie. Por curiosidad, el muchacho probó la savia y la encontró deliciosa, ofreciendo así un nuevo recurso alimentario a su tribu. Del mismo modo, antes de examinar realmente su capacidad de observación mediante sofisticados aparatos electrónicos, nadie sospechaba que los murciélagos perciben el mundo a través de sus oídos, que los elefantes marinos son capaces de sumergirse hasta un kilómetro y medio de profundidad y permanecer allí durante una hora, que las polillas sienten la presencia de su pareja a una distancia similar o que algunos pájaros atraviesan el océano en un vuelo sin interrupciones.

Una de las primeras teorías relacionadas con el mundo invernal (concebida por el biólogo alemán Carl Bergmann en el siglo XIX), que hoy se conoce con el nombre de Regla de Bergmann, establece que los animales del norte tienen un tamaño superior al de sus congéneres del sur, lo que les permite conservar mejor el calor corporal, que suele ser costoso de producir. Por eso no es de extrañar que el mayor paseriforme del mundo (el grupo de aves más habitual y con mayor número de especies), el cuervo común (*Corvus corax*), sea un ave del norte y que los ejemplares más majestuosos de esta especie vivan entre Maine y Alaska. Sin embargo, como ocurre con la mayoría de las teorías, la Regla de Bergmann solo es aplicable cuando se da en condiciones idénticas. El pájaro perchero más pequeño del mundo, que comparte el área de distribución septentrional con el cuervo incluso durante el invierno, pesa 325 veces menos. Este compañero norteño del cuervo, el reyezuelo sátrapa (*Regulus satrapa*), pesa unos cinco gramos, el equivalente a veinte céntimos de euro. Es apenas algo mayor que el colibrí de garganta roja o la musaraña pigmea, y sin embargo logra sobrevivir en los bosques invernales del hemisferio norte.

Tuve la suerte de observar a esos diminutos pájaros durante mis excursiones infantiles por los bosques de Maine, y sigo asombrándome cuando vienen a mi encuentro por la mañana tras una noche gélida. Nuestra fragilidad frente al frío hace que la supervivencia de esas pequeñas criaturas nos parezca aún más milagrosa si cabe.

Reyezuelos sátrapas.

Sigund F. Olson escribió en *Reflections from the North Country:* «Si supiera todo lo que hay que saber sobre una amapola dorada del Ártico que crece en un saliente rocoso del extremo norte, conocería la historia completa de la evolución y la creación». Podríamos sustituir la amapola por el reyezuelo. Los reyezuelos son pájaros de color apagado con una cresta roja, amarilla o naranja. Cuando están excitados, alzan repentinamente su brillante penacho por encima de las plumas oliváceas que coronan su cabeza. Es uno de los pájaros más comunes aunque menos conocidos de los bosques del hemisferio norte. Cuando observo a un reyezuelo saltando por un abeto densamente ramificado y cubierto de nieve, me pongo en su lugar y me pregunto cómo consigue manejarse en ese mundo. Su cuerpo posee una circunferencia que no sobrepasa el tamaño de una nuez y su tasa de transferencia de calor con relación a su talla es cien veces superior a la de los seres humanos. El mundo es de repente mucho más frío, y la posibilidad de morir congelado en el invierno del norte deja de ser una hipótesis remota. Sin embargo, solo entenderemos nuestro asombro ante la capacidad de sobrevivir de los reyezuelos si la comparamos con las distintas estrategias de adaptación de los numerosos animales con los que comparten su universo invernal. Sus medios especiales de adaptación son los que ponen en contexto y dan continuidad al misterio de cómo sobreviven a temperaturas bajo cero. En palabras de Edward O. Wilson (en *The Future of Life*), cada especie abre «una puerta a un mundo paradisíaco» que es «una fuente de esperanza». Estoy de acuerdo: si los reyezuelos son capaces de hacerlo, todo parece posible.

Solo si supiera cómo y por qué un reyezuelo sátrapa sobrevive al invierno de Maine o Alaska entendería la historia de la supervivencia invernal. Al igual que otros animales del norte, su vida se desarrolla sobre el yunque del hielo y bajo el martillo de las privaciones. Para los que llegan a la primavera, la existencia se reduce a esta simple alternativa. El reyezuelo es, pues, un pájaro emblemático no solo del invierno, sino también de la capacidad de adaptación en condiciones desfavorables. Este pájaro simboliza las asombrosas e ingeniosas estrategias que han desarrollado los animales para enfrentarse al frío. Es el símbolo del mundo invernal que exploro en este libro, ya que su diminuto tamaño y su presunta dieta insectívora cuando están ocultos e hibernando se combinan a la perfección para crear un misterio sin resolver. Es, pues, gracias al reyezuelo que me he propuesto estudiar el mundo glacial de los bosques del norte y el que me ha incitado a ir más allá para intentar comprender este prodigio.

Nota sobre terminología y definiciones

Los nombres nos ayudan a pensar y algunas veces prácticamente definen lo que pensamos. Sin embargo, en este libro he intentado en la medida de lo posible dar prioridad a la realidad empírica y dejar que los nombres y la terminología solo sean abstracciones útiles para englobar una serie de conceptos. Por desgracia, las ideas cambian y evolucionan a medida que disponemos de nueva información, por lo que la terminología también tiene que adaptarse. A lo largo del libro utilizo términos que han tenido varios significados en diferentes épocas y para diferentes personas. Para evitar posibles confusiones, y en parte a modo de repaso, intento aclarar aquí algunos de los términos que hacen referencia a las adaptaciones invernales de los animales.

En *El mundo en invierno,* utilizo principalmente la escala Celsius para medir la temperatura. En cuanto a los pesos y longitudes, uso tanto el sistema estadounidense como el métrico. Para aquellos lectores que necesiten repasar la conversión de Celsius a Fahrenheit, o entre las medidas estadounidenses y las métricas, he aquí unas fórmulas rápidas: 1 onza equivale a 28,35 gramos, y 1 pulgada a 2,54 centímetros. Dado que gran parte de este libro tiene que ver con la temperatura, en la siguiente escala se incluye la conversión de Celsius a Fahrenheit.

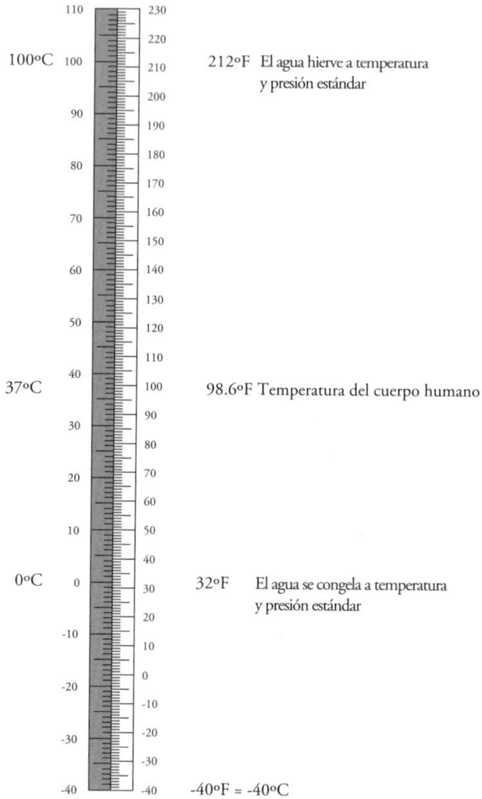

Conversión de Celsius a Fahrenheit.

Casi toda la terminología de este libro está relacionada con la hibernación, e incluso este término puede prestarse a confusión, ya que en general se relaciona con determinadas hipótesis. Tradicionalmente, la hibernación significa simplemente inactividad invernal y se asocia tanto a las ranas que se ocultan en el barro debajo del hielo como a algunos insectos que permanecen congelados sobre la superficie. Se aplica tanto a los osos que hibernan tumbados en sus guaridas pero mantienen una temperatura corporal elevada, como a las ardillas de tierra y a los murciélagos que pasan la mayor parte del invierno con una temperatura corporal baja, incluso si de vez en cuando entran en calor para permanecer activos durante un día o más.

Los animales que hibernan están la mayor parte del tiempo (pero no necesariamente siempre) en estado de letargo, una fase de inactividad derivada principalmente (pero no exclusivamente) del descenso de la temperatura corporal. La hibernación designa una serie de adaptaciones progresivas al invierno, mientras que el letargo puede ser un fallo patológico de regulación de la temperatura o una respuesta adaptativa para economizar energía. Puede durar horas, días o meses.

Cuando se estableció que el letargo, que permite bajar el termostato corporal, era el resultado de una adaptación en los animales de sangre caliente, se pensó que lo que caracterizaba la hibernación era el descenso de la temperatura corporal. Sin embargo, enseguida se descubrió el mismo mecanismo de adaptación en algunos animales que sobreviven tanto en condiciones invernales como en las inhóspitas condiciones estacionales del desierto. En este nuevo contexto, la fisiología de «hibernación» del letargo se definió entonces como «estivación».

Al principio, la definición estricta que unía el mecanismo de hibernación (o estivación) a la temperatura corporal implicaba que solo hibernaban los mamíferos (y potencialmente las aves). Sin embargo, debido a que otros animales que no regulan nunca su temperatura corporal también son capaces de realizar actividades invernales, había que inventar un nuevo término o prescindir del antiguo. La solución fue inventar un cuarto término: brumación. Acuñado en la década de 1970, esta palabra hace referencia a la indolencia o letargo invernal de los anfibios y reptiles de sangre supuestamente fría. Posteriormente, se supo que algunos mamíferos y algunas aves entran periódicamente en estado de letargo para conservar su energía, no solo estacionalmente sino también a diario durante el verano. El comportamiento/fisiología del letargo ya no podía mantenerse como un rasgo característico de la hibernación ni siquiera en los animales de sangre caliente. Así pues, al hallar formas cada vez más numerosas y variadas de sobrevivir al invierno, la definición única de hibernación ha quedado obsoleta.

La temperatura corporal ha resultado ser un criterio especialmente inadecuado para definir la hibernación, ya que se descubrió que muchos insectos, que supuestamente son de «sangre fría», regulan a veces la misma temperatura corporal, o incluso superior, que la mayoría de las aves y mamíferos. Para rebajar su temperatura corporal, los insectos utilizan a veces la misma técnica que las aves o los mamíferos: tiemblan (contraen simultáneamente músculos opuestos que en general utilizan para la locomoción a fin de generar calor con pocos movimientos), lo que les permite conservar la capacidad de desplazarse rápidamente si quieren emprender el vuelo. Otros insectos se mantienen *activos* sin necesidad de aumentar su temperatura corporal, ya sea temblando o tomando el sol (escoger un lugar orientado al sol les evita tener que temblar), e incluso algunos permanecen activos con una temperatura corporal igual o ligeramente inferior al punto de congelación del agua.

Sin unos conocimientos rudimentarios de las propiedades físicas del agua, es imposible hacerse un idea de las reacciones corporales frente al frío o entender algunos términos y conceptos, como punto de congelación, anticongelante, nucleación del hielo, histéresis térmica y sobrefusión, que aparecerán una y otra vez en este libro y que aquí me limito a enumerar. En general, los puntos de congelación y fusión del agua se alcanzan a una determinada temperatura. Todo el mundo sabe que el agua *dulce* pasa del estado líquido al estado sólido cuando el termómetro marca 0º en la escala Celsius y 32º en la escala Fahrenheit. (Me referiré principalmente a la medida internacional, la escala Celsius.) Los solutos contenidos en el agua hacen descender el punto de congelación de modo predecible; añadiendo un mol (peso molecular, que es un *número* específico de moléculas) de cualquier sustancia a un litro de agua dulce, por ejemplo, se reduce el punto de congelación/fusión en 1,86 ºC. Muchas adaptaciones de los animales a las bajas temperaturas características del invierno se asocian a «trucos» físicos que alteran el punto de congelación previsto, explotando otros fenómenos relacionados con el punto de congelación/fusión del agua. En primer lugar, la disminución del punto de congelación/fusión del agua no es *siempre* estrictamente una consecuencia de la concentración molar de la sustancia disuelta en el agua. *Algunas* sustancias —en particular, las que denominamos «anticongelantes»— interactúan con las moléculas de agua y provocan un descenso del punto de congelación superior del que podría preverse si solo tuviéramos en cuenta la concentración. Un fenómeno aún más importante que aprovechan los animales (especialmente los insectos) es la separación del punto de congelación del punto de fusión. Esta anomalía se denomina histéresis térmica. Cuando una solución de agua (independientemente de si se trata de agua dulce o contiene solutos que pueden ser o no anticongelantes) se mantiene en estado líquido al ser sometida a una temperatura inferior a su punto de congelación (es decir, en histéresis térmica), entonces se dice que se encuentra en *sobrefusión* o está sobreenfriada. Normalmente, los cristales de hielo se forman encima y alrededor de alguna molécula o en presencia de otros cristales de hielo, y la sobrefusión de un líquido solo se produce si no existen los llamados nucleadores alrededor de los cuales se forman los cristales de hielo. Si se añade un nucleador —un simple cristal de hielo o una partícula de polvo— a un líquido sobreenfriado, el conjunto se transforma «instantáneamente» en hielo; de ahí que los líquidos en sobrefusión no sean estables y puedan congelarse potencialmente en cualquier momento.

Otro término (no exclusivo) que se utiliza algunas veces para la hibernación de los insectos es *diapausa* que, sin embargo, se define más exactamente como una suspensión del desarrollo. Todos los insectos se hallan en un estado de desarrollo interrumpido cuando hibernan (en parte porque las bajas temperaturas, y también el hielo, retrasan o detienen los procesos bioquímicos salvo que se recurra a mecanismos especiales para sortear el frío), pero no se hallan en sentido estricto en diapausa a menos que *no* respondan reactivando el desarrollo tan pronto como vuelve a hacer calor. Muchas polillas (aunque no todas) interrumpen su desarrollo en la fase de crisálida hacia el final del verano y el otoño cuando aún hace calor, y luego hibernan entrando en diapausa en forma de pupa. Otras, según la especie, hibernan en forma de huevo, de larva o en estado adulto. Para interrumpir su crecimiento, cada especie se adapta a su manera. Estas adaptaciones se combinan con otros factores para resistir el frío y pasar el invierno. La diapausa puede producirse también en ausencia de hibernación. Por ejemplo, algunos insectos adultos entran en diapausa reproductiva en verano cuando migran o buscan plantas huéspedes.

La confusión terminológica sobre lo que significa la hibernación puede evitarse si la definimos no tanto en términos de temperatura corporal, o de algún otro fenómeno fisiológico o de comportamiento específico de una especie determinada, sino con relación a su función adaptativa. En la mayoría de los animales, la hibernación o la estivación son fases estacionales de letargo adaptativo que permiten sobrevivir de forma natural a la hambruna que tiene lugar periódicamente. El frío, el calor y la aridez son factores que agravan la hambruna estacional que la hibernación ha abordado mediante distintas adaptaciones.

Las confusiones terminológicas podrían evitarse admitiendo que proponer definiciones más precisas o más restrictivas no genera una mayor comprensión del comportamiento animal. Los animales se adaptan. Cada animal escogerá una solución dentro de un conjunto infinito de posibilidades, que nosotros no podemos ni medir ni imaginar *a priori*. Los distintos términos pueden aplicarse a cualquier animal en mayor o menor medida, pero en última instancia será la especie, y a menudo el propio individuo, el que creará sus propias condiciones para adaptarse a cada situación. Entendemos cada contexto no tanto reagrupando y definiendo sus atributos, sino diferenciando las particularidades específicas de las características generales. Estos rasgos comunes tienden a consagrarse como reglas o leyes que, en última instancia, son artefactos descriptivos derivados de la estadística. Pero los animales no siguen reglas ni permiten que los encasillemos fácilmente según nos convenga. Una «regla» no es más que una reacción uniforme que hemos deducido del comportamiento de los animales porque se ajusta a sus intereses. Las reglas son la suma de decisiones tomadas por individuos. Son un resultado. El caos, y el arte, de la naturaleza siguen estando allí.

1

El fuego y el hielo

La vida microscópica evolucionó hace unos 3.500 millones de años en el período precámbrico, el primero y más largo capítulo de la humanidad, que abarca aproximadamente el 90% del tiempo geológico. Nadie sabe cómo era exactamente la Tierra en el momento en el que apareció la vida microbiana, pero sabemos que durante un tiempo fue un lugar caluroso con una atmosfera carente de oxígeno que hacía insostenible la vida. Los primeros microbios, probablemente algas verdeazuladas u organismos bacterianos, idearon la fotosíntesis para aprovechar la luz solar como fuente de energía. Extrayendo el dióxido de carbono del aire como alimento, generaron oxígeno como producto de desecho, transformando así la atmosfera y, en consecuencia, el clima. Esos organismos desarrollaron el ADN para almacenar información e inventaron el sexo, que generó variaciones para la selección natural, y la evolución siguió su curso interminable y, en gran medida, impredecible.

Se piensa —partiendo de las huellas genéticas moleculares— que todas las formas de vida terrestre se originaron a partir de un mismo ancestro común, un organismo bacteriano que acabó dando lugar a las tres principales ramas de la vida: arqueas, bacterias y eucariotas (organismos formados por células con núcleo de los que forman parte las algas, las plantas, los hongos y los animales).

Todavía existan algunos vestigios de esta primera forma de vida, anterior a la aparición del oxígeno, sin apenas haber cambiado. Se cree que se trata de bacterias que consumen azufre y que actualmente solo viven en los pocos lugares en los que subsisten las antiguas y, para el ser humano, infernales condiciones. Su hábitat natural lo constituyen las fuentes termales y los respiraderos hidrotermales submarinos donde el agua que emerge del fondo del océano alcanza los 300 °C (y permanece en estado líquido sin transformarse en vapor a causa de la intensa presión de la profundidad, cerca de 3.600 metros). Una de las especies que vive al borde de esos respiraderos de agua caliente es *Pyrolobus fumarii*, que solo puede desarrollarse a partir de 90 °C y tolera una temperatura de 113 °C. A medida que la Tierra se fue enfriando, surgieron nuevos entornos y nuevos organismos unicelulares y luego pluricelulares, que evolucionaron a partir de esas especies, u otras especies similares, para conquistar hábitats cada vez más nuevos y más fríos.

Mucho más tarde, algunas células también lograron prescindir de sus condiciones hereditarias invadiendo otras células; al encontrar propicio este nuevo entorno para su supervivencia, se adaptaron a él. Al principio, estos organismos parasitarios acabaron estableciendo relaciones cooperativas y simbióticas con sus huéspedes. Tal vez la más decisiva de estas asociaciones mutuamente beneficiosas se produjo cuando algunas algas verdes precámbricas se desarrollaron con éxito en el interior de otras células y luego se transformaron definitivamente en cloroplastos, mientras sus huéspedes se convertían en *plantas* verdes.

La capacidad para almacenar energía solar, que dio paso a la vida multicelular y a la impresionante diversidad de formas existentes hoy en día, vino seguida de —o fue simultánea a— otra invasión celular parasitaria que acabó siendo simbiótica. La disponibilidad del oxígeno surgido de las plantas dio lugar a bacterias captadoras de energía y oxígeno, y cuando algunas de ellas invadieron otras células, pasaron a ser mitocondrias y sus huéspedes se convirtieron en animales. Las mitocondrias son células que producen y utilizan energía. La existencia de mitocondrias con *acceso* al oxígeno facilitó un gasto energético muy superior, lo que a su vez posibilitó la evolución de los animales multicelulares. Una de las máximas expresiones de la vida alimentada por el uso de mitocondrias es, sin duda, la de algunos animales como los reyezuelos, que son capaces de mantener un ritmo de vida que a nosotros nos parece increíblemente alto y sostenido durante todo el invierno boreal.

Los fuegos metabólicos generados por las mitocondrias pueden ser avivados para que funcionen a pleno rendimiento, dada la disponibilidad de oxígeno, o pueden activarse a un régimen inferior. La vida es el proceso que aprovecha, y sobre todo controla, este fuego. Produce calor, y el calor es muchas veces sinónimo de vida.

Para nosotros, la temperatura es una sensación que se mide en una escala que va del calor al frío. Físicamente, se trata de un *movimiento molecular*, y se gradúa con un termómetro, ya que cuanto mayor sea el desplazamiento de las moléculas de una sustancia —por ejemplo el mercurio—, más separadas estarán. Medimos esta expansión molecular cuando el mercurio (o cualquier otro líquido) se desplaza en el interior de un tubo sobre una escala calibrada. El movimiento molecular aunque no representa la vida como tal, sí constituye una condición previa para que esta se desarrolle.

El calor, en cambio, es la *energía* que entra o sale del organismo y que modifica la temperatura. Algunas sustancias han de absorber mayor energía (del sol, por ejemplo) para que sus moléculas se activen y su temperatura aumente. Una caloría es la cantidad de energía necesaria para aumentar en un grado centígrado la temperatura de un gramo de agua. Algunas materias, como la piedra, se calientan con mucha menos energía que la necesaria para calentar el agua. De nuevo, la energía no es la vida, pero sí un requisito para que esta se produzca. Y la vida es una consumidora insaciable de energía. Lo verdaderamente milagroso, por lo tanto, es que haya vida y que prospere incluso en invierno cuando casi no hace sol.

No existe un límite superior de temperatura. En el interior de nuestro sistema solar, la temperatura de la superficie del sol es de unos 6.000 °C, mientras que la del centro es 3.000 veces mayor, es decir, 18.000.000 °C. En cambio el límite inferior es finito. Es el punto a partir del cual el movimiento molecular se interrumpe y en el que el valor de la energía térmica es cero. Esta temperatura excluye la vida, pero gracias a las adaptaciones del mundo invernal que examinaré en este libro, no significa forzosamente su destrucción. La vida puede perpetuarse, al menos en teoría, como si estuviera en suspenso, incluso a las temperaturas más bajas del universo.

La escala Celsius se define como una división de la energía térmica contenida en el agua por medio de una gradación arbitraria en 100 unidades, correspondientes al momento en el que las moléculas de agua dejan de tener una estructura cristalina y se convierten en líquido (0 °C) y aquel en el que el agua líquida, situada al nivel del mar, empieza a hervir (100 °C). El contenido energético cero de la materia, o límite más bajo de temperatura del universo, se define como 0 °K en la escala Kelvin y corresponde a –273,15 °C o –459,7° en la escala Fahrenheit. Dado que la vida tal como la conocemos se basa en el agua, la vida celular *activa* con la que estamos familiarizados se circunscribe a un estrecho rango de temperaturas, entre los puntos de congelación y ebullición (límites que pueden variar ligeramente en función de la presión y la presencia de solutos disueltos), donde es posible controlar los índices de energía. Estamos compuestos mayoritariamente de agua, y cuando el agua de nuestras células se congela, es decir, se convierte en hielo, destruye sus membranas y nos aniquila.

El agua influye profundamente en la vida, tanto a nivel *ecológico* como celular. Cada otoño, en la zona templada del hemisferio norte, podemos observar los efectos ecológicos de la distintas propiedades físicas del agua. Para la mayoría de las criaturas de la tierra, el agua es ese líquido transparente que se precipita cuesta abajo y que solo puede contenerse mediante diques. Durante una parte del año, para algunos de nosotros, el agua es también una materia blanca en polvo que se adhiere a los árboles y a las laderas de las colinas, transformando los bosques en un paisaje de ensueño. Podemos apilar la nieve, cavar túneles y construir habitáculos para los hombres y los animales. Se acumula y se vuelve tan densa y espesa que casi resulta imposible caminar a través de ella. También a veces impide que la luz llegue a las plantas e incluso llega a aplastarlas. En las regiones septentrionales, cuando la inclinación de la Tierra es la adecuada, puede acumularse durante largos periodos de tiempo y crear glaciares que modelan el paisaje, esculpiendo montañas y valles. Basta que la temperatura baje uno o varios grados centígrados para que el agua se convierta en una sustancia transparente, vidriosa, que sella la superficie de los lagos y nos permite atravesarlos sin problemas.

En el curso del invierno, la cristalización del agua determina en última instancia el destino de casi todo lo que nos rodea. En cuestión de pocas horas, esta transformación puede cambiar la superficie física del planeta. A lo largo de millones de años, ha modificado profundamente las características fisiológicas, morfológicas y de comportamiento de todos los organismos que tienen que enfrentarse a esa transformación mágica del líquido en cristal.

Cada otoño, el invierno se apodera de forma gradual e inexorable de todos los habitantes del hemisferio norte. Las noches son cada vez más largas y frías. El suelo dispone de menos energía solar. Primero el agua de la capa superior de la tierra se congela para formar una placa sólida (salvo si ya está cubierta de nieve). Los arroyos y riachuelos más caudalosos son los últimos en congelarse porque la interfaz aire-agua permanece en movimiento constante. El frío, que provoca la congelación del agua, procede del aire que está *justo encima.* El agua está siempre algo más caliente. Cuando el agua fluye (como en los arroyos de corriente rápida) la superficie no desciende rápidamente a 0 ºC.

Y entonces, de repente, una noche ocurre lo inevitable: las masas de agua se congelan. La temperatura baja lo suficiente para que las moléculas de agua de los tallos de hierba de los pantanos y las ramitas y hojas que flotaban en el agua desplazándose con lentitud interrumpan su impulso molecular para adoptar formas cristalinas sólidas. Los tallos, las ramas y las hojas se convierten entonces en talleres de nucleación para la formación de cristales de hielo. Como bolas de billar rodando hacia sus troneras, las moléculas de agua se aglutinan, primero indiscriminadamente sobre cualquier objeto a su alcance, y luego sobre otras moléculas, formando un armazón de hielo. La poca energía que les quedaba se libera entonces en forma de calor, el calor de la fusión, 76,7 calorías por cada gramo de agua líquida convertida en hielo. (Este calor no es suficiente para provocar un aumento apreciable de la temperatura en el estanque o el lago porque es absorbido rápidamente por la masa de agua de mayor extensión. Sin embargo, la congelación repentina de una pequeña gota aislada suele provocar una reacción «exotérmica» perceptible de varios grados centígrados.)

Los cristales de hielo se extienden como dedos afilados sobre la superficie del agua. Se unen, se entrelazan y, a la mañana siguiente, todo el estanque amanece cubierto por una capa de hielo que separa físicamente a los habitantes acuáticos de los terrestres. De la noche a la mañana, uno puede caminar literalmente sobre el agua, una capacidad que no depende obviamente de una habilidad sobrenatural sino de las propiedades físicas del agua a temperaturas inferiores a 0 ºC.

El agua que se transforma en hielo en un estanque es un fenómeno sin duda extraordinario y simple, pero de extrema importancia. Compárese con lo que ocurre cuando el agua de una nube se convierte en hielo. En una nube, los cristales de hielo caen porque el agua y el hielo son más pesados que el aire y la fase gaseosa del agua. Sin embargo, el agua se vuelve más *ligera* cuando pasa de estado líquido a sólido. Si no fuera así, los cristales de hielo se sumergirían en el agua al tocar la superficie de un estanque. Al principio, el calor del fondo del agua derretiría una y otra vez los cristales, hasta que las temperaturas del fondo llegaran a 0 °C o por debajo. El agua se congelaría entonces de abajo arriba, en vez de hacerlo de arriba abajo. La consecuencia ecológica de este fenómeno es que no habría masas de agua en el hemisferio norte. La luz del sol en verano solo derretiría las capas superiores de hielo y cualquier masa de agua que aspirara a serlo se convertiría enseguida en un enorme bloque cristalino de permafrost.

Otro aspecto importante del comportamiento del agua desde el punto de vista ecológico es que su densidad cambia en función de la temperatura. El agua fría es más densa que la caliente, por eso el agua fría desciende hasta el fondo y la caliente flota. Lo mismo ocurre con el aire. En el agua, sin embargo, la variación no es tan uniforme. La densidad del agua aumenta a partir de los 4 °C. Por ello, cuando los lagos se calientan en primavera, pasando de 0 °C a 4 °C al derretirse el hielo, el agua de la superficie empieza a hundirse. El agua más densa desplaza el fondo más frío, así como sus nutrientes, que emergen a la superficie y alimentan la vida.

Desde el punto de vista ecológico, la tierra ha vivido edades de hielo que se han repetido periódicamente, ligadas a un ciclo astronómico que depende de la inclinación de la esfera terrestre (Imbrie e Imbrie, 1979). Según los ciclos de Milankovich (llamados así por su inventor, Milutin Milankovich), nos hallamos aún en un periodo de *glaciación* que comenzó hace siete mil años. Pero en la actualidad estamos asistiendo a un calentamiento global, porque el efecto de enfriamiento del ciclo astronómico está siendo anulado por un cambio climático provocado por la actividad humana. La quema de combustibles fósiles genera dióxido de carbono, que se acumula en la atmosfera a un ritmo mayor del que absorben los árboles de los bosques y otras plantas. El dióxido de carbono actúa como una manta térmica que captura el calor solar. A diferencia del ciclo astronómico, que es gradual y ha facilitado las adaptaciones evolutivas en el curso de la historia de la Tierra, este nuevo fenómeno es repentino y brutal, y afectará tanto a los reyezuelos como a nosotros.

2

La nieve y el espacio subniviano

A veces, a principios de octubre, el brillante follaje de los árboles empieza a depositarse en el suelo del bosque. Luego, de repente, una mañana, las hojas aparecen cubiertas de unos cristales de hielo blanco al que llamamos escarcha. Unas semanas más tarde, los primeros copos de nieve, agrupaciones de innumerables cristales que se han formado en el aire, descienden en espiral de un cielo cada vez más oscuro. Niños de todas las edades juegan a atrapar con la lengua los de mayor tamaño.

Wilson Alwyn Bentley, o «el hombre de los copos de nieve» como se le acabó conociendo en todo el mundo, también intentaba atrapar cristales de nieve pero para situarlos bajo la lente de su microscopio. Vivía en la granja de su familia en Jericho, un pueblo de Vermont, junto a su hermano Charles, sus padres, sus abuelos, y más tarde la esposa de Charles y sus hijos. La vida en la granja giraba en torno a las estaciones y las tareas del campo. El 9 de febrero de 1880, para celebrar su decimoquinto aniversario, su madre le regaló un microscopio. Aquel obsequio cambió su vida. «Descubrí que los copos de nieve eran un prodigio de belleza», diría más tarde. «Cada cristal era una obra maestra de diseño, y ninguna forma se repetía jamás.»

Gracias a los escritos y fotografías de Bentley sobre este tema, hoy en día todos los alumnos de primaria saben que no existen dos copos idénticos, pese a que él mismo afirmaba que «no es difícil encontrar dos o más cristales con un esquema sí no igual, sí muy parecido». Los cristales de nieve eran para él una metáfora de la belleza de la naturaleza. Constituían un «camino hacia un mundo prodigioso», en el que «incluso una ventisca se convierte en una fuente de agudísimo goce y felicidad para un hombre, ya que, en el tenebroso y agitado océano de nubes, emergen unas formas que hacen estremecer su alma ávida de placer».

Antes de Bentley, otros científicos y naturalistas ya habían observado la estructura de los copos de nieve, maravillándose no tanto por su variedad como por su forma hexagonal. En 1610, Johannes Kepler (famoso por sus numerosos descubrimientos, como la trayectoria elíptica y no circular de los planetas) se preguntó por primera vez por qué, cuando caía la nieve, su estructura inicial se presentaba siempre bajo la forma de una pequeña estrella de seis puntas. No estoy seguro de que podamos responder hoy a esta pregunta, pero supongo que su configuración hexagonal es la manera más económica que tienen las moléculas de agua para alinearse al formar el cristal, cuando este puede desarrollarse en el aire en todas direcciones.

A los dieciséis años, Bentley combinó la técnica del microscopio con una cámara fotográfica para hacer realidad su sueño: captar imágenes de la belleza de los cristales de nieve. Fue casi un milagro que su padre accediera a pagar los cien dólares que costaba comprar los elementos necesarios para fabricar esa primera cámara de fotos. Bentley estuvo trabajando sin cesar durante semanas antes de que el 15 de enero de 1885 lograra revelar la primera microfotografía de un copo de nieve en la leñera de la granja familiar.

Bentley deseaba compartir sus fotografías con alguien que pudiera apreciarlas, por lo que se dirigió a la Universidad de Vermont, situada en Burlington, una ciudad a más de dieciséis kilómetros de su casa, para entrevistarse con el profesor George Henry Perkins, un biólogo y naturalista que hacía años que daba clases en esa universidad. El profesor Perkins quedó sorprendido por la calidad de su investigación y le animó a redactar un artículo sobre sus hallazgos. Bentley regresó a su casa e intentó escribir algo, pero acabó abandonando el proyecto con un sentimiento de frustración. Volvió a acudir a Perkins para pedirle que le ayudara a poner palabras a sus imágenes, y en 1898 se publicó un artículo firmado por W. A. Bentley y G. H. Perkins titulado «Un estudio sobre los cristales de nieve» en la revista *Appleton's Popular Science Monthly*. Perkins, que además de erudito era todo un caballero, señaló que él se había limitado a recopilar las notas y los negativos de Bentley y que «los hallazgos, las teorías y las ilustraciones se debían enteramente a los escritos y al apasionado estudio (de Bentley)».

El artículo no solo representó el inicio de la carrera de Bentley, que se pasó toda la vida estudiando los cristales de nieve, sino que además logró ahuyentar su bloqueo como escritor. Llegó a escribir cincuenta ensayos técnicos y divulgativos sobre la nieve, que culminaron en un libro, *Snow Crystals*, publicado en 1931, el año de su muerte, en el que se incluyen más de 2.500 imágenes seleccionadas entre sus más de 5.000 fotografías.

Un cristal solo da una idea inicial de lo que es la nieve. Los *copos* son masas compuestas por cientos de cristales que han ido colisionando en su largo periplo iniciado en las nubes. El tamaño final de un copo de nieve antes de posarse en el suelo depende de varios factores, como la cantidad de cristales generados por la nube, la distancia recorrida y la temperatura. Las nevadas que caen a principios de invierno suelen generar, en principio, copos más grandes. Más adelante, cuando las temperaturas caen en picado, los cristales de hielo se adhieren entre sí con menor facilidad. Estos cristales, surgidos de un aire más frío, son frágiles, y las colisiones constantes durante su descenso los degradan y destruyen sus complejas y magníficas estructuras. Los brazos de los cristales se rompen y esas pequeñas espículas son las que forman la nieve. Impulsados por el viento, esos fragmentos de cristal, cada vez más degradados, se agrupan en un entramado estrechamente entrelazado en el suelo, que, a una temperatura lo suficientemente baja, cercana a los 30 grados bajo cero, recuerda, por su estructura y su apariencia, al poliestireno. De hecho, desplazarse sobre esta nieve a –30 °C provoca la misma sensación y produce el mismo sonido que andar sobre espuma de poliestireno. Es un material de construcción que, tallado en bloques, se ha utilizado durante siglos para construir refugios de invierno.

La nieve compactada tiene unas propiedades aislantes asombrosas. Un iglú retiene eficazmente el calor generado por una pequeña lámpara de aceite y por los cuerpos humanos, al tiempo que bloquea el calor infinito que se desprende del cielo.

El viento no puede penetrar en sus paredes, aunque el oxígeno y el dióxido de carbono se intercambian libremente a través de la nieve y el túnel de entrada. El túnel reduce la convección del aire y del viento. En la entrada del iglú, los inuit crean una zona elevada de bloqueo del aire, que reduce la entrada del aire más frío y pesado procedente del suelo. En general, esta zona elevada se cubre con pieles de caribú.

El grévol engolado suele cavar un túnel en la nieve para pasar la noche o protegerse de las tormentas.

La nieve también sirve de refugio a todo tipo de aves durante la noche, desde el carbonero lapón hasta la perdiz boreal pasando por el grévol engolado, que excavan unas cuevas parecidas a un iglú. Hay pruebas tangibles de que los pájaros permanecen durante largo tiempo en esos refugios; en una ocasión, conté más de setenta bolitas fecales en el interior de un refugio de perdiz boreal cerca de Barrow (Alaska), y en los bosques de Maine suelo hallar más de treinta allí donde pernoctan los grévoles engolados. A menudo esos pájaros también pasan el día ocultos en la nieve, en general en los días más fríos o nevados. Algunas veces he sacado a más de uno de debajo de la nieve, incluso al mediodía.

Según todos los indicios, a muchos pájaros que residen en el norte les encanta la nieve, especialmente la primera nevada del año. Tanto los cuervos como las perdices se deslizan rodando y zambulléndose en lo que todavía es un pequeño manto blanco sin compactar. Búhos, cornejas, pinchones, herrerillos y reyezuelos también se bañan en la nieve (Thaler, 1982).

La nieve es un elemento tan característico de su hábitat que muchos animales nórdicos se han adaptado perfectamente a sus condiciones y ahora dependen de ella. Quizá ninguna especie sea tan dependiente de la nieve como la liebre americana. El tamaño de sus huellas es desproporcionado respecto a las dimensiones de su cuerpo. Gracias al tamaño de sus patas y a la distribución de su peso corporal, la liebre puede caminar, saltar y correr en la parte más superficial de la nieve polvo. Por lo tanto, cuanto más se acumule la nieve a lo largo del invierno, más fácilmente obtendrá lo que le permite alimentarse: ramitas secas de pequeños arbustos y matorrales. Así, las ramitas alimentan a las liebres, y estas a su vez se convierten en el sustento de zorros, linces rojos, martas pescadoras, comadrejas, búhos americanos, azores y busardos colirrojos. Sin embargo, a pesar del rápido reciclaje que constituyen las liebres para otras especies, su población se mantiene estable gracias a su astucia para la supervivencia individual y a su legendaria capacidad reproductiva. (Una liebre puede dar a luz a cuatro camadas al año, con hasta ocho crías cada vez. Los lebratos recién nacidos están completamente desarrollados, pues nacen ya con pelo y están preparados para correr desde el principio; pronto podrán aparearse y reproducirse.)

Pese a la rapidez con la que se reproducen las liebres, los depredadores no tardarían en diezmar a toda su población si no fuera por su capacidad de camuflaje. El pelaje de la liebre americana, también llamada liebre variable de Norteamérica, pasa de color marrón en las estaciones templadas a un blanco inmaculado en invierno. Sin embargo, cuanto más eficaz es el camuflaje para una estación, menos lo es para otra. La estrategia de la liebre para sobrevivir presupone acertar el momento justo para mimetizarse con la nieve. Es difícil saber con exactitud cuando tienen que mudar la piel, porque el cambio de pelaje requiere como mínimo un periodo de un mes o más, y una nevada puede transformar el paisaje en pocos minutos. La sincronización de la liebre depende con toda probabilidad de la duración de la luz solar durante el día, pero en última instancia lo que tal vez es más determinante es el tiempo medio en el que el suelo permanece cubierto de nieve. El momento en el que el pelaje determinado genéticamente muda de color en las liebres adaptadas refleja los patrones históricos de cuando la nieve cubría el paisaje, porque las liebres de color marrón son las primeras en ser devoradas y las que primero ven su carne reconvertida en otra vida, la de los depredadores.

En los bosques del oeste de Maine, las liebres se vuelven casi totalmente blancas a finales de noviembre, la época en la que el paisaje se cubre tradicionalmente de una capa de nieve continua. Algunos años, cuando la primera nevada se retrasa, las liebres permanecen visibles durante todo ese tiempo, como si los cazadores las hubieran marcado con un rotulador de color naranja fluorescente. Sin embargo, a los pocos minutos de que caigan los primeros copos, se vuelven prácticamente invisibles. Dudo que las liebres sean conscientes de si son o no invisibles, porque cuando he tenido la oportunidad de observar a algún ejemplar blanco sobre un fondo marrón no hacen amago de esconderse. No obstante, es posible que adopten algún cambio de comportamiento con el objetivo de compensar su incapacidad para hacer coincidir la muda de pelaje con los episodios climáticos. Por ejemplo, no suelo encontrar huellas de liebre en los bosques del oeste de Maine tras las primeras nevadas de finales de octubre y principios de noviembre, aunque son muy frecuentes en el mismo lugar y el mismo año a mediados de diciembre.

Al principio pensé que quizá migraban, hasta que un mes de noviembre, paseando por la cresta de Mount Bald cerca de donde tenía instalado mi campamento, encontré de repente una gran cantidad de huellas de liebre en los abetos cercanos a la cima. Una liebre podía subir hasta allí en pocos minutos. Eso me llevó a preguntarme si los animales que ya habían mudado de piel se trasladan a las colinas donde las nevadas son más tempranas y luego vuelven a bajar a los pantanos, su hábitat preferido, cuando ya ha caído la primera nieve.

En marzo, el esponjoso pelaje blanco de las liebres empieza a caer antes de ser reemplazado por la capa marrón de verano. Los reyezuelos aprovechan este momento de sincronización fortuita. Recogen el plumaje de las liebres para aislar sus nidos.

La supervivencia de las liebres en invierno no solo depende de su habilidad para esconderse, sino también de su capacidad para correr cuando es preciso. A diferencia de otros animales, en invierno pueden y deben mantenerse delgadas, sin acumular prácticamente ninguna grasa corporal, porque tienen la comida siempre a mano y no necesitan almacenar energía suplementaria. El hecho de ser ligeras y tener las patas grandes les ofrece una gran ventaja para moverse con rapidez por la nieve. Hundirse en ella, aunque solo fuera un poco, ralentizaría a cualquier corredor. Sin embargo, existe un límite más allá del cual una pata grande deja de ser una ventaja para convertirse en un impedimento. Las liebres americanas se acercan probablemente al tamaño ideal, tanto por su peso como por el tamaño de sus patas. Otro de sus rasgos de comportamiento resulta evidente a simple vista (la disposición de sus huellas en los bosques de invierno): las liebres siguen las huellas de sus congéneres, lo que hace que se acumule la nieve y cree senderos transitados. Las liebres recorren esos caminos cortando ramitas a su paso. Conocen perfectamente la ruta, lo que les da una ventaja sobre cualquier depredador que les vaya a la zaga.

La nieve también puede ser a veces un obstáculo. Los pequeños animales que viven en la zona subniviana, es decir, en el espacio situado en el interior o debajo de la nieve, pueden quedar atrapados cuando la capa superior se derrite con el sol y se congela durante la noche formando una costra sólida. Los grévoles engolados se quedan a veces aprisionados bajo la superficie y se convierten en presa fácil para los zorros. Las musarañas que salen de ese agujero y no encuentran rápidamente otro lugar para buscar refugio corren el riesgo de morir de frío o acaban siendo un botín cómodo para los depredadores.

Los osos polares no tienen nada que temer de esa capa helada. Las hembras cavan su madriguera en los montículos de nieve donde dan a luz a sus crías, las amamantan en buenas condiciones de temperatura y seguridad, e hibernan durante los seis meses de invierno ártico. Mis alumnos de Ecología invernal, al igual que los osos polares y los cazadores de Athabaskan, también construyen refugios temporales en la nieve.

Todos los inviernos elijo de diez a trece de mis alumnos para que pasen unos días conmigo en los bosques de Maine. Nos instalamos en mi cabaña de madera (de dos plantas), que no dispone de electricidad, solo una estufa de leña. Derretimos nieve para tener agua o la extraemos de un pozo situado a cierta distancia. Horneamos nuestro propio pan y nos alimentamos asando al fuego unos campañoles. Durante la primera semana, damos largos paseos sin rumbo definido. En la segunda semana cada uno escoge su propio proyecto de investigación, que luego soy yo quien dirijo. La parte más difícil es cuando regresan al campus en el semestre de primavera y analizan sus resultados antes de redactar un informe científico.

En principio, la construcción de refugios no formaba parte del programa de formación, pero aun así los hacíamos en algunas ocasiones. Se empieza amontonando una gran cantidad de nieve. Horas después, los cristales de hielo se entrelazan y combinan para formar una masa sólida que puede excavarse, creando una cueva cómoda y cálida para pasar la noche.

La parte superior de cualquier cúmulo de nieve se vuelve más densa a medida que los cristales se agregan. En cambio, cerca del suelo, donde hace más calor, el vapor de agua generado por la desintegración de los cristales circula hacia arriba, donde vuelve a condensarse y luego se congela en la parte alta de la capa de nieve. Con el tiempo, la expansión del hielo hacia arriba se produce a expensas de la de abajo. Un entramado de pilares y columnas de hielo, con amplios espacios aireados a nivel del suelo, crean el espacio subniviano, que es una especie de gruta de nieve continua habitada por ratones, campañoles y musarañas.

En este espacio, las temperaturas se «regulan» físicamente durante todo el invierno a uno o dos grados por encima del punto de congelación del agua. Hay varias razones para ello. La primera, como ya he mencionado, es que la nieve ofrece un aislamiento notable, porque, incluso a 50 grados bajo cero, el calor que surge de la tierra suele mantener las temperaturas a nivel del suelo alrededor de los 0 °C. Dado que, al mismo tiempo, en la zona subniviana, el hielo y el agua se equilibran cerca de los 0 °C, la temperatura permanece estable. Cada vez que el calor se disipa a través de la capa de nieve para enfriar este espacio a algo menos de 0 °C, se produce una conversión del agua en cristales de hielo, lo que libera calor. Del mismo modo, cuando el hielo se transforma en agua, el proceso requiere o consume calor. Así, mientras el hielo y el agua coexistan, se comportan como un termostato que mantiene la temperatura constante. Solo varían las cantidades de hielo y agua según la pérdida de calor o aporte térmico.

En Nueva Inglaterra, la zona subniviana es el hábitat de elección de los campañoles (una especie de ratón de campo de cola corta): principalmente el campañol de Pensilvania (*Microtus pennsylvanicus*), el topillo de espalda roja (*Clethrionomys gapperi*), la musaraña de máscara (*Sorex cinerius*), la musaraña ahumada (*Sorex fumeus*), la musaraña pigmea americana (*Microsorex hoyi*) y la blarina rabicorta (*Blarina brevicauda*). Todas las primaveras, inmediatamente después de que la nieve se haya derretido o justo cuando se están fundiendo los últimos centímetros, descubro el laberinto de túneles y galerías excavado por estos animales, totalmente expuesto a tocar del suelo. También quedan a la vista los nidos de hierba de esos roedores, muchos de los cuales serán pronto ocupados por las reinas de los abejorros en busca de nuevas colonias.

Ratones en la zona subniviana alimentándose de corteza.

En la primavera de 2001, entendí mucho mejor la importancia del mundo subniviano para los campañoles. En marzo cayó una cantidad récord de nieve en Vermont, y parecía que en el mismo período había habido un boom de nacimientos. Al igual que sus parientes cercanos, los lemmings, los campañoles tienen un potencial reproductivo impresionante. En cautividad, una hembra bien alimentada puede dar a luz a diecisiete camadas al año, con una media de cinco crías cada una en períodos de gestación de veintiún días. Las hembras jóvenes, a su vez, están preparadas para quedarse embarazadas en el período de un mes. Con semejante potencial reproductivo, no tardarían en alfombrar toda la tierra. Por suerte, este increíble crecimiento exponencial rara vez se hace realidad. La función del campañol en el equilibrio natural, como el de las liebres, es convertir la vegetación en un alimento básico, rico en proteínas, para los numerosos depredadores que dependen de ellos durante el invierno, principalmente zorros, comadrejas, martas pescadoras, coyotes y linces rojos. Con la llegada del verano se suman a ellos los halcones y las serpientes.

En ciertas zonas, los jóvenes arces azucareros, arces americanos y fresnos blancos quedan descortezados hasta cierta altura, que se corresponde con el límite de la nieve, pero nunca por encima de ella. Los daños que causan los campañoles a los árboles en invierno son bien conocidos por los arboricultores, que perderían sus árboles frutales si en otoño no los cubrieran con una especie de corteza artificial plastificada, que llega hasta la cota que se espera que alcance la nieve. Lo tuve que aprender a la fuerza cuando planté unos manzanos junto a mi cabaña. En primavera, todos habían quedado desprovistos de corteza a treinta centímetros del suelo, en el punto donde se situaba la zona subniviana durante el invierno. Los árboles más viejos, una vez que han desarrollado una corteza más gruesa, están protegidos. El cambium, o capa interna viva de la corteza de los árboles, es el alimento de elección de muchos herbívoros. El revestimiento exterior de la corteza constituye una protección esencial. Como la mayoría de las defensas, solo sirve en caso de necesidad. Para los árboles, esta gruesa corteza es especialmente útil en invierno, cuando no hay follaje con el que alimentarse.

Gracias a la protección del manto de nieve y a la acogedora zona subniviana que hay debajo, los campañoles pueden anticipar la llegada de la primavera y reproducirse a veces dos o tres meses antes de que la nieve se haya derretido. Las flores silvestres también se adelantan gracias a la relativa calidez que reina en ese lugar. Algunas, como las campanillas blancas de nuestros jardines, brotan en marzo y sus flores asoman directamente de la nieve.

Peter Marchand, ecologista que ha estudiado a fondo el comportamiento de la nieve en el Centro de Estudios Invernales de Vermont y otras instituciones, se ha preguntado si los organismos enterrados en la nieve captan algunos signos que les incitan a empezar a crecer o reproducirse. ¿Cómo saben que la capa de nieve está a punto de derretirse? ¿Detectan la luz del sol? Para investigar esta cuestión, Marchand y sus alumnos analizaron las propiedades de transmisión de la luz a través de la capa de nieve y descubrieron que a medida que la nieve se hacía cada vez más compacta, amortiguaba mayor cantidad de luz, pero solo hasta cierto punto. Para su sorpresa, se dieron cuenta de que cuando reproducían la fusión y la recongelación que tiene lugar en primavera cuando aumenta la densidad de la nieve, el manto nevado adquiría una consistencia casi de hielo. Entonces, a pesar de su mayor densidad o debido a ella, transmitía más luz. Marchand lanzó la hipótesis de que esta luz que penetra en la nieve es percibida por los campañoles y les incita a reproducirse. Otra hipótesis es que sean las plantas las que detecten primero la luz, y al crecer emitan sustancias químicas que proporcionen a los animales una señal indirecta que estimule su actividad reproductiva.

Para algunos animales de estos bosques nevados, la zona subniviana nunca está totalmente separada del subsuelo. Si estuvieran totalmente disociados, pocos mamíferos lograrían sobrevivir al invierno, porque algunos años la temperaturas bajo cero tienen lugar uno o dos meses antes de que el suelo quede cubierto por una capa apreciable de nieve. Durante este período, las musarañas y los campañoles residen debajo de las hojas en descomposición o se instalan en tocones podridos plagados de huecos. De vez en cuando, excavan en el suelo y viven bajo la capa de hielo. En cambio, otros animales, como las grandes musarañas colicortas, el topo estrellado y su pariente, el topo de cola peluda, permanecen siempre en el subsuelo. La existencia de la zona subniviana eleva el punto de congelación y les permite estar más cerca de la superficie, donde probablemente hay un mayor número de insectos para alimentarse.

Aunque el manto de nieve es un refugio para muchos animales pequeños, supone un gran reto para las especies de mayor tamaño, que necesitan cazarlos para sobrevivir. Algunos depredadores no podrían vivir en esas latitudes si no hubieran encontrado métodos particulares de atrapar a las presas subnivianas. Entre estos cazadores se encuentran las ya mencionadas comadrejas, los zorros y los coyotes, así como el cárabo lapón.

Los zorros y los coyotes localizan a los ratones por el sonido y los cazan abalanzándose sobre ellos con las patas delanteras a través de la nieve. Los saltos de los coyotes y los zorros aplastan las galerías de los roedores y permiten atraparlos temporalmente. Los cárabos lapones (*Strix nebulosa*) tienen también un oído muy fino y son capaces de detectar los movimientos de un campañol bajo la nieve a treinta metros de distancia. Al acercarse a su presa, se lanzan en picado desde seis metros de altura y con sus patas en forma de bola perforan la costra de hielo, incluso cuando es tan espesa como para soportar el peso de una persona. Luego atrapan a los ratones, provisionalmente prisioneros de la nieve, contrayendo las patas varias veces si es necesario y retirando la nieve con sus garras. El cárabo lapón es una de las rapaces de mayor tamaño —casi ochenta centímetros de largo—, aunque gran parte de su volumen está compuesto por una gruesa capa de plumas aislantes. No son tan potentes como el búho americano o el búho nival, especializados en la caza de liebres. Cuando el tiempo está encalmado, los cárabos lapones cazan de día y de noche, e incluso cuando las temperaturas bajan hasta –43 °C no abandonan su refugio. Sin embargo, en general, suelen migrar cuando, a causa de alguna enfermedad o de la caza excesiva, no quedan presas con las que alimentarse. El hecho de que la población de roedores disminuya en una zona no significa que no pueda aumentar en otra parte, por lo que esta especie suele transitar por grandes extensiones de terreno. Como cazador de maravillas invernales, también yo me dedico a deambular por el territorio.

3

Un último paseo invernal

Hoy, 16 de marzo de 2000, víspera de San Patricio, todavía es invierno. En Vermont, donde doy clases en la universidad, solo he gastado tres cuartas partes de mi pila de leña, la reserva de energía solar que nos proporcionan los árboles. Todavía no he visto ni un solo brote verde en todo el bosque; las hojas, el más eficaz y espléndido acumulador solar jamás inventado, siguen inactivas. Pero su materia indispensable —el azúcar— ya asciende por el interior de los troncos de los árboles. En solo cuatro días, el sol se situará justo en el ecuador celeste y, en aquel momento, en el equinoccio de primavera, la duración del día y la noche será prácticamente la misma, lo que marcará el fin oficial, aunque no real, del invierno. En solo un mes, el hielo empezará a resquebrajarse. Ha nevado mucho este año y no puedo resistirme a dar un paseo por el bosque para echar un vistazo. Para escribir, primero tengo que observar, y decido centrarme, arbitrariamente, en encontrar algún nido de piquituerto —un pájaro extraño donde los haya— en el bosque junto a mi cabaña en Maine.

He aquí el testimonio de Wendell Taber sobre los piquituertos aliblancos (en Bent, 1968), escrito hace ya muchos años:

La bruma se eleva hacia el cielo en el silencio glacial de una mañana de principios de septiembre. Lentamente, la niebla se disipa y revela una pequeña extensión de agua. El lago Speck, encajado a más de 1.000 metros de altitud, en una región en la que el límite de la vegetación llega más o menos a los 1.370 metros, está rodeado por las escarpadas e imponentes paredes tapizadas de coníferas de Mahoosuc y Old Speck, los picos más agrestes de Maine. Desde la orilla opuesta, se acerca un piquituerto aliblanco, luego un segundo, más tarde un tercero. Otros surgen aparentemente de la nada. Pronto se forma un pequeño y curioso grupo, que lanza constantes reclamos, como si quisiera convocar a sus congéneres. Mientras mi compañero y yo charlamos a cierta distancia uno de otro, un macho imponente pasa volando precipitadamente a la altura de nuestras rodillas. Un pájaro se posa sobre mi amigo. A nuestro alrededor, las aves se afanan buscando comida en el suelo, recogiendo algo demasiado minúsculo para que podamos apreciarlo. Se acercan a la chimenea de piedra o pasan por debajo de los largos troncos planos que forman el muro de contención y el banco en la parte delantera del refugio. Se familiarizan en seguida con el espacio y entran incluso en el cobertizo para arrancar las agujas secas de bálsamo que tapizan la parte trasera de la cabaña. En otras ocasiones, he visto a algunos pájaros introducirse cómodamente en los más pequeños recovecos de una cabaña desprovista de ventanas. Inquisitivamente, un macho imponente se posa en la parte superior de un tronco, apoyado en un ángulo contra el muro de piedra de la chimenea. Mientras nos observa preparar el desayuno, el extremo inferior del tronco, a menos de un metro de distancia, arde alegremente. Disfrutamos de la compañía de los pájaros mientras podemos; de hecho, el año que viene posiblemente no habrá la misma tentadora provisión de piñas, y los pájaros desaparecerán. En algún lugar, más al oeste, en la costa, habrán encontrado una nueva reserva de comida.

Quiero centrarme en los piquituertos porque *este* año están aquí y quiero aprovechar su presencia. Hay años en que los piquituertos aliblancos (*Loxia leucoptera*) desaparecen. John James Audubon (citado en Stone, 1937) escribió cuando estaba en Camden (Nueva Jersey) que, en la primera semana de noviembre de 1827, «había tantos pájaros que podía cazar a diario varias bandadas que se posaban continuamente en el bosquecillo de coníferas frente a mi ventana». No volvieron a aparecer hasta el invierno de 1854-1855, cuando documentó «que eran tan mansos que hubiera podido abatirlos a pedradas». Al igual que el enorme cárabo lapón, los piquituertos son aves del norte, una zona en la que los animales suelen ser dóciles porque tienen poco contacto con los humanos. Solo viajan al sur en contadas ocasiones.

Piquituerto aliblanco.

Recuerdo haber visto algunos piquituertos cuando era niño. Es obvio que han vuelto a Maine desde entonces, pero no había vuelto a pensar en ellos hasta ese invierno. Por fin tendría la oportunidad de retomar el contacto buscando uno de sus nidos.

Encontrar un nido de pájaros, al igual que hacer un descubrimiento científico, depende a menudo de la suerte. Uno puede aumentar considerablemente sus posibilidades aplicando ciertos métodos. En primer lugar, hay que asegurarse de que el ave se encuentra en la zona. A continuación, tiene que localizarse su hábitat concreto e identificar la época de cría, prestando especial atención al canto de los machos. Si los machos cantan, es probable que estén buscando un territorio para reproducirse o atraer a una pareja. Las áreas de reproducción son a menudo muy específicas y hay muchas posibilidades de que estén circunscritas al medio en el que habitan. Luego, hay que empezar a observar a los pájaros uno a uno, con preferencia al amanecer, cuando están más activos. Un sinfín de pistas dan indicios de que están a punto de construir el nido o lo están ya construyendo, como verlos llevar en el pico material destinado a su construcción o a la alimentación de sus polluelos. Por último, se han de seguir los movimientos del pájaro escogido intentando adivinar sus intenciones, aunque procurando mantener siempre la máxima discreción. Encontrar el nido de un pájaro es como intentar capturar a un animal sigiloso, tal vez una musaraña acuática o una musaraña pigmea, que parecen estar en todas partes sin que nadie se percate de su presencia. En palabras del fotógrafo de naturaleza Eliot Porter (1966):

Encontrar un nido es un don. De poco sirven las guías, las listas de comprobación geográfica, la experiencia de otras personas o los manuales eruditos sobre ornitología. El buscador de nidos debe pasear por el campo o el bosque aguzando todos sus sentidos y con la mente despejada, sin sentirse abrumado por las preocupaciones que asedian a la sociedad que ha dejado momentáneamente atrás. Su conciencia debe centrarse en el mundo exterior, avanzando sin preocuparse de sí mismo. Si consigue establecer esta relación con la naturaleza, todas las criaturas, como decía Thoreau, no dudarán en rendirle cuentas: sabrá quiénes son sus compañeros, dónde habitan y todo lo que les concierne. Le contarán cuáles son sus actividades y no le ocultarán ningún secreto.

Mis expectativas son algo más modestas. Me dejo llevar por la corriente, pero el inicio de mi recorrido, como el de cualquier descubrimiento científico, se basa en mi experiencia previa. Había visto a esos pájaros en noviembre, luego de nuevo en febrero y esperaba volver a verlos ahora, en marzo. En diciembre, se desplazaban y alimentaban en bandada, por lo que la anidación no había empezado aún, pero a mediados de febrero los machos de color rosa frambuesa habían abandonado sus grupos y entonaban sus melodiosos y ruidosos trinos, mientras las hembras de tono marrón dorado se dedicaban a saltar discretamente sobre las ramas de los abetos vecinos. Se perseguían entre sí; las bandadas se habían dispersado y la temporada de reproducción estaba a punto de empezar. Sin embargo, no había observado que estuvieran construyendo ningún nido, y la presencia de hembras lejos de allí indicaba que aún no habían puesto sus huevos. Teniendo en cuenta que se tarda más de una semana en construir un nido, y tres o cuatro días en poner de tres a cuatro huevos, más unas dos semanas de incubación, calculé que a mediados de marzo ya habría finalizado el período de incubación.

Los piquituertos crían cuando las semillas de los abetos o las piñas son abundantes. Esto les obliga a poner huevos en invierno. Se han encontrado nidos con huevos en New Brunswick (Canadá) a mediados de enero, y cerca de Calais en febrero (Maine) (Smith, 1949). Se sabe que los piquituertos se aparean en casi cualquier época del año, en función de los diferentes tipos de semillas que encuentran para alimentarse. En cambio, tanto el jilguero yanqui como el jilguero europeo, también parientes próximos de la familia de los pinzones, son las aves más tardías en reproducirse; retrasan la época de apareamiento hasta el mes de agosto, cuando *sus* semillas (las de los cardos) están maduras.

Los pinzones son pájaros sorprendentemente coloridos, pero quizá lo más asombroso es la inusual y variada morfología de su pico, adaptado para extraer las semillas del cardo, romper huesos de cereza o remover las semillas bajo las rígidas brácteas de las piñas. El pico curvado de los piquituertos parece deformado, como si fuera un defecto de desarrollo. Su mandíbula superior, larga y delgada (para un pinzón), de dos centímetros de longitud, se entrecruza con la parte inferior, medio centímetro más corta. Al insertar su pico ligeramente abierto sobre una bráctea y luego cerrar la mandíbula, las extremidades del pico se separan unos tres milímetros y actúan a modo de palanca para arrancar la bráctea. La lengua atrapa los granos que están debajo. Esta estructura única del pico, adaptado para extraer

Piquituerto separando las brácteas para llegar a las semillas.

las semillas de las piñas de pinos y abetos no solo explica sus amplios viajes por todo el continente en busca de coníferas, sino también su calendario particular para anidar, ya que los piquituertos son consumados especialistas en coníferas y una especie verdaderamente boreal adaptada al norte.

La mayoría de las descripciones de nidos datan de hace más de un siglo, en el momento álgido de los grandes naturalistas. Sus relatos fueron los que despertaron mi pasión por la naturaleza. Los nidos de los piquituertos casi siempre se encuentran en densos bosques de abetos, con ejemplares de una altura mínima de poco más de dos metros y una altura máxima de casi veintidós. Parece que están construidos con ramitas de abeto y recubiertos con «lana y musgo», «piel de conejo», «musgo y pelaje de animal» (Macoun, 1909), «fieltro de lana negra parecido al liquen» (Grinnell, 1900) y «largos y delgados zarcillos negros con aspecto de crin de caballo» de modo que el nido parece «casi negro». Abundan también las descripciones de sus huevos: fondo azul pálido, azul verdoso, blanco verdoso o blanco crema, con manchas dispersas de color «chocolate claro», «lavanda pálida», «lila ceniza», «trazos negros» y «rayas de color beige y castaño». ¿Por qué la naturaleza proporciona tanta belleza en algo tan efímero como un cáscara de huevo, destinada a ser covada y luego escondida? Las crías son «negras como el carbón» y están cubiertas de plumas. Cuando abren su gran pico para alimentarse, las paredes internas de su boca son de un brillante «rojo escarlata» o «rojo púrpura». En este caso, los colores brillantes son señales que inducen a los padres a no perder de vista a sus crías y darles de comer, amplificando su comportamiento reivindicativo.

Mi excursión invernal para ver piquituertos, o lo que fuera que pudiera descubrir gracias a ellos, me llevó a conducir de noche hasta Maine. Al aparcar mi camioneta al pie de la colina bajo mi cabaña, solo vi un enorme montículo blanco que ocultaba el coche de mi vecino: había nevado mucho. Me calcé las raquetas de nieve y me sentí aliviado al descubrir que la caminata no iba a resultar difícil porque la parte inferior de la capa de nieve estaba cubierta por una gruesa corteza. La luna aún no había salido y caminé bajo la luz de las estrellas.

Un cárabo norteamericano ululó en York Hill y durante uno o dos minutos otro respondió desde Larkin Hill, al otro lado del valle. Había sido un año propicio para los arces, las hayas y los robles; la densidad de ratones era considerable. Solo se oía el crujido de las raquetas sobre la nieve. Agucé el oído con la esperanza de oír un concierto de coyotes o tal vez la serenata de un mochuelo cabezón. Pero de repente se hizo un silencio extraño en el bosque.

En lo alto de la cabaña, la nieve se había desprendido del tejado en el lado de la montaña, acumulándose por encima de las ventanas traseras y de la parte superior de la puerta de atrás. Gracias a la inclinación de la parte delantera de la casa, conseguí entrar. Encendí rápidamente la chimenea y consulté el registro de visitantes. Vi que alguien había estado allí el 18 de febrero y había anotado «frío, –10 ºC, y viento racheado. Nieve espesa. Difícil incluso con raquetas». Debió de nevar mucho desde su partida, ya que no había visto ningún rastro de sus huellas al subir. Luego me metí en la cama, agotado.

Estaba casi dormido cuando me despertaron unos aullidos de coyotes a más de un kilómetro de distancia, en dirección a Wilder Hill. Casi había logrado volver a coger el sueño cuando escuché el ritmo débil, retenido y acompasado de un gran búho americano. Salté de la cama y abrí la ventana para oírlo mejor. La cadencia procedía de una charca del arroyo Alder. Me asaltaron los recuerdos. Bubo, mi gran búho americano, nos había seguido hasta allí para bañarse junto a las rocas. Quizá era él. Parecía imposible, pero en estas ocasiones, que no son poco frecuentes, el ambiente se tiñe de una nostalgia serena.

Me desperté casi al amanecer y, aún adormilado, me puse como pude las raquetas de nieve para salir rápidamente al bosque. Me acogieron los primeros rayos de sol sobre la cresta de Kinney's Head. Sus reflejos iluminaban los abetos rojos en los que había visto refilar y retozar a los piquituertos hacía un mes. El canto melancólico de una zenaida huilota, una lúgubre serenata parecida a la de la lechuza, precedió a la salida del sol. Otras dos respondieron desde el oeste y el norte. No soplaba ni una brizna de aire, y salvo el continuo coro de arrullos de las zenaidas, todo permanecía en absoluto silencio.

Unos minutos más tarde, el nivel sonoro aumentó considerablemente. Un pico velloso inició su incesante repiqueteo. Otros dos se unieron a él, taladrando con sus picos los «tambores» de madera seca, con una intensidad diferente pero con la misma cadencia. En menos de media hora de paseo por el bosque, había visto a dos parejas de trepadores canadienses y a un pequeño grupo de carboneros. Había oído el canto de unos camachuelos purpúreos y de unos jilgueros de los pinos. Una pequeña bandada de picogordos vespertinos había pasado volando sobre mi cabeza, lanzando unos chillidos tan cristalinos como el tañido de una campana. Un cuervo se posó en los pinos grojeando *rap, rap, rap*. Su ritmo y su cadencia se parecían a los de mi amigo, el cuervo Goliath, que hace años que vive al lado de mi cabaña y que, junto a su pareja, cría cada año a cuatro o cinco hijos en una rama concreta del mismo pino al lado del campo. Ni un piquituerto. Ni un solo pío. ¿Tal vez se habían marchado tras diezmar los granos de los abetos? ¿Las recientes tormentas de nieve habían destruido sus nidos?

Los abetos estaban aún lo suficientemente cargados de piñas para que la copa de los árboles pareciera de color marrón. Sin embargo, aunque los conos permanecen mucho tiempo en los árboles, las semillas se desprenden de ellos cuando las piñas se secan y las brácteas se enroscan. Solo hacía un mes que las semillas de los abetos estaban diseminadas por la nieve recién caída y los carboneros daban saltitos en el suelo en busca de alimento, mientras que los trepadores las cogían de las piñas en las copas de los árboles. Debajo de un abeto, encontré varios centenares de conos sobre la nieve. Habían sido triturados y luego abandonados por una ardilla roja. Recalentados por el sol, se habían mezclado con la nieve. La ardilla no había tenido intención de recogerlos después de haberlos hecho caer del árbol.

Ardilla roja.

Impulsivamente cogí un puñado. Todos tenían solo las primeras brácteas masticadas cerca de la base. La nieve estaba llena de escamas; las ardillas habían estado alimentándose de piñas recolectadas en los árboles. Pero ¿por qué habían dejado la mayoría de los conos sin abrir? De vuelta a la cabaña, examiné cinco de las piñas desechadas. En general, cada piña contiene una media de cuarenta brácteas y, cuando está llena, cada bráctea contiene dos semillas, de modo que un cono completo produce alrededor de ochenta granos. Los cinco conos podían comprender cerca de cuatrocientas semillas, pero solo encontré un total de veintitrés, es decir, una media de cinco semillas por piña. No era de extrañar, pues, que las ardillas las hubieran desechado después de probarlas y no se hubieran molestado en regresar para recogerlas.

Piña de tsuga, piña de abeto rojo abierta con semillas y cerrada.

¿Cuántas semillas debe contener una piña para que una ardilla decida que no merece la pena invertir más energía y prefiera desecharla? En realidad, puede evitar la posibilidad de probar la misma bráctea dos veces, porque tiene que masticar cada una de ellas para averiguar qué hay debajo. Pero los piquituertos no pueden saber con certeza cuál de las cuarenta brácteas de un cono contiene semillas. Al no poder memorizar qué brácteas han probado y cuáles no, no pueden evitar masticar las mismas más de una vez. Por lo tanto, necesitan recoger conos lo bastante llenos para que merezca la pena hacer el esfuerzo. Por otro lado, separar las brácteas podría ser un método más simple que masticarlas, como hacen las ardillas. ¿Los piquituertos habían abandonado el lugar porque los conos ya habían soltado demasiadas semillas?

No era una pregunta que pudiera responder fácilmente, lo que me indujo a trepar hasta la copa de un abeto para recoger una pequeña rama cargada de piñas. Las brácteas se estaban abriendo y al mover las ramas cayó una lluvia de semillas. Examiné diez conos, cada uno de los cuales tenían entre 40 y 50 brácteas. Observé que el número de semillas por cono (20, 6, 36, 8, 2, 35, 28, 16, 12, 17) era considerablemente más elevado que en mi recuento anterior de las piñas abandonadas por las ardillas. ¿Se trataba de un árbol excepcional o por casualidad los piquituertos no lo habían visitado? Era evidente que no estaba en situación de responder a esta pregunta en aquel momento. Hacía un día espléndido, con un cielo azul intenso, una temperatura en aumento, y una corteza de nieve lo suficientemente gruesa para poder pasear en raquetas. Más valía que aprovechara la ocasión.

Seguí avanzando y encontré otros dos abetos cuyas piñas habían servido para alimentar a las ardillas. De un total de 321, solo 10 tenían unas cuantas brácteas masticadas por la base (por donde siempre empiezan las ardillas), mientras que el resto de los conos habían sido desechados. Es decir, eran descartes.

Esta vez, en cambio, el número de semillas por bráctea era muy alto, parecido al de las piñas en los árboles. Sin embargo, la mayoría de las semillas tenían unos pequeños agujeros, como si estuvieran infestadas por un insecto minúsculo. Lo que al principio parecía una pregunta sencilla se iba complicando con cada nuevo dato. Ya no se trataba de una investigación que pudiera llevar a cabo en un fin de semana. Mi recuento confirmaba que aún quedaban semillas de abeto, pese a que su cantidad era variable y deficiente, aunque eso no explicaba la ausencia de piquituertos. Más bien me hizo plantearme nuevas preguntas sobre el comportamiento de la ardilla roja.

Al regresar a mi cabaña para almorzar rápidamente, reparé en una ardilla estriada de cola roja correteando por la nieve. Debía haber cavado un largo túnel bajo la superficie para asomarse a la luz del día. No creo que esperara encontrar comida. Probablemente había puesto fin a su periodo de hibernación por una razón completamente distinta: el inicio de la época de apareamiento.

Me apresuré a entrar de nuevo en la cabaña para calentarme junto a la chimenea y reavivar mi metabolismo con una comida rápida de pan con queso. Tras haber repostado, volví a ponerme las raquetas y bajé por la colina en dirección al arroyo Alder. Al cabo de pocos minutos, descubrí huellas recientes de alce. Eran muy numerosas y estaban cubiertas por una gran cantidad de pulgas de la nieve. Al lado de cada huella, la nieve estaba plagada de mechones de pelo de alce, que con toda seguridad iban a utilizar los pájaros para revestir sus nidos en dos meses. En algún caso, un ciervo había seguido las huellas de los alces, probablemente porque así le era más fácil abrirse paso a través de la nieve espesa. Por todas partes, podía verse el patrón habitual de huellas entrecruzadas de ardilla roja, liebre y lagópodo. Un puercoespín había dejado un profundo surco en la nieve, quizá en un momento de pausa a medio camino entre su madriguera y una tsuga que le había servido para alimentarse durante la noche. Dos coyotes habían viajado lado a lado, un lince lo había hecho sin compañía. Entre un grupo de abetos, una huella me dejó intrigado, puede que fuera la de una marta.

Parte superior de un abeto balsámico con brotes y parte superior descabezada con brotes comidos por las ardillas.

Llegué a una zona de abetos balsámicos. Había tenido que transcurrir una década para que volvieran a desarrollarse abetos jóvenes. Extrañamente, casi todos los retoños carecían de yemas superiores en la rama principal, que más tarde se convertiría en el tronco del árbol. ¿Qué había ocurrido? Nunca había visto nada parecido. Quedaban pocas copas de abetos balsámicos jóvenes —solo 4 de 56, 3 de 57 y 3 de 75— en tres lugares distintos. Había huellas de ardilla roja junto a muchos de los árboles, donde encontré astillas recién trituradas. Muchos de los árboles cuya copa estaba fuera del alcance de los alces y los ciervos también estaban dañados. No había otra explicación: habían sido las ardillas. Por lo general, en esta época, las ardillas rojas empiezan a recolectar jarabe de arce y azúcar perforando las ramas de los arces y regresando para alimentarse de la savia que se ha evaporado. Pero en esta zona, no había arces azucareros, por lo que posiblemente habían dado con un nuevo tentempié.

Brotes invernales de abeto balsámico, dieta habitual de la ardilla roja.

Por la tarde, las minúsculas volutas de nubes desaparecieron y el cielo se tiñó de un intenso azul cerúleo. Amainó el viento y la zenaida huilota volvió a cantar su afligida serenata. Al volver a la colina oí un cuervo en el bosque. Su voz apagada daba a entender que llevaba comida en el pico, posiblemente una presa invernal. Caminé en dirección a la llamada y pronto encontré la huella de un cuervo que conducía a un tocón donde la nieve estaba removida. Me puse a cavar y bajo la superficie encontré un trozo de carne roja revestida de pelaje de ciervo. El alijo de un cuervo.

Se acercó otro cuervo y al atravesar un claro en el denso bosque de abetos, vio que yo estaba allí y cambió su fluido vuelo por un rápido aleteo cuyo sonido sibilante resonó por todo el valle. El segundo cuervo se dio cuenta y alzó el vuelo alarmado. Yo seguí avanzando a toda prisa hacia donde pensaba que tal vez encontraría el cadáver del ciervo.

La mayor parte del cuerpo estaba enterrado bajo un montículo de nieve en el que podían percibirse claramente rastros de patas a un metro y medio de distancia. Había enormes huellas de felino por todas partes. En un agujero excavado en el centro, quedaban restos de carne roja y costillas a medio triturar. El lugar en el que se había instalado el felino, probablemente un lince o un gran lince rojo, estaba marcado por un hundimiento de la nieve junto al cadáver. Se había tumbado junto a su presa, dejando tras de sí algunos mechones de suave pelaje.

Desenterré el animal y examiné las hemorragias que presentaba en la cabeza y la nuca: estaba vivo cuando su atacante lo mordió. Las heridas confirmaban que había sido un felino el que había matado a esa enorme cierva, de unos 64 kilos. Estaba embarazada y su feto media más de treinta centímetros.

El cuervo sobrevoló el lugar un vez más, graznando. Me alejé de allí y me desvié para examinar una guarida de puercoespines situada entre un montículo de piedras en una densa espesura de abetos. Sus huellas recientes mostraban que había entrado y salido varias veces de la madriguera durante la noche. En esta época del año, los puercoespines se alimentan de cortezas de píceas rojas y pinos blancos, arañando los árboles con sus garras hasta dejar los troncos completamente descortezados. Hace ya mucho tiempo que han acabado con su alimento favorito, la tsuga. Debajo de uno de los árboles que habían dilapidado recientemente, encontré una bolita regurgitada junto con algunos excrementos de pájaro. Contenía algunos pelos negros, largos y lisos y otros más suaves de oso negro, así como unas agujas de abeto balsámico y una bráctea de piña de abeto. Era una egagrópila de cuervo. Puede que hubiera otra víctima en los alrededores, por lo que me dispuse inmediatamente a buscar entre la espesura esperando descubrir el origen del pelo de oso, pero en vez de un oso muerto, encontré otro cadáver de ciervo. Tanto los cuervos como los coyotes se habían dado un buen festín hacía poco. No había ninguna huella de felino y el cadáver no estaba cubierto de nieve. Me detuve allí, imaginando por un momento la lucha entre los depredadores y sus presas, el hambre y el combate en la nieve. Pero en realidad, solo oía la dulce llamada de los camachuelos púrpuras, los jilgueros de los pinos, y lo mejor de todo, el delicado canto de un reyezuelo sátrapa. El reyezuelo me levantó el ánimo. Disfrutando de su dulce estribillo, pensé en la increíble resistencia y la suerte que habían permitido que este pájaro sobreviviera al invierno y finalmente tuviera la esperanza de llegar a la primavera.

Mientras tomaba el camino de regreso a mi cabaña, vi a miles de pulgas de la nieve acumulándose en los profundos surcos que habían dejado las huellas de los alces; la temperatura estaba ahora por encima del punto de congelación. Una pequeña araña avanzaba por la nieve, e incluso me tropecé con una oruga peluda de color rojo óxido. Se contorneaba sobre una capa dura de nieve de 60 a 90 centímetros de grueso. ¿Adónde iba, y por qué, sin el más mínimo indicio de hierba verde a la vista? (Me la llevé a casa y la críe hasta la etapa adulta. La identifiqué como una polilla tigre rubí, *Phragmatobia fuliginosa*.)

Finalmente, al llegar a la cabaña, ya no tenía ninguna duda de que la mayoría de los piquituertos habían abandonado la zona. Probablemente sus nidos habían sido destruidos por las recientes e inusuales nevadas. Debería haberlo sospechado, ya que esta especie —una población con ciclos de progresión o declive— abandona incluso a sus crías en el nido cuando escasean los recursos alimentarios (Macoun, 1909). Solo subsisten los individuos que se desplazan en solitario. Y, como para recordármelo, un piquituerto entró de repente en mi cabaña.

Aquel día vino a cenar Glen Booma, uno de mis alumnos de la asignatura de Ecología invernal del curso 1990, que me visita a menudo para huir de la vida urbana de Boston y que una vez demostró sus credenciales atrapando a una musaraña acuática. Encendimos la barbacoa, y cuando el humo de arce seco que habíamos cortado y partido el año anterior se elevaba hacia el cielo, apareció volando un piquituerto macho de color rosa brillante (un adulto). Revoloteó a menos de 40 centímetros de mi oreja y luego se posó en el borde del brasero. Saltó junto a las brasas encendidas y picoteó las cenizas. Al cabo de un minuto se fue tan rápido como había llegado, dejándonos sorprendidos y maravillados.

4

Tras la pista de una comadreja

Los hallazgos científicos, como la mayoría de las sorpresas, son fruto de la suerte. Y la suerte se presenta cuando uno no para quieto y tiene olfato para detectar cualquier anomalía. Sin haberlo previsto, cualquiera que pretenda encontrar un nido de piquituertos puede hallar de improviso el alijo de comida de un cuervo, entre otras cosas. Así es como actúan las comadrejas cuando encuentran y capturan a una ardilla estriada en los bosques invernales. En este capítulo, me centraré en esta especie.

En Nueva Inglaterra, existen dos tipos de comadrejas que mudan la piel y cambian de color. Su pelaje marrón de verano pasa a ser blanco en invierno como respuesta a los cambios en la duración del día. Sin embargo, conservan el color negro en la punta de la cola. (En otras regiones más cálidas de su área de distribución —se encuentran incluso al sur de Florida— las dos especies conservan el pelaje marrón durante todo el año.) Otras tres especies de la misma familia —el visón, la marta y la marta pescadora— son también originarias de Nueva Inglaterra. Ninguna de las tres muda de pelaje. Todas pertenecen a la familia de los mustélidos, con la que también está emparentada una especie africana de nombre difícil de olvidar, el tejón de la miel. Los mustélidos de Nueva Inglaterra están activos durante todo el período invernal, excepto la mofeta rayada, que permanece medio aletargada y subsiste gracias a sus reservas de grasa.

De las dos especies de mustélidos que mudan la piel en invierno, la comadreja de cola larga (*Mustela frenata*) no extiende su hábitat hacia Canadá, mientras que el armiño (*Mustela erminea*) posee una distribución más septentrional y circumpolar. Sobre el terreno, resulta casi imposible distinguirlos. Los machos de ambas especies pesan aproximadamente el doble que las hembras, y la comadreja de cola larga es dos veces más grande que el armiño. Sin duda, parte de los «armiños» que se utilizaban para adornar los abrigos de la aristocracia europea eran en realidad comadrejas de cola larga. Tanto unos como otras eran cazados por los tramperos norteamericanos.

A primera vista, se diría que las comadrejas están mal diseñadas. Pese a estar maravillosamente camufladas de blanco, su llamativa cola negra parecía una anomalía extraña e inexplicable hasta que unos experimentos demostraron que los halcones lograban capturar con facilidad a unas falsas comadrejas cuya cola seguía siendo blanca. En cambio, al cebar a los halcones con comadrejas de cola negra, las rapaces se desconcertaban, dudando momentáneamente si alimentarse o atacando la cola como si fuera la cabeza. Otros animales de pequeño tamaño también tienen este tipo de cola como resultado de un proceso evolutivo. Muchos lagartos, por ejemplo, disponen de apéndices coloridos y llamativos que utilizan para distraer o desviar a sus posibles depredadores. La cola parece no estar unida al cuerpo y se retuerza y agita en todas direcciones para confundir aún más al atacante y alejarlo de su víctima. Las mariposas pertenecientes a la familia de los licénidos poseen unas antenas peludas en los extremos de las alas, capaces de desprenderse y desorientar a un depredador del mismo modo que un buen jugador de baloncesto se zafa de sus adversarios en la cancha. Las antenas de las mariposas dan a entender a los atacantes que su presa está a punto de huir en una dirección cuando en realidad da la vuelta y se escapa en sentido contrario.

Las comadrejas son unas consumadas cazadoras de ratones, aunque su alimentación no se limita a estos roedores. Un estudio de 1999 sobre la comadreja europea (*Mustela nivalis*), originaria de Nueva Inglaterra, Alaska, Europa y Siberia, estableció que, durante el verano, el 41% de su alimentación estaba compuesta por pequeños roedores (en su mayoría campañoles), aunque también incluía pájaros, huevos e insectos. En invierno, subsisten principalmente a base de pequeños roedores.

Son unos depredadores con una gran capacidad de adaptación. Los mustélidos trepan fácilmente; la marta de los pinos, en particular, es conocida por cazar ardillas entre los árboles. Son tan hábiles que en el bosque de Wytham, cerca de Oxford (Inglaterra), la población de carboneros que anidan en los huecos de los árboles se redujo un 50% antes de que se instalaran nidos a prueba de depredadores. Los leñadores de Maine explican que, en invierno, las comadrejas son incluso capaces de cazar liebres americanas, una proeza difícil de entender porque la comadreja más corpulenta que he tenido la oportunidad de pesar era un macho de 283 gramos. Una liebre americana adulta pesa cinco veces más, pero parece que las comadrejas no se dejan intimidar por esta desventaja de tamaño. Uno de mis vecinos, que vive cerca de mi cabaña en Maine, me dijo que, en noviembre, había visto a una comadreja blanca perseguir de cerca a una liebre.

La fuerza muscular no basta para explicar la capacidad de los mustélidos para cazar presas grandes, como confirma la delicadeza de las martas pescadoras cuando atacan a los puercoespines, un animal que ni tan siquiera un perro sería capaz de someter o atrapar. Muestran una gran curiosidad y voluntad por descubrir cualquier novedad. Sospecho que son bastante inteligentes. Los cráneos alargados de todos los mustélidos, desde las comadrejas hasta las nutrias, indican que poseen un volumen cerebral notablemente superior al de otros animales del mismo tamaño. Según una anécdota de la que doy cierto crédito, las comadrejas saben contar hasta seis (o como mínimo son capaces de captar una idea sofisticada de lo que significa la cantidad).

Durante aproximadamente un año, mi padre tuvo una comadreja como animal de compañía, a la que, cuando aún era joven, solía llevar en el bolsillo de su abrigo. La comadreja procedía de Bulgaria. Al parecer, mi padre estaba paseando por el campo en primavera y oyó un crujido sobre la hojarasca que tapizaba el suelo. Pensó que había encontrado una serpiente marrón, pero resultó ser una comadreja seguida de cerca por sus siete crías, una detrás de otra. Cogió a las pequeñas y las introdujo en una bolsa de tela, la cerró por un extremo y la guardó en su mochila. Supongo que estaba atrapando pulgas y pequeños mamíferos; la bolsa de tela era su equipo habitual para recuperar las pulgas que saltaban de los animales, que vendía a los Rothschild de Londres para su célebre colección.

Mi padre prosiguió su paseo y finalmente se sentó y abrió la mochila para sacar su almuerzo. La madre comadreja, que le había seguido en busca de las crías que le habían sido arrebatadas, se introdujo en la mochila abierta. Mi padre abrió la bolsa de tela y la comadreja se metió dentro, sacó a una de sus pequeñas y echó a correr con su hija en la boca. Cada vez más expectante, mi padre esperó. La madre comadreja regresó, volvió a meterse en la mochila y rescató a su segunda cría. Y así sucesivamente hasta la sexta. Pero la número siete no tuvo la misma suerte; su madre no regresó para rescatarla. Así fue como se convirtió en la mascota favorita de mi padre. Mucho tiempo después, cuando ya había crecido, hacía las delicias de nuestros visitantes, asombrados por la rapidez con la que podía atrapar un docena de ratones que habíamos soltado por la habitación. Conseguía coger incluso a los que se atrevían a trepar por las cortinas. Al final, murió en un accidente, víctima de las mismas particularidades que proporcionan una gran ventaja a los mustélidos cuando cazan ratones. Al ser tan pequeña y estar siempre dispuesta a explorar espacios ocultos, se metió debajo de una manta en la cama y alguien la aplastó sin querer.

A diferencia de mi padre, no me gusta tener comadrejas sueltas en casa, pero las oportunidades de observarlas en el bosque son escasas y en general de corta duración. He registrado algunos encuentros, como el que detallaré a continuación. Acababa de nevar y el bosque estaba cubierto por un manto blanco de nieve polvo sobre una capa de hielo reciente. Las ramas de los abetos balsámicos se curvaban hacia el suelo y las pequeñas ramas de los robles y arces formaban unas celosías verticales en las que se habían acumulado espesos cojines de nieve durante horas en un silencio no perturbado por el viento. Aquel día de Navidad de 1995, el suelo del bosque estaba limpio de cualquier huella y la inmaculada superficie de nieve en polvo brillaba bajo la luz del sol, como un espejo en el que se reflejaran millones de cristales de nieve.

Comadreja con su abrigo de invierno.

Un movimiento llamó mi atención mientras contemplaba el paisaje. Era una comadreja. Sobre este fondo terso y reluciente, la comadreja blanca, con su cola negra, parecía casi de color amarillo limón, especialmente a la altura de los cuartos traseros. Me quedé paralizado cuando el animal se acercó. Vi que arrastraba algo. A una distancia de tres o cuatro metros de mí, soltó a su presa, se levantó sobre las patas traseras y me miró fijamente durante unos segundos. Aparentemente convencida de que yo no interferiría en sus movimientos, se agachó, apresó a la ardilla inerte entre los dientes y prosiguió su camino cuesta arriba entre los árboles.

En esta zona, las ardillas llevaban ya dos meses ocultas en su madriguera. Como otras ardillas de tierra, permanecen inmóviles y aletargadas buena parte del tiempo. En este estado, son incapaces de huir de cualquier depredador que pretenda alcanzarlas.

La ardilla estriada oriental construye una red de galerías de más de seis metros, con un nido situado a casi un metro de la superficie, cámaras para almacenar comida, túneles de escape y una apertura principal de acceso. La comadreja, por su parte, posee un cuerpo largo y delgado y unas patas muy cortas que le permiten —de modo parecido a los perros salchicha (en alemán, el nombre que los designa, *Dachshund*, significa perro tejón)— alzarse y capturar a los tejones (*Dachs*) en sus madrigueras, introduciéndose en su red de túneles.

Las ardillas hacen acopio de alimentos para pasar el invierno, lo que les permite evitar o reducir el tiempo de hibernación, que es cuando son más vulnerables a los ataques de los depredadores. En otoño, las ardillas que vivían cerca de nuestra casa pasaban días enteros acercándose a los comederos de pájaros, llenándose la boca de semillas de girasol hasta rebosar y regresando a toda prisa a su madriguera para descargar su alijo antes de volver a repostar. En años de abundancia de robles, hayas y arces azucareros, las ardillas también recolectan las semillas de esos árboles. Cuanta más comida almacenen, más tiempo mantendrán una temperatura corporal elevada y estarán despiertas y vigilantes durante el invierno. De hecho, las ardillas estriadas no son tan propensas a pasar todo el invierno en estado de letargo como otras ardillas terrestres, que no acumulan provisiones. En 2000, un año de gran abundancia de hayas en el norte de Vermont, vi a muchas ardillas salir a menudo de debajo la nieve, multiplicando sus idas y venidas hacia los comedores durante todo el invierno. Al año siguiente, cuando casi no había troncos de haya o roble en la zona (pero sí una gran cosecha en el sur) no logramos localizarlas en la superficie desde finales de septiembre. Parece que, como les ocurre a muchos millonarios, las ardillas estriadas nunca tienen suficiente cuando amontonan grandes cantidades de comida para el invierno, pero cuando el alimento escasea saben cómo ingeniárselas.

Esperé unos diez minutos a que la comadreja se alejara de mi campo de visión y se instalara junto a su presa antes de seguir sus huellas. ¿Por qué se había molestado en arrastrar una carga tan pesada? ¿Por qué no se había puesto a comer justo donde la había atrapado, presumiblemente en el interior de su cálida y acogedora guarida?

Las comadrejas ocupan la totalidad del territorio del hemisferio norte hasta el Ártico. Permanecen activas durante todo el invierno. Además de tener que lidiar con un frío intenso, son pequeñas, delgadas y su pelaje no les proporciona un aislamiento adecuado, lo que facilita su rápida pérdida de calor. Para compensarlo, su metabolismo en reposo es dos veces más elevado que el de otros animales de su misma talla. Poseen un estómago de pequeñas dimensiones y, a diferencia de sus primas, las mofetas rayadas, acumulan poca grasa corporal. Por ello, han de comer más cantidad a diario que otros animales adaptados al invierno.

No obstante, a pesar de su débil capacidad para retener el calor, estos roedores son unos depredadores muy bien adaptados. Las comadrejas han de ser pequeñas y delgadas para entrar en los túneles de las ardillas. Es su comportamiento lo que les permite equilibrar las reservas energéticas. Los estudios de seguimiento por radio indican que, en un ciclo de veinticuatro horas en invierno, dedican la mayor parte de su tiempo a comer y descansar. No necesitan una madriguera permanente ni tampoco un gran estómago, ya que, cuando entran en el refugio del roedor, se instalan en el nido de su víctima y se acurrucan a su lado formando una bola para conservar las reservas de energía mientras se alimentan entre cinco y diez veces al día. Cuando se les termina la comida y necesitan nuevos suministros de energía, vuelven a salir de caza.

Tras arrastrar a su presa a una distancia de más de veinticinco metros en línea recta, la comadreja se había encaramado a una pequeña colina con su ardilla recién abatida. Allí, de repente, las huellas describían unos pequeños círculos, zigzagueando de un lado para otro en un claro. Al parecer, el depredador buscaba algo en esa zona; las huellas daban fe de la presencia de la ardilla muerta. Como ya he dicho, la nieve en polvo, de unos 2,5 a 5 cm de grosor, estaba cubierta por una capa dura y espesa. Supuse, pues, que la comadreja quería encontrar una cavidad en concreto, posiblemente la entrada de una guarida ahora cubierta de nieve.

Me fijé en las huellas que iban desde el montículo hasta la base de un pequeño carpe cercano. A la altura del tronco, donde la capa de hielo era más fina, la comadreja había finalmente escarbado en la nieve. Esperé entonces unos quince minutos con la esperanza de que volviera a salir. Primero me quedé sentado sin hacer ruido; luego chillé como un ratón en apuros. La comadreja seguía sin aparecer. Entonces me puse a cavar y conseguí retirar unos cincuenta centímetros de nieve hasta llegar al suelo no congelado cubierto de hojas de carpe. Luego seguí excavando hasta alcanzar una galería (muy parecida a las que luego supe que solían hacer las ardillas) que conducía hasta la zona pisoteada donde la comadreja había dejado numerosas huellas sobre la corteza. Fue allí donde descubrí el agujero de entrada en el suelo.

Amontoné un poco de nieve suelta sobre la entrada y me fui. Cuando regresé más tarde aquel día, la obertura estaba removida y las huellas recientes de la comadreja, sin marcas de arrastre, se adentraban en el bosque. El carnívoro, bien alimentado, se había marchado. Volví a explorar la zona al día siguiente, tras otra nevada matutina, pero las huellas habían desaparecido. No había nuevas pistas. Tampoco más tarde aparecieron otros rastros de la comadreja.

Al parecer, no era su guarida. Se trataba más bien del refugio de una víctima anterior de la ardilla y que esta comadreja debía conocer de antemano. Probablemente, había atrapado a su última víctima *fuera* de su madriguera. ¿Por qué, si no, la comadreja la había arrastrado tan lejos a través de la nieve? Todo hacía suponer que la ardilla no estaba en estado de letargo pero se había dejado atrapar de todos modos. En caso contrario, la comadreja la hubiera abatido en el interior de su nido y se la habría comido *in situ*. Por lo tanto, mantenerse caliente para permanecer en alerta no era necesariamente una garantía de supervivencia, al menos para esta ardilla. Las probabilidades de un individuo vienen determinadas por sus propias circunstancias y, por otro lado, las pequeñas idiosincrasias en las circunstancias vitales de las distintas especies garantizan también estrategias diferentes. La existencia de cada animal depende de sus propias elecciones contingentes y a menudo contradictorias.

5

Nidos y guaridas

Gran parte de la adaptación al mundo invernal consiste en crear el microclima adecuado. Las aves van equipadas con plumas aislantes, los mamíferos disponen de pelaje y nosotros usamos ropa de abrigo. Algunos animales, en particular los castores, los osos, los seres humanos, los pájaros y algunos insectos, van más allá y construyen nidos o madrigueras que complementan o sustituyen su propio aislamiento corporal.

En todos los animales, la construcción de un refugio en el que cobijarse está supeditado en gran parte a los materiales de construcción disponibles, las necesidades energéticas para calentar o enfriar el habitáculo y los requisitos de defensa y accesibilidad. Los indios anasazi del sudoeste de Estados Unidos construían sus casas en lo alto de unos acantilados de difícil acceso, con buena posibilidad de defenderse, en un emplazamiento en el que los salientes rocosos proporcionaban sombra al mediodía y exposición al sol directo en invierno. En las zonas septentrionales y en Europa y Asia, cuando no había madera disponible, los cazadores de la Edad de Hielo enmarcaban sus cabañas con colmillos de mamut y las cubrían con pieles y tierra; los primeros esquimales utilizaban la misma técnica, sustituyendo los colmillos de mamut por huesos de ballena. Fueron ellos los que inventaron el iglú, un portento de simplicidad y eficiencia. Con nieve dura y nieve granulada cortada en bloques de aproximadamente el doble de ancho que de alto, puede construirse un habitáculo en menos de una hora haciendo girar las piezas en espiral hacia arriba, cada una ligeramente inclinada hacia el interior.

A lo largo de nuestra expansión hacia zonas de clima más frío, teníamos que confiar, en principio, en que íbamos a mantener nuestra temperatura corporal, que sigue siendo la principal fuente de calor en un iglú. Luego utilizamos el fuego como complemento. El primer indicio de uso del fuego para caldear nuestro hogar se halló en unos yacimientos europeos de hace 500.000 a 100.000 años, cuando los cazadores de la Edad de Hielo apoyaban unos postes en la entrada de sus cuevas y los cubrían con pieles. No hubo demasiados cambios en los métodos para generar calor (salvo la contención del fuego en una chimenea) hasta que Benjamin Franklin inventó la estufa Franklin, seguida finalmente por la calefacción central. En vez de construir nidos, los habitantes de la Edad de Hielo se mantenían vivos y calientes a la manera de los carboneros y reyezuelos en invierno: quemando metabólicamente la grasa de los animales que cazaban.

Probablemente, los primeros nidos que se construyeron en el planeta, y que siguen siendo aún hoy los más prodigiosos, son los de los insectos, que llevan perfeccionando su técnica desde hace unos trescientos millones de años. Todos los otoños, tras la caída de las hojas en Nueva Inglaterra, descubro los nidos de una especie de avispa —el avispón cariblanco— suspendidos de los árboles de forma muy visible. Cada nido lo construye en mayo una sola hembra que ha estado hibernando a lo largo de todo el invierno. Con sus mandíbulas raspa la fibra de madera seca de una rama y la mezcla con saliva para obtener una especie de bola de papel maché de la que extrae unas tiras finas de celulosa, que luego coloca en el borde inferior superponiéndolas de una a una. La bola, que crece paulatinamente, se convertirá en su morada y en la de toda su progenie: cientos de huevos, larvas, pupas y crías adultas. Cuando sus hijas alcancen la mayoría de edad, ayudarán a su madre a construir el nido, colocando varias capas de papel blanco, marrón y gris según la madera de que se trate. A pesar de que es muy fino, el papel no se desintegra con la lluvia y aguanta todo el verano hasta el final del invierno. A juzgar por mis experimentos, ni siquiera un chaparrón logra empapar más allá de la primera capa.

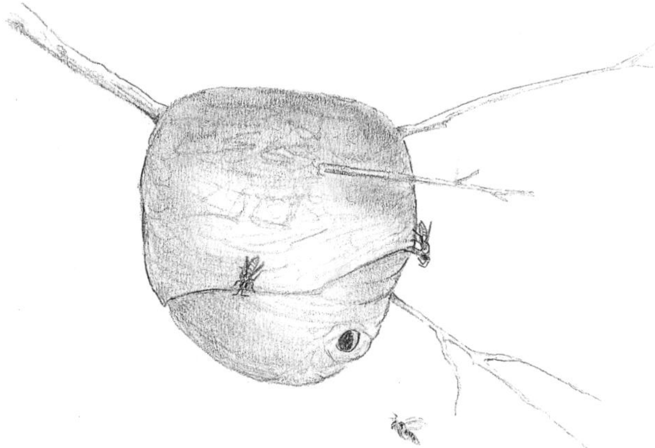

Nido de avispón cariblanco con dos avispas añadiendo papel en el borde inferior de la capa externa.

A medida que la familia crece y necesita más espacio, los insectos amplían su nido reciclando las paredes de papel del interior para construir otro revestimiento de mayores dimensiones en el exterior. Un nido de una simple capa de papel, que en mayo tenía el tamaño de una nuez, a finales de verano llega a contener una docena de capas de material aislante, rodeado por otros tantos paneles horizontales repletos de pupas y larvas suspendidas unas encima de otras. Cada capa de aire entre las sucesivas hojas de papel actúa como material aislante, y la temperatura en el interior del nido se mantiene entre los 29 °C y los 31 °C, incluso cuando la temperatura exterior desciende a 5 °C. Los avispas baten sus alas, y estas, al desprender calor, les permiten mantener su temperatura corporal por encima de los 40 °C. La pérdida de calor corporal es lo que calienta entonces el nido y los huevos.

Solo hace tres millones de años que los seres humanos poblamos la Tierra, mientras que las aves llevan volando desde hace más de cien millones. Al principio, sus nidos eran parecidos a los de sus antepasados los réptiles: simples huecos escarbados en el suelo o agujeros para esconder los huevos y las crías. A medida que las aves se volvieron más activas metabólicamente, en parte para ser capaces de mantener un vuelo rápido y sostenido, se convirtieron a su vez en criaturas de sangre caliente. Su capacidad para producir calor no solo acabó siendo una opción sino una necesidad tanto para ellas como para su progenie. Su expansión hacia el norte o hacia entornos estacionales generó una presión selectiva sobre los nidos, que no solo se convirtieron en receptáculos para sus huevos y sus crías sino también en refugios cálidos.

Los nidos de los pájaros que anidan en el norte y a finales de invierno, como los arrendajos canadienses, los cuervos, los piquituertos y los reyezuelos sátrapas, son estructuras muy bien aisladas, esenciales para la supervivencia de estas aves en sus respectivos entornos; los huevos y los polluelos deben mantenerse calientes y al menor coste.

Los reyezuelos sátrapas construyen sus nidos con hilos de telas de araña, tiras de corteza y seda de oruga en las ramas pequeñas de un abeto o una pícea, de forma parecida a una hamaca. Luego agregan musgo, líquenes y tiras de corteza de abedul en el fondo y las paredes del nido. La estructura, suspendida entre dos pequeñas ramas por los bordes y las paredes, recuerda la forma de un cáliz. El habitáculo está aislado con plumón de liebre americana y pequeñas plumas de pájaro; se han hallado 2.486, 2.674 y 2.672 plumas en tres nidos en los que se realizaron recuentos individuales (Thaler, 1990, pp. 83–84). Los nidos están ocultos a la vista desde arriba y parcialmente protegidos de la lluvia y el sol mediante ramitas de abeto o pícea. Sin embargo, por muy complejos que sean, casi todos los nidos están pensados para ser utilizados solo una vez. El invierno es la mejor época para encontrar muchos de esos nidos abandonados.

Los nidos de las aves son también un buen registro para detectar una serie de comportamientos genéticos codificados. Cada pájaro construye su refugio sin saber cómo hacerlo, reproduciendo con bastante precisión lo que hicieron sus padres. Ciertas técnicas de construcción son relativamente simples. Los gansos, por ejemplo, eligen un lugar apropiado para su emplazamiento y se limitan a poner allí sus huevos. A menudo, la hembra recoge la vegetación de las inmediaciones y la apila alrededor de su cuerpo. Luego se desprende de las plumas ventrales y las coloca debajo de ella para forrar el nido. Las barnaclas canadienses que residen en una ciénaga cerca de mi casa solo revisten esta parte inferior del nido cuando ponen los huevos o justo después. (El menor aislamiento ventral de la madre podría ser peligroso en agua helada, pero necesario en el nido para que su calor corporal permanezca en contacto con los huevos que está incubando.)

La mayoría de los pájaros recogen el material adaptado a su nido en una zona extensa y adoptan comportamientos específicos para encontrarlo y utilizarlo. Los zorzalitos de Bicknell que pueblan las montañas de Maine y Vermont forran sus nidos con rizomas de senderuela. Un año, una pareja de golondrinas bicolores construyó su refugio en una de las cajas nido que tengo en Maine con la ayuda de la hierba que encontraba justo debajo y luego la revistió exclusivamente con plumas de pato blanco. El pato blanco (doméstico) más cercano estaba al menos a cinco kilómetros de allí.

Existe cierta flexibilidad en la construcción de un nido (pero no mucha). Una golondrina arbórea de mi casa de Vermont construyó el suyo casi *exclusivamente* con plumas (para ser exactos, 87 grandes plumas blancas que supuestamente procedían de gallinas y una pequeña pluma de color negro perteneciente a un cuervo). Los chochinos criollos utilizaron la misma caja nido inmediatamente después de que las golondrinas abandonaran los huevos, que se habían podrido (habían dejado de incubarlos tras una semana glacial de principios de primavera). Pero los chochinos construyeron su nido con 675 ramitas que llenaban la caja prácticamente hasta arriba. Este nido no tenía ningún forro de plumas. Sin embargo, para su segunda cría en la misma caja, sustituyeron el nido que yo había retirado por otro construido con solo 40 ramitas y revestido con 185 briznas de hierba y raicillas, así como 52 plumas de distintos pájaros.

Los cuervos machos construyen sus nidos sujetando con el pico ramitas grandes y gruesas que recogen de los árboles. Agitando la cabeza a grandes sacudidas, hacen vibrar los palos contra el suelo o sobre el substrato de las ramas o los salientes del árbol en el emplazamiento elegido para construir su morada hasta que finalmente se establecen allí. Una vez construida la plataforma, el pájaro suele posarse en el centro, donde hay ramitas más pequeñas, antes de montar una especie de cúpula con borde alto. Cuando han completado la cesta, los dos miembros de la pareja la tapizan con corteza, musgo, hierba y piel de animal. Casi todos los nidos de Nueva Inglaterra contienen pelaje de ciervo, a veces de gran densidad. También utilizan habitualmente pelo de liebre americana, oso y alce para proporcionar una buena amortiguación a los huevos y ayudar a aislarlos. Es la hembra la que los incuba durante veintiún días, incluso a las temperaturas bajo cero frecuentes en febrero y marzo.

Los petirrojos construyen una especie de cráter simétrico de barro duro rodeado de restos sueltos y forrado de hierba. Todo el proceso parece instintivo. Dos nidos que tuve la posibilidad de observar desde el inicio de su construcción estuvieron casi terminados en dos días. Al amanecer, la hembra depositó una pila informe de hojarasca, ramitas y fragmentos de corteza de abedul en el emplazamiento del futuro nido. Al día siguiente, al alba, empezó a transportar barro, encadenando un viaje tras otro, a intervalos de uno a tres minutos, durante cinco horas y media. Al principio, durante la primera hora más o menos, el macho se dedicó simplemente a ir detrás de la hembra, sin hacer nada; luego se instaló en el bosque y se puso a cantar tranquilamente, mientras ella trabajaba sin parar. Por la tarde se puso a descansar. A la tercera mañana, la hembra se limitó a hacer algunos viajes sola, sin su compañero. Sistemáticamente, justo después de depositar el barro, se ponía de cuclillas y hacía vibrar su cuerpo durante unos segundos; luego se levantaba, giraba sobre sí misma unos grados a la derecha o a la izquierda y volvía a oscilar en la misma posición. Repitió esta operación por lo menos dieciséis veces tras arrojar en el nido un puñado de barro u otros desechos. Su técnica de construcción no parecía responder a un plan preconcebido. Sobre una larga biga de un cobertizo, descubrí que un petirrojo había construido un nido de doble cáliz, aparentemente porque había empezado a depositar material en dos puntos parecidos en la pila inicial de desechos que se habían separado demasiado lateralmente en la viga lisa. Tropecé con un mosquero que también había construido un nido parecido sobre una vigueta; tal vez había tenido dificultades para determinar su emplazamiento preciso. En materia de hábitat, la ubicación es primordial, especialmente entre las aves.

Aunque entre los gansos y los petirrojos la hembra es la única que se encarga de la construcción del nido, en otras especies (especialmente chochines y tejedores) el responsable es generalmente el macho. Los nidos construidos por los machos sirven inicialmente como ganchos sexuales. Las hembras escogen el nido y, a través de él, al que lo ha construido. Ellas indican sus preferencias añadiendo el revestimiento en función de su propias especificaciones. Recuerdo haber observado en una colonia de gendarmes tejedores a los machos colgados de sus nidos a medio terminar, batiendo las alas y piando para jactarse de su obra. Cuando las hembras entraban en el nido para inspeccionarlo, el macho propietario se agitaba frenéticamente. En los bosques del norte de Nueva Inglaterra, quizá uno de los mejores ejemplos de este comportamiento es el del chochín hiemal, que construye su nido ocultándolo al fondo de las raíces de los árboles que han sido derribados por el viento. El nido del chochín es una pequeña cavidad con paredes camufladas por un entramado de musgo y ramitas de coníferas. La entrada, situada en la parte delantera, mide menos de un centímetro. Un chochín macho puede construir varios de esos nidos en una zona (en una ocasión, vi a un cucarachero sabanero construir seis en su territorio), pero solo el elegido por la hembra estará forrado de piel y plumas. Al parecer, los «falsos nidos» no solo sirven para dar otras opciones a la hembra, sino que disuaden a los machos no apareados de instalarse en las proximidades.

Los tejedores de muchas especies tejen literalmente bolsas de fibras vegetales en suspensión, a la manera de nuestros tejidos. Sin embargo, el tejedor común africano (*Ploceus cucullatus*), pariente cercano del gorrión común de las zonas residenciales inglesas, construye nidos colectivos cuya forma y tamaño recuerdan a ciertas construcciones humanas, especialmente a las cabañas con techo de paja. Generación tras generación, los pájaros añaden nuevas estancias al nido, hasta el punto de que pueden pesar varias toneladas y llenar toda la copa de un gran árbol. Esta construcción comunitaria protege los habitáculos individuales del sol y de las fluctuaciones extremas de temperatura en el entorno desértico del sur de África, donde las noches son generalmente frías y los días calurosos.

A parte de la necesidad de protección frente a los elementos, una de las principales razones evolutivas de la variedad de nidos y de su ubicación es sin duda la depredación. Para un pájaro, el periodo de mayor vulnerabilidad corresponde, indiscutiblemente, a la larga etapa de puesta de huevos y nidificación. Entre los depredadores, hay otras especies de aves, además de serpientes y mamíferos. La inaccesibilidad de los nidos constituye una defensa adecuada para algunas especies, pero la mayoría confían en ocultar sus nidos para evitar o reducir la depredación. Sin embargo, la eficacia de la ocultación depende en gran parte de lo que hagan los *demás.*

En los bosques invernales, hay una gran cantidad de cosas enterradas y ocultas, pero otras muchas quedan inevitablemente a la vista. Cortinas de copos de nieve caían sobre mi cara, y la nieve se amontonaba en el suelo amortiguando mis pasos. Ya había unos sesenta centímetros de nieve reciente sobre el suelo congelado, tapizado de hojarasca. En los últimos meses, esas hojas habían ocultado las vistas del bosque, cuyo follaje verde había permanecido por lo demás opaco. Ahora, a finales de enero, podía ver *a través* del bosque, entre dos grandes arces, unas hayas, unas raíces inclinadas y, más allá, una ciénaga bordeada de matorrales de viburnos. Me interesaba localizar los nidos que me había sido imposible encontrar en verano porque estaban cubiertos de hojas. Ahora descubría su oscura silueta envuelta por una capa blanca. (Obviamente, no podría encontrar los nidos construidos en el suelo, aunque la mayoría siguen siendo invisibles incluso sin nieve.)

A menudo encontramos nidos por pura casualidad. Pero al igual que para los depredadores, saber dónde y qué buscar aumenta nuestras probabilidades de encontrarlos. Es decir, el éxito depende de lo que hayamos logrado con anterioridad. Los depredadores también se inspiran en experiencias previas para desarrollar su táctica. Sin embargo, centrándose solo en los nidos que les resultan familiares, pueden pasar por alto otras construcciones de aspecto distinto o situadas en emplazamientos poco habituales. Para numerosas especies, una de las claves de la supervivencia es la variedad de nidos y lugares de anidación. Un sencillo experimento mental lo demuestra. Imaginemos que todas las especies de pájaros cantores colocaran su nido bajo la corteza suelta y muerta de los abetos balsámicos, como hacen los agateadores americanos. Si todas las especies eligieran el mismo lugar, dejaría de ser un buen escondite. Por el contrario, estos emplazamientos *revelarían* en seguida dónde encontrar huevos y polluelos recién nacidos, del mismo modo que los arcos dorados nos indican dónde encontrar un McDonalds. Y eso puede aplicarse tanto al lugar de nidificación como a los propios nidos.

La adopción de una técnica particular de construcción da lugar a nidos propios de cada especie. Cuanto más *diferente* y exótico sea el aspecto de un nido, menos repararán en él los depredadores. Como un verdadero depredador, durante mis paseos invernales también busco nidos que me resulten

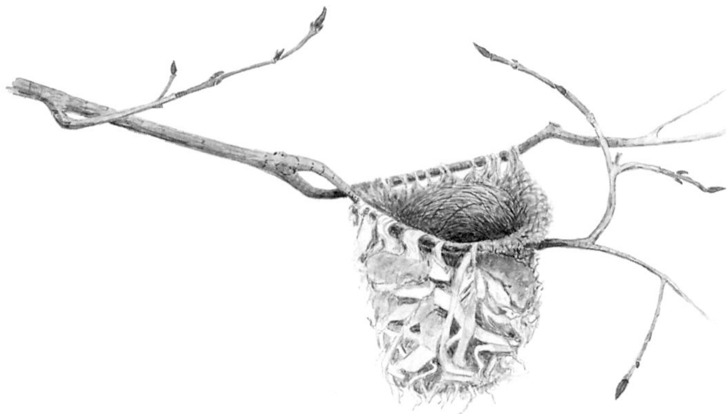

Nido de víreo ojirrojo en un arce azucarero del sotobosque.

familiares basándome en mi experiencia previa. Uno de los primeros nidos que encontré ese día de invierno fue el de un víreo ojirrojo. Todos los nidos de esta especie están suspendidos por sus bordes superiores sobre la horquilla horizontal de una fina rama, generalmente en un sotobosque de matorrales leñosos. Cada nido posee la apariencia de un bulto redondo de color claro, un poco como un avispero, pero al examinarlo de cerca se ve que está colgado de lo que a primera vista parecen telarañas y tiras de corteza de abedul.

Ese día, cuando encontré y examiné de cerca el nido de víreo ojirrojo, me sorprendió descubrir unos trozos de papel gris, procedentes del nido de un avispón cariblanco, que habían sido incorporados a la pared exterior junto a la omnipresente corteza de abedul y telas de araña. Los nidos comunitarios de los avispones cariblancos, a diferencia de los nidos de pájaros, se van construyendo durante todo el verano. En otoño, cuando las obreras y los zánganos mueren y las reinas fecundadas hibernan bajo tierra, los nidos quedan abandonados. Entonces sí pueden retirarse sin temor algunos materiales. Como es bien sabido y he podido confirmar en propia piel, el mero hecho de tocar un nido ocupado provoca instantáneamente la salida de los avispones, que atacan y pican sin piedad a todo lo que se mueva en los alrededores. Por lo tanto, deduje que los trozos de papel del avispero incorporados a lo que parecía una decoración exterior procedían de un antiguo avispero abandonado, ya que un avispón no dudaría ni un segundo en atacar, picar y probablemente matar a un pájaro o a cualquier otro pequeño animal que osara profanar su refugio colectivo.

Rara vez encuentro un nido de avispones en la zona. Los víreos debían haber ido muy lejos para encontrar el papel. ¿Se trataba pues de un nido característico de víreo ojirrojo? Recordaré toda mi vida el primer nido de esta especie que encontré. Tenía once años, era la primera primavera que pasaba en Maine, y estaba encaramado a un gran arce azucarero que había junto a la carretera que conducía a la granja de los Adams, donde pasé un verano inolvidable. Floyd, el padre de familia, había hecho incisiones en ese árbol en primavera para obtener su dulce savia. No recuerdo, por supuesto, si el exterior del nido contenía papel de nido de avispas, pero me encantaría acordarme. Animado por el recuerdo, proseguí mi investigación para examinar todos los nidos de víreo ojirrojo que pude encontrar en Maine y Vermont. Los doce nidos que hallé contenían trozos de papel de avispón cariblanco en el exterior. Dado que los nidos de víreo son esféricos y se asemejan por su forma a los avisperos, parece plausible que la incorporación de

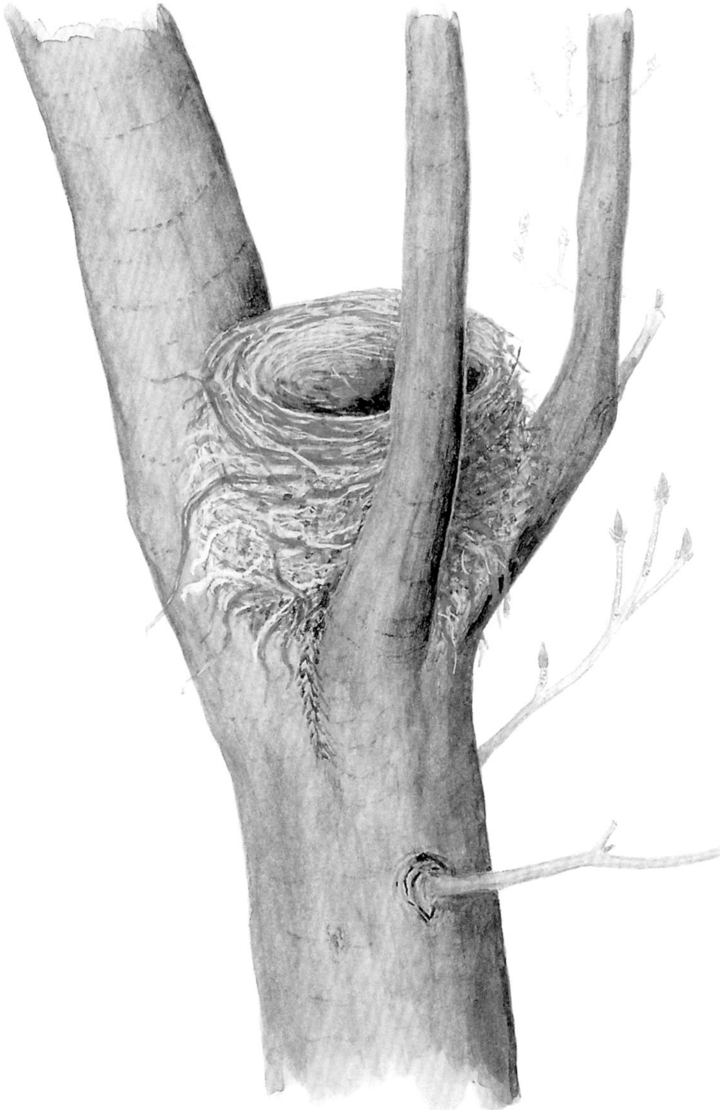

Nido de colirrojo en un joven arce azucarero a la orilla de un pantano.

papel produzca un efecto similar y evite que los principales depredadores de nidos que habitan en los bosques (ardillas, ardillas estriadas y arrendajos azules) se acerquen demasiado. De hecho, el más ligero movimiento de una rama donde haya un nido de avispas provoca un ataque masivo, por lo que ni una ardilla o un arrendajo asumirían el riesgo de incitarlas. Bastaría que uno de esos voraces depredadores fuera disuadido por algo tan aparentemente trivial como la decoración de un nido para que esta estratagema tuviera un efecto real a largo plazo. Calculo que solo las ardillas estriadas y las ardillas rojas diezman más del 60 por ciento de *todos* los nidos de pájaros cantores de los bosques de los alrededores.

Todos los nidos de víreo estaban revestidos con hebras fibrosas, finas y firmes, pero con algunas diferencias según cada caso. Dos de ellos contenían largas agujas rojizas de pino blanco. En otro había pedúnculos recubiertos de musgo. Entre otros materiales, abundaban briznas de hierba, tallos secos de flores de arce azucarero, finas tiras de corteza de fresno, raquis de hojas de helecho en descomposición y otras fibras parecidas que no pude identificar.

Me alejé del bosque de frondosas donde había descubierto el nido de víreo ojirrojo y bajé andando hasta un estanque de castores cuya superficie helada estaba rodeada de grandes juncos secos ya amarillentos. Los matorrales de espadaña marrón claro daban paso a una serie de arbustos de espirea y viburno dentado diseminados entre alisos y arces jóvenes. Los colirrojos y los mosqueros habían encajado sus nidos en las horquillas verticales de los árboles más jóvenes. Entre las espadañas, descubrí media docena de nidos de tordos alirrojos y tres de zanates comunes. Estaban todos a varios centímetros del hielo sobre las hojas marchitas, ya secas, de la espadaña. Los voluminosos nidos, abandonados hacía tiempo, de los pájaros gato y los ampelis americanos eran visibles entre una maraña de finas ramitas, mientras que en verano habían estado casi totalmente ocultos por la densidad del follaje. Los nidos de los pájaros gato están construidos con ramitas de cierta longitud y tallos robustos, pero la característica casi imperceptible que los distingue de otros nidos similares (arrendajo azul, picogordo pechirrojo) son las lianas de corteza de vid. El único nido de ampelis americano que logré encontrar estaba revestido, como es habitual, con musgo verde. Entre los bajos arbustos de espirea distinguí los frágiles nidos vegetales de las reinitas de Pensilvania, así como un nido de reinita amarilla construido con la pelusa de las espadañas, formando una esponjosa y gruesa copa de algodón. Los jilgueros habían abandonado sus nidos tapizados de plantas en los árboles jóvenes o los arbustos más accesibles.

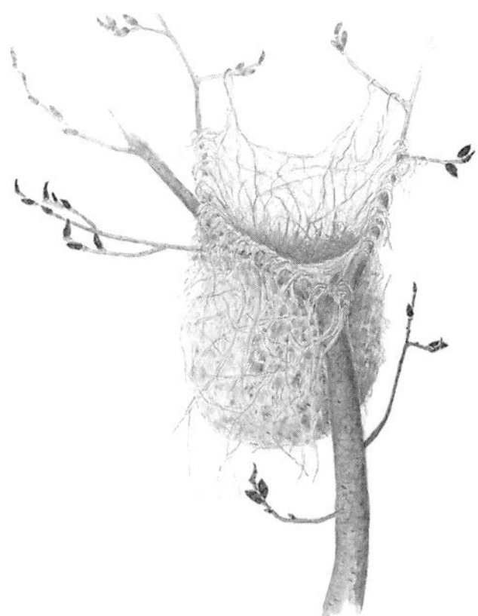

Nido de oropéndola de Baltimore en un olmo.

Nido de pájaro gato con lianas de vid en un sauce.

Un olmo situado a orillas del estanque de castores albergaba el nido en forma de bolsa de una oropéndola de Baltimore en perfecto estado de conservación. Su tejido de resistentes fibras vegetales, comparables a las del cáñamo (que encontré en los tallos de algodoncillo en descomposición), permite que el nido quede suspendido en una larga y delgada ramita azotada por el viento por la que rara vez las ardillas se arriesgarían a avanzar para atacar a los polluelos. Más cerca del suelo, me fijé en un agujero dentado a través de la fina y resistente corteza de un tronco podrido de abedul gris. Era la entrada a una cavidad excavada por un carbonero cabecinegro. Todos los páridos, familia a la que pertenecen los carboneros, ocultan sus huevos en espacios cerrados. Aunque poseen unos picos pequeños y débiles, suelen abrir el agujero de sus nidos sobre madera blanda y podrida. A veces, utilizan huecos ya existentes, como los de los pájaros carpinteros. En el interior, construyen un nido mullido con musgo, pelo y plumas.

Los materiales de construcción son los que dictan muchas veces la forma del nido, ofreciendo nuevas opciones en sitios excepcionales de nidificación. Las golondrinas comunes y las golondrinas risqueras, por ejemplo, instalan sus refugios en acantilados inaccesibles (en general en densas comunidades de docenas de nidos). Construyen sus moradas esencialmente con mortero de barro, lo que les permite reutilizarlas. Este tipo de hábitat me recuerda a las casas de los indios anasazi; me pregunto si las golondrinas fueron su fuente de inspiración. En el interior de esas pequeñas cavidades reciclables (como generalmente se consideran los nidos), las golondrinas construyen sus habitáculos con hierba y plumas. El hecho de que el mortero exterior pueda adherirse a cualquier sustrato sólido les permite anidar tan fácilmente en un acantilado como en la pared de un granero. En cambio, los aviones zapadores cavan sus agujeros en bancos de arena, donde construyen sus nidos rellenando con hierba y plumas el extremo de los conductos arenosos. Por su parte, las golondrinas arbóreas utilizan más bien antiguos huecos excavados en los árboles por pájaros carpinteros. Los vencejos construyen un nido poco profundo pegando con saliva una ramita tras otra en paralelo, lo que forma una fina repisa en la pared de la chimenea. Sus parientes, las salanganas de cueva asiáticas, prescinden de las ramitas y construyen todo el nido con saliva. (La saliva coagulada y endurecida de esta ave se considera una exquisitez gastronómica, digna de figurar en el menú de los restaurantes más caros de Asia.)

Proseguí mi paseo para localizar otros nidos interesantes en el bosque y la ciénaga. Estaba nevando y no vi nada más exótico que unos nidos de vencejo o golondrina. En cambio,

Nido de reinita de Pensilvania en un arbusto de espireas.

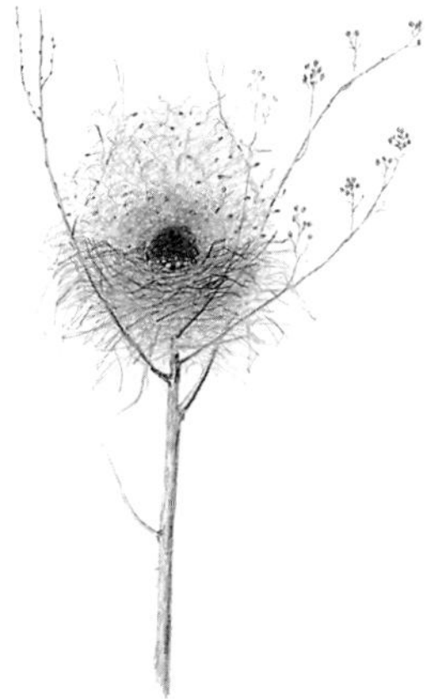

Nido de reinita de Pensilvania en una espirea cubierto con semillas de Clematis. Con sesenta y seis huesos de cereza en su interior. La despensa de un ratón ciervo.

encontré varios nidos de reinita de Pensilvania. Como es característico de esta especie, los habitáculos eran pequeñas estructuras redondas en forma de copa, construidas con briznas de hierba y situadas en arbustos bajos de espirea. Sin embargo, para mi sorpresa, tropecé con un nido abovedado con un pequeño orificio redondo a un lado, que me recordó a los refugios de los chochines. En realidad era otro nido de reinita de Pensilvania, tapizado de hierba, al que algún animal había añadido una superestructura de plumón vegetal. En el interior pude contar 76 huesos de cereza negra. Tras este sorprendente hallazgo, examiné los alrededores con mayor detenimiento y hallé otro nido cuya cúpula había sido remodelada de la misma forma. Este, sin embargo, había pertenecido a un mosquero alisero y contenía 483 semillas de algodoncillo, cuya esponjosa sombrilla había sido eliminada. También encontré un nido de jilguero lleno hasta los topes con unas 1.200 semillas negras que no pude identificar, 254 semillas de algodoncillo y una semilla de girasol. (Posteriormente, planté algunas de esas pequeñas semillas negras y descubrí que se trataba de ambrosias, cuyo polen es un alérgeno común.)

Nido de jilguero en un joven arce rojo.

Sospecho que los tres nidos habían sido ocupados por ratones ciervo. A diferencia de los nidos de otros roedores y ardillas, que sirven de madriguera para las crías en primavera y como refugio contra las inclemencias meteorológicas para los adultos en invierno, estos roedores parcialmente arborícolas habían reconstruido astutamente los nidos para utilizarlos como granero durante el invierno. Es habitual que los nidos de los pájaros sean utilizados *a posteriori* por otras especies de aves. Por ejemplo, el pato joyuyo, el porrón albeola y el mergánsar dependen de los huecos donde han anidado los pájaros carpinteros y, antes de su extinción, los picamaderos picomarfil. Al facilitar lugares de anidación seguros, los pájaros carpinteros son un eslabón esencial para un gran número de aves en todo el mundo, entre ellas numerosos búhos, loros, páridos y mosqueros. Pero la reutilización de los nidos para almacenar las provisiones de los ratones era, por lo que yo sé, un comportamiento del que nadie había dejado constancia hasta entonces.

Nido de ampelis americano en un viburno.

Gracias a ese ratón me planteé otra pregunta: ¿por qué casi todos los nidos que había encontrado estaban abandonados? ¿Por qué los pájaros no los reutilizan para refugiarse en invierno? Las aves que no migran y permanecen en la misma zona durante todo el invierno, como los carboneros, los jilgueros, los camachuelos púrpuras y los arrendajos azules, tampoco reciclan sus nidos ni construyen otros para refugiarse o almacenar comida. Sin embargo, la mayoría de los pájaros son hábiles y ávidos constructores. Edifican nidos asombrosamente elegantes y funcionales con los que atraer a su pareja y en los que incubar sus huevos y criar a sus polluelos, y en cambio no erigen un simple refugio para protegerse del frío que puede incluso matarlos. ¿No hay nada que hacer? Bueno, casi nada. Como siempre en el mundo invernal, hay flagrantes excepciones.

El baloncito verdín (*Auriparus flaviceps*) es una de ellas. Este pájaro de color gris ratón, con un tamaño a medio camino entre un reyezuelo y un carbonero, reside todo el año en el suroeste de Estados Unidos y el norte de México, donde las temperaturas en invierno pueden llegar fácilmente a los 0 °C al amanecer. El verdín no solo es una excepción con respecto a la mayoría de las aves, sino que además es una excepción muy llamativa porque construye nidos que contienen *numerosas* alcobas en *cualquier* época del año.

Los nidos que le sirven para instalarse y criar a sus polluelos (o para copular) son comparables a estructuras esféricas de aproximadamente 20 centímetros de diámetro. Su forma recuerda a los pequeños nidos de las ardillas, pero solo contienen una entrada. Los nidos de reproducción se construyen en unos seis días, mientras que los de descanso se terminan en solo cuatro. Elaboradas estructuras de tres capas, la más externa está formada por ramitas espinosas fuertemente entrelazadas y ancladas con solidez al árbol, por lo general una especie de acacia llamada mezquite, un cotino, un palo verde o un *Senegalia greggii*. La capa intermedia es una masa compacta de hojas enmarañadas, plumas, líquenes, musgo y otros materiales. Por último, la parte interior, especialmente en los nidos de invierno, está revestida de un material blando y esponjoso, como plumas de distintas aves, plantas y telarañas. Los nidos de invierno son más grandes y están mejor aislados que los de la temporada estival.

Los nidos del baloncito verdín no solo sirven a los individuos que los han construido. Glenn E. Walsberg, de la Universidad de Arizona, descubrió un nido abandonado de verdines en una zona arbustiva del desierto que, en diciembre de 1989, era utilizado como lugar de descanso por quince o dieciséis perlitas colinegras (*Polioptila melanura*). Durante cinco noches, Walsberg observó que al amanecer los pájaros se dispersaban y no regresaban al nido hasta la noche. Al quinto día, Walsberg volvió a contarlos en el momento en el que abandonaban el nido antes de la salida del sol, pero aquella noche no regresaron. Era evidente que se habían instalado en otra parte y se desplazaban en masa de un sitio a otro.

Durante la noche, Walsberg registró, en el interior del nido, una temperatura de casi 30 °C, mientras que en el exterior, la temperatura descendía a 0 °C. El hecho de reagruparse por la noche mantenía la temperatura del nido a 30 °C, lo que representaba que cada pájaro gastaba 2,5 veces menos energía cada noche para mantenerse caliente. No obstante, el ahorro de energía era incluso mayor porque los pájaros no solo aprovechaban el aumento de la temperatura ambiente, sino también del contacto corporal directo. Aunque tenía claro que en los bosques de Maine no descubriría nada parecido a los asombrosos hallazgos de Walsberg sobre la utilización de un nido de verdines por parte de otra especie, me mantuve a la espera. Tal vez un reyezuelo podría utilizar un refugio similar.

A última hora de la tarde, la nieve caía tan espesa que casi me cegaba. Pasé por delante de una vieja tsuga donde todavía colgaba un nido de abejas que había descubierto el otoño anterior. Cerca de allí había un fresno hueco en el que en enero había visto refugiarse a un mapache, pero al oír el ruidoso *kek-kek-kek* de un pájaro carpintero, me desvié hacia un enorme olmo muerto. Estos pájaros carpinteros habían pasado un año tras otro escarbado con sus picos las cavidades de los nidos de este árbol. Había tres cavidades, una encima de la otra, separadas entre sí aproximadamente un metro y medio. Los pájaros carpinteros se esfuerzan mucho y se toman muchas molestias para realizar una nueva cavidad de nidificación cada primavera. De este modo, cada año, hay nuevos apartamentos vacíos para las ardillas voladoras, los copetones viajeros, los cárabos e incluso los murciélagos.

Al llegar a los huecos perforados por los pájaros carpinteros, volví a oír el eco del *kek-kek-kek* reverberando en el bosque, antes de divisar a un magnífico gran pájaro negro. Extendiendo sus brillantes alas, atravesó la tormenta y fue a posarse sobre el flanco lateral de un arce azucarero cerca de donde yo estaba. Sacudió su cabeza de rayas blancas y cresta roja hacía mí desde detrás del árbol que le protegía. Retrocedí, y el pájaro voló hacia el olmo y se adentró en uno de los antiguos agujeros que tal vez había utilizado para anidar la primavera anterior.

Los huecos de los pájaros carpinteros también son utilizados por otras aves para refugiarse en invierno. A menudo he visto a trepadores canadienses pernoctando durante el invierno en los nidos abandonados de picos vellosos o picos pubescentes. Los trepadores enanos (*Sitta pygmaea*), que suelen migrar en pequeñas bandadas, se refugian allí durante el invierno con todos sus compañeros para entrar en calor (Knorr, 1957; Guntert, Hay y Balda, 1988), al igual que los carboneros de Carolina (Pitts, 1976) e incluso algunas veces los azulejos (Frazier y Nolan, 1959).

Una cosa es encontrar y utilizar un refugio existente, y otra muy distinta dedicar tiempo y energía a construir un nido para poder aprovecharlo en el futuro. Sorprendentemente, es lo que hacen algunos pájaros carpinteros del norte. Hacía finales de noviembre y principios de diciembre, cuando las temperaturas caen en picado y las primeras ventiscas azotan los bosques, suelo oír un golpeteo constante, distinto del que hacen los pájaros carpinteros cuando buscan comida. Siguiendo este sonido hasta un árbol en descomposición o una rama gruesa, encuentro el suelo o la nieve repletos de pequeñas astillas de madera de color claro. Casi siempre aparece la cabeza de un pico velloso o un pico pubescente dentro de un agujero redondo. Luego agita la cabeza para soltar un puñado de virutas y vuelve a meterse rápidamente en el hueco para proseguir su martilleo. Al principio pensé que esos pájaros estaban desorientados, quizá debido a una mala interpretación del fotoperiodo —el número de horas de luz frente a las de oscuridad que muchos animales utilizan para llevar la cuenta de las estaciones—, ya que iniciaban la construcción del nido con seis meses de antelación. Sin embargo, las cavidades terminadas a finales de otoño o en invierno (sobre madera más descompuesta que la de los nidos) eran utilizadas invariablemente por los pájaros para pernoctar; intenté sacar al pájaro por la noche dando unos golpes en el árbol, pero volvió a entrar rápidamente para pasar la noche allí. (Los pájaros carpinteros no utilizan ningún material para anidar salvo una capa de astillas de madera seca, pero las cavidades de los nidos les proporcionan una protección evidente contra el frío.)

Dado que un picamaderos norteamericano o un chupasavia norteño puede tardar hasta dos semanas en abrir una cavidad en un árbol cuyo interior esté reblandecido por los hongos, uno se pregunta por qué otras aves invernales no construyen nidos «normales» para refugiarse en invierno, ya que solo necesitan unos pocos días para construir este tipo de nidos. Por ejemplo, una pareja de reyezuelos sátrapas construye un nido bien aislado con musgo unido por telas de araña en solo cuatro, cinco o seis días (Ingold y Galati, 1997). ¿Podrían los reyezuelos hacer nidos de invierno con la idea de pernoctar a temperaturas bajo cero, o bien utilizar los nidos de otras especies?

No he visto nunca a un reyezuelo llevando musgo o cualquier otro material para anidar en invierno, y creo que es poco probable que estas aves construyan nidos para refugiarse cuando cae la temperatura. Pero, *¿por qué* no? ¿No disponen de tiempo porque ya están demasiado al límite? Nunca he visto a un reyezuelo tomarse ni siquiera un segundo de descanso cuando busca alimento en invierno. Quizá su prioridad es sobrevivir en el día a día, por lo que no tiene sentido hacer una inversión que no dará frutos hasta más adelante. Además, si un pájaro tiene que seguir moviéndose rápida y continuamente durante todo el día en un entorno en el que el alimento es escaso, al caer la noche es posible que no tenga ni tiempo ni energía para reubicar su nido. Cuando descubre una zona con abundancia de comida, lo mejor es permanecer allí y seguir buscando hasta que cae la noche, y, de hecho, es lo que hacen los reyezuelos sátrapas. Por otra parte, un nido de invierno debería estar diseñado de otra manera que los nidos de copa abierta que utilizan para criar a sus polluelos. Aunque es posible modificar su estructura, un nuevo diseño sería un obstáculo evolutivo demasiado grande para poder superarlo.

Los refugios invernales de los verdines y los pájaros carpinteros son solo ligeras modificaciones de sus nidos de reproducción y cría. Sus nidos evolucionaron primero como receptáculos para criar a los polluelos, y ese mismo diseño favoreció su utilización y adaptación como refugios invernales. En cambio, el nido de un pinzón o un reyezuelo tiene forma de copa. No está concebido para utilizarse como refugio de invierno. Los nidos para refugiarse necesitan una cubierta, ya que si no, en invierno, se llenarían de nieve rápidamente.

No existe ninguna ley que establezca *a priori* que un pájaro no pueda cambiar el método de construcción utilizado para una temporada y adoptar otro en la temporada siguiente. Simplemente es una hipótesis poco probable, porque cuanto más especializada esté una técnica en un sentido, más impedimentos existirán para ajustarla en otra dirección.

Algunos pájaros erigen refugios invernales más fáciles de construir que los nidos. El urogallo, que se sumerge en la nieve profunda y esponjosa para escapar del frío, también la transforma creando una gruta al extremo de un túnel, que le servirá para descansar. Se trata de un alojamiento de un solo uso. El pájaro pasará allí una noche, un día o incluso más (en función del tiempo), pero nunca regresará al mismo lugar. A la noche siguiente, construirá otro albergue. Sin embargo, si no hay nieve, se instala en las densas agujas de una conífera.

Mientras buscaba en la ciénaga los nidos de verano abandonados por las aves, casi me olvidé del refugio invernal más obvio de todos, la morada de las ratas almizcleras y los castores. Los castores (capítulo 12) construyen sus madrigueras en las orillas de los estanques o directamente dentro, apilando troncos y palos, barro y hierba en un montículo de forma cónica, a unos 1,50-2,20 metros por encima del nivel del agua, antes de excavar desde abajo. Pueden construir un refugio en otoño, pero los ya utilizados también se restauran y pueden ser usados por varias generaciones. En una ocasión, medí una estructura construida el otoño anterior, situada a dos metros sobre el nivel del agua (o del hielo), que tenía una circunferencia de casi 16 metros. En este refugio en particular, casi todos los palos eran de color amarillo claro porque los castores habían dado buena cuenta de la corteza. El barro se había amontonado en los lados (pero no en el extremo de la parte superior), facilitando así la compactación y cimentación de la estructura. En invierno, cuando el barro se congela, la madriguera de los castores se vuelve prácticamente inexpugnable para los lobos y otros posibles depredadores.

Una especie de esclusa situada al fondo les sirve de entrada, lo que garantiza la seguridad de sus habitantes incluso en verano. Este dispositivo no le pasó desapercibido a John Colter, el famoso explorador de Yellowstone que en 1809 logró escapar de un grupo de indios pies negros sumergiéndose en un estanque de castores y luego escondiéndose en su guarida. Yo también tuve la ocasión de penetrar en uno de sus habitáculos, hace ya unos dos años, tras un verano seco en el que los estanques se habían quedado sin agua y había desaparecido el cierre acuático de las madrigueras. Llevaba una linterna para echar un vistazo. La estructura que examiné contenía dos plataformas, una ligeramente encima de la otra, y en ambas los suelos estaban generosamente sembrados de pequeñas ramitas descortezadas, restos de su comida casera. (No había ningún rastro de materia fecal.) Las cámaras eran lo bastante espaciosas para que pudiera darme la vuelta, pero debían dejar poco margen a una pareja de castores, cuyo peso conjunto alcanza los 46 kilos. Si a esto le añadimos de dos a cinco crías del año precedente, más el mismo número de hijos del año en curso, debía ser un espacio algo estrecho pero muy acogedor. Parecía increíblemente pequeño para que una multitud de quizá una docena de castores pasara allí medio año en total oscuridad. Los castores no hibernan y, por lo tanto, tienen que ser bastante tolerantes entre sí, ya que permanecen casi todo el invierno en estrecho contacto. Sin embargo, en la primavera, las crías de un año empiezan a desarrollar el gusto por marcharse o bien son desalojados por sus padres. Cuando se derrite el hielo de los estanques, suelo encontrar pequeños castores atropellados en las carreteras que atraviesan arroyos o riachuelos.

Incluso los animales de mayor tamaño construyen refugios o guaridas. Por lo general, antes de que la nieve empiece a cubrir el suelo, un oso (o una familia compuesta por una hembra y sus oseznos del año precedente) elige un lugar para hibernar. Los osos pardos excavan túneles en la ladera de una colina, con una cavidad en su extremo. Los osos negros cavan una depresión bajo un montón de maleza o las raíces de un árbol caído, o aprovechan una gruta o un árbol hueco, pero algunas veces no se sirven de ninguna cueva. La cavidad típica de una guarida mide algo más de 1,50 de largo y entre 60 a 95 cm de alto, y está tapizada con hojas, hierbas y otros residuos recogidos en las inmediaciones. La corteza de cedro y las ramitas de coníferas también pueden ser arrancadas de los árboles cercanos y transportadas al interior. Las crías del año precedente ayudan a su madre a construir la guarida. La guarida de un oso retrasa el enfriamiento convectivo causado por el viento, pero la temperatura interior no es muy distinta de la que hace fuera; los osos dependen principalmente de su pelaje para mantener el aislamiento, que duplica su capacidad en invierno. Una vez instalados en la guarida, dejan de comer durante siete meses y viven de sus reservas de grasa hasta el final de la primavera. En enero, las hembras dan a luz a dos o tres oseznos, que no hibernarán. Se acurrucan junto a su madre y maman durante los tres meses de más en que ella hiberna. En este período, las hembras pierden casi dos veces más peso corporal que los machos. Sin embargo, ambos sexos tienen un 99% de posibilidades de sobrevivir al invierno. La guarida se mantiene limpia porque la hembra no orina ni defeca en todo el invierno. Los oseznos sí lo hacen, pero a pesar de tener poco apetito, la madre se come sus heces.

El biólogo Lynn Rogers, que estudió a los osos negros en el noroeste de Minnesota en los años setenta, visitaba habitualmente sus guaridas. «La mayoría de los que examiné en su guarida estaban lo suficientemente despiertos como para levantar la cabeza y mirarme», escribió. «Aunque, en general, parecían menos sensibles al peligro que en verano, algunos se mostraban moderadamente agresivos [...] Otros no se despertaban ni siquiera después de un ligero empujoncito por mi parte». Y: «En un caso, el 27 de marzo de 1970, tropecé accidentalmente con una hembra de seis años en su guarida. Permaneció sin despertarse durante al menos ocho minutos, a pesar de que su cachorro berreaba con fuerza y yo me puse a empujarla. El 8 de enero de 1972 intenté escuchar el latido de una hembra de cinco años que dormía profundamente, apoyando mi oído contra su pecho. No oí nada. Sin embargo, al cabo de unos dos minutos, escuché de repente un latido fuerte y rápido. La osa se estaba despertando. A los pocos segundos, levantó la cabeza mientras yo intentaba recular hacia la entrada. Fuera, seguía oyendo los latidos de su corazón, que cronometré (después de comprobar que no eran los míos) a unas 175 pulsaciones por minuto». El ritmo cardiaco normal de un oso durante el día es de 50 a 90 latidos por minuto, mientras que en invierno, cuando está en letargo, puede descender hasta 8 por minuto. Me pregunto a quién le sorprendió más la visita, si al investigador o al oso.

Aparte de los biólogos, pocos humanos han entrado en una guarida de osos para cerciorarse de lo que acogedoras que son. Pero hay un caso que conozco de primera mano. Un día, en los bosques de Maine, un perro de la raza Beagle se metió bajo un montón de maleza que resultó ser la guarida de una osa negra y sus dos oseznos. El Beagle intentó retroceder, pero cada vez que el perro intentaba salir, la osa lo arrastraba de nuevo hacia el interior. La osa actuaba como si el Beagle fuera uno de sus oseznos. Al final el dueño del perro lo recuperó ileso, pero solo después de que la osa fuera anestesiada con un dardo. El perro había permanecido dos días en la guarida.

La segunda visita involuntaria a una guarida de osos de la que he oído hablar es la de un hombre. Y se ve que su salida fue algo más precipitada. Al parecer atravesó la capa de nieve y fue a parar a la guarida de un oso polar y sus crías en la isla de Ellesmere. El individuo, que, por suerte, llevaba un grueso anorak acolchado con material aislante, fue rápida y sumariamente desterrado de allí de una patada.

En los bosques situados en las colinas cerca de mi cabaña en Maine, acostumbro a encontrar lo que popularmente se denominan «nidos» de osos en lo alto de las hayas. He entrado en ellos o los he examinado de cerca sin ser importunado. Se trata de plataformas de ramas que los osos reagrupan a su alrededor para recolectar hayucos cuando los árboles aún tienen hojas. La muda de las hojas de los árboles es un proceso activo en la preparación para el invierno (con el fin de reducir el peso del hielo y la nieve). Una rama rota y muerta no se despoja de sus hojas porque la fisiología del árbol se interrumpe. En consecuencia, allí donde los osos han buscado frutos no maduros a finales de verano, en noviembre puede verse lo que superficialmente parece un enorme nido de ardilla con una gran cantidad de hojas muertas. Estructuralmente, los «nidos» de los osos son casi idénticos a los habitáculos donde pernoctan los chimpancés, las mejores construcciones que son capaces de hacer nuestros parientes vivos más cercanos.

6

La agrupación invernal de las ardillas voladoras

Un día del mes de abril encontré unas ardillas voladoras del norte (*Glaucomys sabrinus*), que aún tenían los ojos cerrados, y adopté una de la camada. Alimentada con un cuentagotas con leche preparada infantil, tipo Similac, la pequeña huérfana se desarrolló con rapidez. Solía quedarse dormida dentro del bolsillo de mi camisa cuando la llevaba a la oficina o a la cafetería de la universidad, donde la dejaba sobre el mostrador para que lamiera el helado. Cuando ya no cabía en mi bolsillo, la instalé en una habitación que tenía libre, donde dormía todo el día dentro de un tronco hueco. Cuando entraba en la habitación al anochecer, se precipitaba hasta una viga del techo y luego aterrizaba sobre mi pecho con un ligero golpe seco. Cuando saltan de los árboles de más de treinta metros, las ardillas voladoras pueden planear más de cien metros si la pendiente y el viento les son favorables.

Al igual que la comadreja de mi padre, mi ardilla murió en una desafortunado accidente. Había puesto unas ramitas de geranio en un jarrón lleno de agua. Una tarde, cuando la ardilla correteaba libremente por el salón, se encaramó al jarrón donde estaban los tallos y se bebió el agua. Poco después, el animalillo tenía náuseas: había sido envenenado por las defensas químicas de la planta. A la mañana siguiente, mi encantadora mascota había muerto. Los animales que aparentemente disfrutan de una robustez asombrosa, como los que sobreviven a las condiciones invernales, también pueden ser extraordinariamente frágiles, cada uno a su manera.

Las ardillas voladoras del norte son comunes en Norteamérica, desde las provincias marítimas de Canadá hasta Alaska, y sobreviven a los inviernos más duros. El método que emplean para resistir el frío nórdico, sea cual sea, no tiene nada que ver con las estrategias habituales: almacenar comida, engordar o hibernar. Además, a pesar del comportamiento de mi pequeña ardilla aficionada al helado, son animales estrictamente nocturnos. Se podría pensar, a la inversa, que lo mejor para ellas sería limitar las actividades nocturnas para evitar las bajas temperaturas quedándose en su confortables nidos. Pero, en la naturaleza, duermen todo el día incluso cuando las temperaturas no son tan extremas. Solo salen de sus confortables refugios cuando cae la noche y la temperatura desciende bruscamente. No sé lo que las lleva a adoptar este comportamiento, pero un análisis comparativo nos da indicios de la presiones selectivas que han convertido esta especie en una criatura nocturna.

Sin duda, una pista interesante es que la *totalidad* de las treinta especies de ardillas voladoras que hay en el mundo son nocturnas, mientras que *ninguna* de las cien especies de ardillas diurnas está adaptada al vuelo. El hecho de que no exista ningún mamífero diurno capaz de volar o planear no puede atribuirse a una especialización alimenticia. ¿Puede estar relacionado con la depredación? El vuelo de planeo permite ahorrar mucha energía en los desplazamientos, pero es menos discreto para los depredadores, con el inconveniente adicional de que las membranas de las alas dificultan su agilidad. (Los murciélagos, los mejores mamíferos en cuanto al vuelo, son también los peores corredores.) Tal vez las ardillas empezaron a planear para economizar energía y luego se volvieron nocturnas para evitar a los depredadores, lo que a su vez reforzó su obligación de volar, ya que el ruido de unos pasos en el bosque constituía una señal propicia para que los búhos iniciaran su persecución. Por lo tanto, la necesidad de ahorrar energía de esos mamíferos contribuyó a un estilo de vida nocturno que favorece el planeo y el vuelo.

Que las ardillas voladoras permanezcan activas durante la noche no es fruto del azar; su reloj circadiano garantiza que se levanten y se pongan en marcha tras la puesta de sol. Eso no significa que no presten atención a las señales luminosas del entorno. Utilizan los índices de luminosidad para sincronizar su reloj interno y mantener su ritmo diario de veinticuatro horas, de modo que pueden levantarse y salir de su escondite diurno cuando fuera ya ha oscurecido. Entonces, ¿cómo podemos determinar si un animal nocturno se activa al anochecer porque es el *momento* adecuado o simplemente porque ya es de *noche* (y viceversa para un animal diurno)?

El comportamiento de las ardillas voladoras fue esencial para responder a esta pregunta. Fueron unos de los primeros mamíferos en demostrar ser capaces de activarse en el momento adecuado, independientemente de las señales externas. Los experimentos pioneros, hoy ya clásicos, que revelaron el fascinante mundo de la cronobiología en las pequeñas ardillas voladoras del sur (*Glaucomys volans*), y por consiguiente en casi todos los demás organismos examinados, fueron realizados por Patricia J. DeCoursey del Departamento de Biología de la Universidad de Wisconsin.

La investigación de DeCoursey se llevó a cabo con sesenta y ocho ardillas atrapadas y criadas en Wisconsin. Cada animal estaba alojado en una jaula equipada con una rueda móvil montada en un eje de bicicleta. Una leva excéntrica acoplada al eje bloqueaba momentáneamente un circuito de macrointerruptores cuando la rueda alcanzaba un punto determinado, dejando una marca en un gráfico que se movía a una velocidad constante de 45,72 centímetros por día. De este modo, se mostraba un registro continuo tanto del tiempo como del número de revoluciones de la rueda para su posterior análisis. El registro continuo de varios metros de papel se cortaba cada día en tiras, que luego se alineaban por tiempo. A continuación, se pegaba una debajo de otra en secuencias que se alargaban durante meses. A partir de esos registros, DeCoursey podía determinar en dos minutos el momento preciso en el que la ardilla se había puesto a correr en un ciclo de veinticuatro horas y comparar la actividad según el día.

Comparando los numerosos registros diarios y situándolos uno encima de otro, comprendió de un vistazo que las ardillas permanecían activas durante la noche (a menos, claro, que pudieran ir a la cafetería a por helado). Empezaban a correr poco después de la puesta de sol y seguían trotando de forma esporádica o casi continua (según el individuo) hasta el amanecer, cuando cesaban toda actividad hasta la noche siguiente. Otras se activaban en dos fases, un periodo de actividad justo después del anochecer y otro antes de las primeras luces del día.

Estos resultados, que ahora, y tal vez también entonces, resultan bastante prosaicos, fueron las condiciones previas para realizar un experimento más detallado. DeCoursey sometió a las ardillas a una oscuridad *constante* en la jaula: ¿correrían ahora de forma continua o esporádica? La respuesta fue que ni una cosa ni la otra. Sorprendentemente para DeCoursey, cada ardilla corría en la rueda siguiendo casi el *mismo* horario que antes, cuando había experimentado un ciclo de luz y oscuridad de veinticuatro horas. Es decir, sabían cuándo era el momento de activarse porque, aparentemente, disponían de un temporizador interno o endógeno. Los escépticos adujeron que quizá las ardillas respondían a alguna señal externa o exógena desconocida que asociaban al atardecer.

Al final, DeCoursey demostró que la capacidad de medir el tiempo se originaba en el *interior* de las ardillas. Y parece irónico, pero su mejor prueba se la ofrecieron los pequeños errores de *timing* que cometían algunas de ellas. Por ejemplo, la ardilla número 131, empezaba a correr cada 23 horas y 58 minutos, 4 minutos más o menos, mientras que otra de sus compañeras sometida a las mismas condiciones de oscuridad y en la misma habitación empezaba a correr 21 minutos más tarde cada día; es decir, su ciclo de actividad obedecía a un ciclo de 24 horas y 21 minutos. Lo que significaba que, en las mismas condiciones de oscuridad, una ardilla perdía 2 minutos por día, mientras que otra ganaba 21. En el intervalo de diez días de «correr libremente» en una oscuridad constante, una ardilla se activaba 20 minutos antes de que se hiciera de noche, mientras que la otra se ponía en movimiento 210 minutos más tarde, con un decalaje de 3 horas 50 minutos respecto a su sincronización con el mundo exterior. Por lo tanto, si las dos ardillas hubieran dependido de su reloj exógeno o externo, ambas se hubieran puesto a correr como respuesta a la misma alarma y a la misma hora.

La velocidad del reloj de las ardillas está determinada genéticamente, pero el instante preciso en el que se inicia y se detiene la actividad del animal se rige mediante el reajuste frecuente del reloj respecto a una señal externa. En las ardillas, la señal a la que se sincroniza su reloj interno es el momento en el que deja de haber luz. Ahora sabemos que, en el caso de los animales diurnos, la luz que incide en el ojo hace que la glándula pineal del cerebro reduzca la producción de melatonina, una hormona inductora del sueño y que suele producirse de forma rítmica en un horario aproximado (aunque no exacto) de veinticuatro horas. De ahí la utilización de píldoras de melatonina para combatir el *jet lag*. Una ardilla voladora tendría que tomárselas por la mañana. Cuando DeCoursey reintrodujo un ciclo de alternancia día/noche en su entorno, las ardillas que estaban desprogramadas y que habían «corrido libremente» en una oscuridad permanente reajustaron su régimen de actividad física y al día siguiente empezaron a correr de nuevo justo después de apagar las luces. Por lo tanto, las ardillas vuelven a ajustar su reloj cuando son sometidas a un ciclo natural de luz y oscuridad. Aparentemente, actúan como si solo respondieran directamente a la luz o a la oscuridad, y sin esos experimentos es todo lo que sabríamos. Por supuesto, DeCoursey podría haber esperado a realizar sus observaciones en un episodio de eclipse total de sol. Pero esto habría retrasado sus conclusiones debido a la dificultad de replicar el experimento. Los experimentos implican hacer lo que se tiene que hacer para que las cosas sucedan y luego dedicarse a analizar los resultados de forma incisiva.

La demostración de DeCoursey sobre la preservación del reloj interno era sencilla, elegante e irrefutable. Puso fin al debate de si los mamíferos tenían o no reloj circadiano interno y abrió un campo de investigación para los mecanismos celulares. Gracias a sus experimentos, realizados en la década de 1950, disponemos de gran información sobre el reloj circadiano, lo que ha adquirido una gran relevancia para la medicina. Por ejemplo, la eficacia de las dosis de varios medicamentos depende en gran medida del momento en el que se administran en función de nuestro ritmo circadiano. Los mecanismos moleculares, el medio por el que funcionan los relojes internos, han sido identificados recientemente en una serie de genes, y los «organismos modelo» que se estudian ahora ya no son las ardillas voladoras sino los ratones y las moscas de la fruta.

Las funciones potenciales del reloj circadiano son muy numerosas. Permite a las ardillas terrestres que hibernan medir la duración diaria de la luz y la oscuridad, y a partir de estos datos obtener información sobre los cambios de estación. De hecho, los mecanismos del reloj circadiano son necesarios para todos los organismos que han de enfrentarse al frío, ya sea convirtiéndose en crisálidas (insectos), migrando (insectos, aves, algunos mamíferos) o hibernando y preparándose fisiológicamente (la mayor parte de los organismos del norte).

Poder planear de un árbol a otro es un medio de locomoción muy eficaz, pero en las ardillas voladoras la actividad nocturna resulta costosa en cuanto a las reservas de energía necesaria para mantener el calor. El vuelo economiza energía, pero la capacidad de volar impide la acumulación de grasa, que es lo que hacen algunos de sus parientes, como la marmota y las ardillas terrestres, que en otoño llegan a ser obesas. A diferencia de las ardillas terrestres, las ardillas voladoras del norte no aprovechan el gran ahorro potencial de energía que supone la hibernación, ya que no disponen de un colchón de reservas energéticas en la grasa corporal ni esconden sus provisiones o mudan su pelaje por otro más aislante. En lo que respecta al equilibrio energético en invierno, parece que tienen poco a su favor. Uno se pregunta qué solución han hallado para contrarrestar sus numerosos hándicaps y sus presuntas deficiencias para sobrevivir en invierno.

Nido de ardilla voladora cubierto de nieve.

En mis paseos por el bosque en busca de reyezuelos también encuentro algunas veces nidos de ardilla. Habitualmente, sacudo cualquier árbol que contenga un nido para ver si sale volando un reyezuelo. Todos los nidos de ardilla voladora del norte que he encontrado estaban situados en grupos densos de abetos y píceas. Nunca he conseguido hacer salir a un reyezuelo, pero en algunas ocasiones me he visto recompensado viendo una o dos ardillas voladoras que salían de repente del nido y aterrizaban planeando en un árbol vecino. Teniendo en cuenta que en invierno las ardillas pasan la mitad de su tiempo, si no más, dentro del nido, el aislamiento de la estructura debería ser un factor importante para su equilibro energético. En diciembre de 2000, examiné un nido construido con pequeñas ramas secas de abeto que no contenía ningún revestimiento. Encajado entre varias ramas inclinadas hacia arriba, probablemente había sido abandonado antes de su ejecución final porque el espacio era demasiado pequeño. Sin embargo, dejaba entrever que la ardilla empieza la estructura con una esfera de pequeñas ramas secas y luego inserta el revestimiento. Ese mismo mes, encontré otros seis nidos que tenían el mismo tipo de armazón, parecido al que construyen las urracas, pero que, en este caso, sí habían sido revestidos adecuadamente. (En uno de ellos el relleno había sido arrancado.)

Los revestimientos eran ligeramente distintos en cada nido. En uno de ellos encontré una mezcla de musgo, liquen y corteza de abedul triturada. En dos, el relleno estaba compuesto casi exclusivamente de cachos finos de corteza de abedul. En un cuarto, casi todo era musgo, mientras que en el quinto solo había corteza de cedro machacada. En cuanto al sexto, el relleno formaba dos capas distintas de corteza triturada, una de abedul y otra de cedro. (En estos bosques, había un gran número de cedros de los que se había desprendido parte de la corteza exterior, presumiblemente desmenuzada por las ardillas, aunque también podría ser obra de los osos.) Este último nido tenía el tamaño de una pelota y, cuando estuvo completamente seco, pesaba unos 500 gramos, de los cuales 350 pertenecían al forro, con una protección de más de 200 gramos de una especie de liquen (llamado «barba de viejo»), en capas espesas y compactas, y en el interior una capa de 100 gramos de corteza desmenuzada de cedro. Una buena elección: los indios del noroeste utilizaban el mismo tipo de corteza de cedro triturada para los pañales de sus bebés.

Incluso después de una fuerte tormenta, el interior de los nidos permaneció seco. Normalmente, en invierno, la parte superior también queda aislada, ya que están recubiertos por cojines de nieve. Todos tienen dos entradas, no visibles, una en cada lado, que permanecen cerradas, de modo parecido a los extremos elásticos de nuestros guantes y calcetines. Por su estructura, cada uno de esos nidos parecía un manguito de los viejos tiempos. (En ninguno de ellos, ni en otros siete construidos por ardillas rojas, había ni el más mínimo rastro de heces de ave, por lo que era poco probable que fueran utilizados por los reyezuelos para pasar la noche.)

Para tener una idea aproximada del alcance del aislamiento en un nido de ardilla voladora, calenté una patata para simular el cuerpo de una ardilla y poder averiguar la rapidez con la que se enfría. A una temperatura del aire de –13 °C, una patata caliente (60 °C) se enfrió hasta solo 42 °C en treinta y cinco minutos en el interior del nido, y hasta 15 °C en el mismo período de tiempo en el exterior. Este experimento básico solo explica que el nido está bien aislado. Por supuesto, la eficacia del aislamiento sería aún mayor en caso de viento y mucho más eficaz en un nido cubierto de nieve. Además, una ardilla, con su pelaje velludo y su tupida cola enroscada en el cuerpo, perdería calor mucho más lentamente que un tubérculo. Y cuanto más lentamente se enfriara, menos energía tendría que gastar temblando para conservar una temperatura corporal estable y elevada.

En el relato de Jack London «Encender una hoguera», que transcurre en el norte, el recién llegado acaba muriendo porque se moja los pies al resquebrajarse el fino hielo que se oculta bajo una gruesa capa aislante de nieve en el arroyo Henderson. La hoguera que había conseguido encender bajo un abeto, y que acaba apagándose por una avalancha de nieve, no logra revertir su mala suerte inicial o su error. Paradoxalmente, en un calcetín aislante, una manopla o un nido de ardilla, el más mínimo grado de humedad es mucho más peligroso que el frío intenso, porque la humedad destruye el aislamiento. Así, la lluvia, a casi 0 °C, puede ser letal, mientras que la nieve a –30 °C puede garantizar cierto confort porque no moja ni destruye el aislamiento En caso de humedad, cualquier tentativa de aislamiento es inútil, lo que debe ser tenido en cuenta a la hora de construir un nido y escoger su emplazamiento. Tuve una prueba fehaciente de ello al examinar un nido de ardilla gris en invierno.

Los nidos o madrigueras de ardilla gris parecen montones desordenados de hojas y ramitas cuando los vemos en lo alto de los árboles. Durante todo el invierno y el otoño, uno de esos nidos permaneció colgado en las ramas de un roble en la entrada de nuestra casa. A mediados de enero, tras una fuerte tormenta, el nido volcó y, tras examinarlo, me percaté que en su construcción no se había dejado nada al azar. Se trataba de un objeto muy bien elaborado. La capa exterior, una esfera de 30 centímetros de diámetro, estaba compuesta por ramitas de roble rojo con hojas aún adheridas, lo que confirmaba que las ramas habían sido recogidas del árbol durante el verano. Detrás de esta rugosa fachada, hallé varias capas superpuestas de hojas de roble verde secas y aplanadas (conté veintiséis en un solo punto). Las múltiples capas eran tan estancas como un entramado de tejas, ya que el nido estaba completamente seco por dentro. Los estratos de hojas protegían una capa espesa de 4 centímetros de grosor, compuesta por una corteza finamente triturada de álamos y fresnos. Este suave tapizado encerraba una cavidad central redonda y acogedora de 9 centímetros de ancho. Era imposible imaginar un diseño más funcional y eficiente con materiales tan simples y comunes. Sin embargo, no todos los nidos de ardillas grises son siempre tan elegantes. Muchos de los que he inspeccionado eran meros montones de detritus, como si fueran nidos falsos para distraer a los depredadores y evitar que el *verdadero* nido fuera atacado.

La construcción de un nido exige un esfuerzo considerable y no todas las ardillas se afanan en construirlo, como descubrí gracias a la ayuda de cuatro amigos. En el invierno del año 2000, encontramos señales recientes de ardillas rojas en casi todos los lugares que inspeccionamos en los bosques de abetos de Maine donde viven. Sin embargo, vimos pocos nidos. Me

A diferencia de los nidos de halcón, los nidos de ardilla gris contienen hojas.

pregunté si (como documenta la literatura) sus nidos de invierno eran subterráneos, porque hallé numerosos rastros de ardilla que conducían a túneles bajo tierra. Descubrí numerosos túneles que iban a parar bajo las raíces de un gran tocón de pino podrido y me dije que si había algún sitio en el que pudiera haber un nido de ardilla roja tenía que ser aquí. ¿Estaría este nido menos aislado que el de una ardilla voladora o una ardilla gris?

Dado que la biología es una tarea estéril hasta que se verifican las hipótesis sobre el terreno, cinco de nosotros nos armamos con palas, picos, hachas sencillas, sierras y un termómetro digital, y tras un copioso desayuno, nos acercamos al tocón que se encontraba en el bosquecillo de abetos delante del lugar donde solía darme un baño en el arroyo Alder. Las tres entradas que desaparecían en el suelo bajo el tronco habían sido utilizadas hacía menos de un día. Unas brácteas de conos de abeto rojo, masticadas recientemente, yacían amontonadas en la parte superior del tocón. Todos esos indicios parecían prometedores.

El 21 de diciembre de 2000, a las ocho de la mañana, con una temperatura de 14 grados bajo cero, empezamos a excavar. Al cabo de cinco minutos, siguiendo los túneles en la paja esponjosa y la blanda madera podrida, nos pareció que llegábamos a alguna parte porque una ardilla roja salió disparada de una de las tres entradas. Al excavar a los lados del tocón, desenterramos enormes trozos de humus congelado que, a modo de caparazón, cubrían el mantillo y la tierra casi secos que había debajo. A continuación, seguimos escarbando hasta el lecho de roca en la base del tronco. Al cabo de otra media hora (y de los primeros signos de escepticismo por parte de mis amigos), salió una segunda ardilla. Motivados por su presencia, nos pusimos a cavar con mayor ahínco. Transcurrida una hora y media, habíamos excavado a fondo una zona de cuatro metros cuadrados alrededor y debajo del tronco.

No hallamos ninguna reserva de comida ni señales de un nido. La falta de datos no se considera una verdadera prueba y, en general, no suele documentarse. Sin embargo, en este caso, habíamos excavado tan a fondo que la inexistencia de pruebas nos pareció que arrojaba un resultado positivo: no había nidos. Dada la inexistencia de huellas alrededor del tocón por la mañana, las dos ardillas debían haber pernoctado en los túneles bajo el tocón cuyo humus esponjoso estaba caliente al tacto (sobre todo porque estaba seco; al medir la temperatura, el termómetro marcaba –0,02 °C). Las varias hojas secas de arce que encontramos podían haber sido arrastradas hasta allí por los roedores con la idea incierta de construir un refugio, aunque con sus pesados abrigos de invierno probablemente no tenían necesidad de hacerlo.

Es posible que las ardillas voladoras tampoco se esfuercen en construir un nido cuando pueden acurrucarse unas al lado de otras para mantener el calor. En mi continua búsqueda de pájaros que pernoctan en los huecos de los árboles, el 19 de noviembre de 2000, al sacudir un arce rojo muerto situado en el bosque cerca de mi casa, miré por casualidad hacía arriba a tiempo de ver una ardilla voladora que corría hacia lo alto del tronco de seis metros y se detenía allí, como congelada en el tiempo. Su cola estaba alineada a ras de la corteza y no movía ni un músculo. Vi entonces a una segunda ardilla que se asomaba por el hueco del árbol encima de mí. Volví a mirar y vi a otras dos correteando por el árbol una detrás de otra. Mientras mi compañera y yo dábamos la vuelta al árbol, la ardilla que estaba arriba saltó, planeando a una distancia superior a 15 metros hasta la base de un arce rojo. Segundos después, otra ardilla «voló» en otra dirección. Nos fuimos rápidamente para no molestarlas. Había nevado unos días antes y las heladas nocturnas habían sido abundantes. La temperatura se mantuvo bajo cero durante todo el día. ¿Alguna de las cuatro regresaría al nido?

Al día siguiente, hacia las tres de la tarde, tras una fuerte nevada, volví al árbol con la esperanza de verlas salir de su guarida comunitaria. Me agazapé junto a las ramas bajas y extendidas de un abeto rojo, y esperé allí hasta las 15.45 h (cuarenta minutos después de la puesta de sol), cuando la

Ardilla voladora en el agujero hecho por un pico velludo
en el tronco de un arce muerto.

oscuridad no me dejaba ver gran cosa. Según los experimentos de DeCoursey, las ardillas deberían haber sabido que era la hora de ponerse en marcha, incluso en la oscuridad de su madriguera, pero no vi a ninguna salir del agujero.

Cuatro días más tarde, regresé de nuevo. Esta vez, sacudí ligeramente el tocón como lo había hecho antes. No salió nada del agujero. Entonces, le di al árbol con un hacha. Salió una ardilla, solo una. Di otro golpe, con más fuerza. Salieron tres más. Estaba claro, pues, que *regresaban* al mismo sitio. No obstante, un mes más tarde, el 17 de diciembre, cuando volví a inspeccionar el lugar, por muchos golpes que diera, no apareció ninguna ardilla. Me encaramé al árbol para inspeccionar el hueco. ¡Sorpresa! No había ningún nido, y el agujero solo medía cinco o seis centímetros de profundidad. Contenía madera podrida y seca, y varias briznas de musgo verde que habían sido transportadas hasta el interior. Posiblemente, las cuatro ardillas llenaban ellas solas casi toda la cavidad, por lo que o bien no tenían necesidad de aislar el nido o no había espacio para ello.

Por sus huellas, supe que estas u otras ardillas voladoras seguían estando cerca. Mi cabaña estaba situada al borde de un claro de algo menos de media hectárea, a unos cien metros de donde había visto a las cuatro. Rara vez se ven huellas de una ardilla voladora en el bosque, porque aterrizan sobre los troncos de los árboles y no sobre la nieve. Pero ese invierno, el 16 de marzo, descubrí que una de ellas había dejado un gran número de huellas en el claro la noche anterior. La ardilla había llegado de un salto al prado desde el sur, se había encaramado al arce que había en el centro y luego había aterrizado al otro lado a una distancia de casi veinte metros. Me fijé en que había otra huella parecida, que se iniciaba en el este y atravesaba el terreno en dirección a la misma caja nido que yo había colocado allí años antes para unos cernícalos. La convergencia de dos series de huellas en el arce azucarero era una pista que no podía ignorar.

Sacudí el árbol con un ligero golpe de hacha. Una ardilla voladora de grandes ojos negros y suave pelaje gris asomó la cabeza. Cuando me disponía a encaramarme al árbol, vi *tres* cabezas que me miraban. No, ¡eran cuatro! Al acercarme a la caja nido, vi varias ardillas saliendo de allí y correteando delante de mí. Sin duda, eran más de cinco. Volví a contarlas —cuatro, cinco, seis— y cuando estaba debajo mismo de la caja pude ver otras ardillas que trepaban hasta la copa del arce. Iban una detrás de otra, como una cola de aviones en la pista esperando la orden de despegar. Dos de ellas estaban tan cerca de mí que hubiera podido tocarlas. Una saltó, planeando hacia el campo, y luego viró en pleno vuelo, siempre en suspensión, hacia la derecha. Realizó un aterrizaje perfecto al pie de otro arce situado en el límite del prado. Volví a contarlas: había unas nueve ardillas en el árbol. ¡Diez en total! Metí la mano en la caja nido y palpé una endeble estructura de material vegetal triturado que estaba caliente al tacto. No había otras ardillas. No quería molestar a las que estaban en el tronco a pocos centímetros de mi cabeza, donde se habían quedado inmóviles, por lo que bajé rápidamente y vi como una tras otra las nueve ardillas descendían con la cabeza hacia abajo para volver a entrar rápidamente en el nido. La décima, la que había saltado a tanta distancia, se mantuvo alejada de momento. Todas las ardillas eran adultas y se acercaba la temporada de apareamiento. Incluso había visto que un macho que estaba cerca de mí tenía los testículos dilatados.

Posteriormente, supe que la reagrupación invernal de las ardillas voladoras había sido objeto de un estudio. Sin embargo, nadie hasta entonces había documentado que la ardilla voladora del norte se comportara de forma parecida a la especie del sur. Curiosamente, las reagrupaciones comunitarias tienen lugar en función del sexo (Osgood 1935; Maser, Anderson, and Bull 1981). Las ardillas se apiñan para mantener la temperatura corporal, pero ¿por qué los machos no se unen a las hembras, y viceversa?

Cuando volví a revisar el nido a principios de mayo, justo después de que la nieve se derritiera en el bosque, estaba vacía, al menos de ardillas. Cuando accedí al nido para extraer su endeble estructura y examinarla más de cerca, mi mano tropezó con una capa gruesa de una materia viscosa que era fácil de identificar. Al parecer, las ardillas no habían utilizado la caja nido solo para pernoctar. No había el más mínimo rastro de liquen en el interior, pese a que los líquenes constituyen una parte importante de la dieta invernal de las ardillas voladoras y que era un componente principal de algunos de los nidos que había encontrado. Puede decirse, pues, que *algunas* ardillas voladoras aceptan vivir en una casa superpoblada para aislarse del frío, mientras que otras optan por buscar un calentador individual o un cómodo baño interior.

7

La hibernación de las ardillas (calentarse para poder soñar)

En el invierno de 2002, sentado frente a mi escritorio antes de la salida del sol, solía ver a tres ardillas grises salir, una tras otra, del mismo nido frondoso situado en lo alto de un pino. Transcurridos unos minutos, se marchaban tranquilamente, sin prisas, avanzando sobre las desnudas ramas invernales de los arces. Se balanceaban como equilibristas sobre las delgadas ramas antes de dar un salto acrobático de un árbol a otro. Tras mordisquear las ramitas (que luego dejaban caer) se alimentaban de los brotes de los árboles de hoja caduca, las semillas de girasol que quedaban en el comedero y las bellotas esparcidas por el suelo. En primavera, una ardilla roja había instalado su nido en una de mis pajareras. Y no eran las únicas ardillas del vecindario.

A poco menos de cien metros de mi casa de Vermont y a algo más de un kilómetro y medio de mi cabaña en el bosque de Maine, viven otra dos especies de ardillas, además de las voladoras, las grises y las rojas. Todas descienden de un ancestro común de hace más de 60 millones de años. Se diversificaron y se especializaron según el tipo de alimentación. Son lo que comen e hibernan en función de lo que comen.

La más común, llamativa y ruidosa de las ardillas locales es la pequeña *Tamiasciurus hudsonicus*, también llamada ardilla roja o ardilla de pino en algunas zonas de su área de distribución. Es la «centinela de la taiga», como la llama William O. Pruitt Jr. en un pequeño libro titulado *Animals of the North* que atesoro desde hace tiempo. Deja señales de su presencia por doquier: brácteas de conos de pino y abeto recién esparcidas por la nieve, núcleos de conos desechados sobre un viejo tocón de pino por el que se accede a las galerías subterráneas. Casi todas las nevadas van seguidas rápidamente de nuevas señales, y lo más probable es que su autora esté mirándonos impasible desde una rama encima de nuestra cabeza. La pequeña y descarada *chickaree* (otro nombre para *T. hudsconicus*) iniciará un fuerte parloteo o un *chuurrrr* que resonará por todo el bosque. Suelen secuenciar este sonido en una larga serie de ásperos chillidos, acompañados de movimientos de su esponjosa cola por encima de la cabeza y de tamborileos sordos con las patas posteriores para dar mayor énfasis a su argumento. Las ardillas rojas americanas están muy activas durante todo el invierno. Parece que no hibernan en ningún caso. Sin embargo, durante los períodos de frío extremo, el bosque permanece en silencio y se refugian durante días en sus madrigueras subterráneas bajo un tocón o las raíces de un árbol.

Una vez bajo tierra están casi totalmente protegidas del frío. Algunas de sus poblaciones, sobre todo en el oeste, hacen acopio de conos de semillas, lo que presumiblemente les permite seguir activas. Sin embargo, no todos los años hay conos. En Maine, durante varios años seguidos, por ejemplo en el invierno de 2001-2002, no encontré ningún escondrijo de comida. Durante este período, se alimentan de brotes de pinos y abetos (véase el capítulo 3). No se ha demostrado que no puedan permanecer inactivas durante unos días, ni que su temperatura corporal descienda. Para combatir el frío, su estrategia es almacenar provisiones, encontrar alimentos alternativos, si es necesario, y buscar refugio mientras su pelaje aislante va ganando espesor y tiñéndose de un intenso color rojizo.

En invierno, si las temperaturas bajan a menos cero, la ardilla roja americana se refugia temporalmente en túneles y galerías subterráneas, lo que contrasta con el comportamiento de las otras cuatro especies de ardillas de la región. Las dos primeras, la gran ardilla gris (*Sciurus carolinensis*) y la pequeña ardilla voladora del norte (*Glaucomys sabrinus*) permanecen en la superficie durante todo el tiempo. Las otras dos, la ardilla estriada oriental (*Tamias striatus*) y su prima de mayor tamaño, la marmota o marmota del Canadá (*Marmota monax*) evitan el frío o la nieve, permaneciendo bajo tierra durante semanas, meses e incluso a lo largo de todo un semestre. En general, la mayoría de las ardillas terrestres hibernan durante todo el invierno o su mayor parte, mientras que las ardillas arbóreas, que pueden encontrar comida en los árboles, no. Los marcados contrastes en la biología de la hibernación en este grupo de animales emparentados demuestran que el letargo no es tanto una estrategia para evitar el frío sino un método para remediar el hambre, y que depende de la alimentación de cada especie.

La ardilla local con menos tendencia a hibernar es la ardilla gris, que actualmente podría decirse que es casi una especie suburbana. Permanece activa durante todo el invierno. Si no

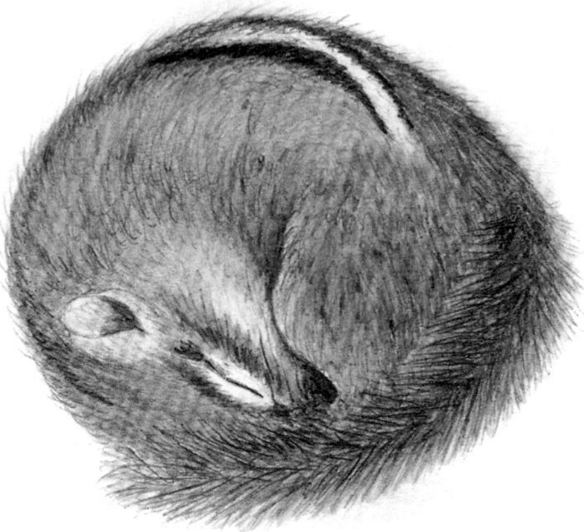

Ardilla estriada en hibernación.

encuentra semillas de girasol en los comederos de pájaros, excava en la nieve poco profunda en busca de las bellotas, nueces y semillas de arce que almacena en otoño. Si hay escasez de semillas, se alimenta entonces de los brotes de los árboles, y a veces, de corteza. El almacenamiento de comida, los nidos repletos de hojas y bien aislados, y su gran tamaño le proporcionan los suficientes medios y recursos energéticos para conservar el calor corporal, de modo que no necesita hibernar.

Las ardillas estriadas son «auténticas hibernadoras». Al igual que otras ardillas terrestres pasan la mayor parte del invierno en una galería subterránea, donde se acurrucan, se enfrían y entran en letargo. Sin embargo, no permanecen en este estado durante todo el invierno. Si así fuera, no necesitarían acumular reservas de provisiones para mantener la temperatura. Los animales que permanecen aletargados no se alimentan. Sus grandes mejillas reflejan su ancestral determinación evolutiva para almacenar comida. Ignoro cuántas semillas puede acumular una ardilla estriada en cada una de sus mejillas; en una ocasión, introduje fácilmente sesenta semillas negras de girasol en la mejilla de una ardilla estriada que había sido atropellada. Las ardillas estriadas rara vez olvidan llenar sus dos mejillas cada vez que visitan mi comedero, mientras que las ardillas grises y las rojas nunca recogen ni una sola semilla. Todo lo que comen, lo degustan en el sitio.

A finales del otoño, cuando ha sido un buen año de semillas de arce azucarero o han encontrado un comedero bien abastecido, las ardillas estriadas realizan un viaje tras otro bien cargadas de provisiones. Todas sus idas y venidas conducen a su circuito subterráneo de hibernación, que dispone de cámaras especiales para guardar el grano. Estos depósitos de comida son especialmente necesarios en marzo, cuando la nieve sigue siendo espesa y los machos salen a la superficie: es la época del apareamiento. Todavía no hay nuevos alimentos sobre la nieve, pero desplazarse por la corteza es fácil y estas pequeñas ardillas terrestres, que han acumulado una gran cantidad de comida desde el otoño, son las más decididas en su búsqueda.

Por lo general, no veo ni una sola ardilla listada en todo el invierno. Permanecen bajo tierra y entran en letargo en algunos momentos. Pero, en su caso, el letargo es una opción, no una necesidad ni una regla, como quedó patente en el invierno de 2000-2001, cuando en todo Maine y Vermont tuvimos una cosecha excepcional de brotes en otoño. Los arces azucareros, los robles rojos y las hayas produjeron simultáneamente una abundante cosecha de granos, pese a que durante años habían brillado por su ausencia. Fue también un año de grandes nevadas. Sin embargo, a pesar de las frecuentes tormentas que hubo aquel invierno, las ardillas estriadas acudieron a nuestro comedero durante toda la temporada.

La disponibilidad de comida almacenada afecta al comportamiento de la ardilla estriada, que permanece plenamente activa o entra en un letargo absoluto (Panuska, 1959). Pero entrar en letargo también requiere la estimulación del frío. Las ardillas estriadas tienen un sueño ligero; si se las toca cuando están en letargo se despiertan casi siempre (Newman, 1967). En este caso, su ritmo metabólico se multiplica por cincuenta en menos de una hora. En contraste con el letargo inducido por el hambre, el descenso de la temperatura de las ardillas estriadas es voluntario. A una temperatura exterior de 0 ºC pueden regular su temperatura corporal a 6 ºC, en vez de los 37 ºC que alcanzan cuando están activas. Sin embargo a una temperatura exterior por encima de 15 ºC, la regulación se interrumpe y su temperatura corporal aumenta mecánicamente cuando sube la temperatura exterior (Newman, 1967).

Al igual que las ardillas estriadas, las ardillas voladoras del norte, como ya se ha mencionado, no se engordan antes del invierno ni disponen de un grueso pelaje aislante como las ardillas rojas. Tampoco hacen acopio de comida. Más bien resuelven su problema energético acurrucándose en grupo en un estrecho nido. Incluso cuando la temperatura alcanza los 5 ºC bajo cero, en el interior del nido no se ven obligadas a temblar para entrar en calor.

A diferencia de las ardillas estriadas orientales, algunas ardillas terrestres que habitan en las montañas y los desiertos del oeste de Estados Unidos entran en letargo, pero no lo hacen como respuesta al frío. Empiezan a hibernar durante el período más caluroso y seco del año, y permanecen aletargadas hasta el invierno (Cade, 1963). Estas ardillas entran en estado de letargo sin que les afecte la temperatura, ni la presencia o ausencia de comida y agua. Una de estas especies, la ardilla terrestre de manto dorado (*Citellus lateralis*) se ha dado a conocer tras haberse divulgado datos sobre su hibernación gracias al trabajo experimental de Kenneth C. Fisher y su alumno Eric T. Pengelley. A diferencia de la ardilla estriada, la especie objeto de este estudio no hace acopio de comida sino que engorda antes de la hibernación. ¡Tanta comida en tan poco tiempo! ¿Cómo saben cuándo tienen que empezar? Consultan su calendario interno.

La existencia de un calendario interno fue propuesta por Fisher y Pengelley al observar que las ardillas de su estudio, que mantenían en condiciones de luz y temperatura constantes en su laboratorio de la Universidad de Toronto, dejaron de comer y beber y entraron en hibernación en octubre, exactamente en el mismo momento que sus congéneres en el entorno natural. Durante cuatro años consecutivos, los ciclos de alimentación, engorde y letargo fueron idénticos en una y otra población sin necesidad de ningún estímulo exterior, aunque se constató una ligera disminución del ciclo anual, que pasó de 365 días a 324 y 329. Las fluctuaciones fisiológicas y de comportamiento tuvieron lugar en ardillas que habían sido mantenidas a una temperatura constante durante todo el año, tanto a 0 °C como a 22 °C en el laboratorio. A una temperatura constante de 30 °C dejaron de hibernar, aunque mantuvieron su ciclo anual de alimentación y engorde asociado a la hibernación. Estos asombrosos resultados demostraron que también las ardillas disponían de un reloj interno. En analogía a los ritmos circadianos que ya se conocían, Pengelley y Fisher acuñaron el término «circanual» (*circa* = aproximadamente; *annum* = anual). Desde entonces, la existencia de calendarios circanuales ha sido establecida en la migración de las aves y en otros roedores subterráneos que hibernan. No solo desempeñan un papel importante en la preparación para la hibernación profunda, sino también en el momento de despertar. La marmota es un ejemplo bien conocido.

La marmota es una gran ardilla terrestre que, según la leyenda popularizada por los antiguos colonos de Pensilvania de origen holandés, posee un calendario interno asombrosamente preciso. Al menos una de ellas, Punxsutawney Phil, sale puntualmente de su madriguera todos los años, el segundo día de febrero (en el preciso momento en que la prensa y otros medios de comunicación abren su micrófono o empiezan a filmar) para indicar si la primavera será tardía o precoz, según si decide o no volver a meterse dentro y seguir durmiendo durante dos semanas más.

De hecho, la supervivencia de una marmota está perfectamente programada: tiene que sincronizar su subsistencia a la disponibilidad de legumbres y hortalizas. Cuando es posible, se alimenta de lechugas, zanahorias, guisantes, frijoles y otros productos frescos. Solo recurrirá a su alimento natural, hierbas y raíces, si no logra entrar en un huerto. Tanto en un caso como en el otro, estos alimentos solo están disponibles durante una tercera parte del año. Además, no se almacenan bien debido a la humedad que se acumula bajo la nieve y en las madrigueras subterráneas. En seguida se convierten en un amasijo lleno de moho. (Un pariente de los conejos, la pica que vive en zonas montañosas secas y azotadas, por el viento ha dado con una solución. Recoge la vegetación y la seca para transformarla en heno, que luego almacena para alimentarse durante el invierno.) La marmota tiene otra solución. Gracias a un prodigioso apetito adecuadamente programado, convierte la vegetación estival no en heno sino en gruesos rollos de grasa corporal.

La obesidad tiene sus ventajas, sobre todo para el animal que puede permanecer inactivo y seguro dentro de su madriguera. El resto del tiempo, la obesidad lo convierte en una presa todavía más atractiva para los depredadores, además de poner en peligro su velocidad y agilidad. Para minimizar la *duración* de su gordura, la marmota debe aumentar la *rapidez* y el nivel de obesidad. Para lograrlo, retrasa el engorde casi hasta el final del verano, por lo que no solo debe saber qué comer, sino que tiene que fiarse de su calendario para saber el momento preciso en el que empezar a alimentarse, ya que su supervivencia depende de ello. Por lo tanto, para pasar el invierno, la marmota, al igual que la ardilla terrestre de manto dorado, depende de su reloj circanual.

Probablemente, la historia de hibernación y supervivencia invernal más sorprendente de todos los mamíferos es la del suslic ártico. Esta ardilla terrestre de color dorado y gris con pequeñas manchas blancas es mayor que una ardilla estriada y más pequeña que una marmota. Es el mamífero que hiberna más al norte, de la tundra canadiense a la tundra siberiana.

Durante ocho meses al año, esta ardilla se acurruca formando una bola cerca del hielo del permafrost y mantiene una temperatura corporal igual o inferior al punto de congelación del agua. Brian M. Barnes y sus colegas de la Universidad de Alaska en Fairbanks llevan muchos años intentando descifrar cómo sobreviven estos animales. Los han estudiado sobre el terreno en la estación del lago Toolik en las estribaciones de la cordillera de Brooks, así como en recintos cerrados y en su laboratorio de Fairbanks.

Como las demás ardillas terrestres, esta especie excava madrigueras para hibernar y construye nidos subterráneos. Sin embargo, debido a la presencia de permafrost en su entorno, no puede cavar lo suficiente para evitar las temperaturas bajo cero durante el invierno. Hacia finales de verano y en otoño, cuando las temperaturas se mantienen próximas a cero grados, hacen un profundo agujero en el suelo. La temperatura del entorno desciende regularmente en el curso del otoño y el invierno. El registro continuo de la temperatura corporal de las ardillas equipadas con radiotransmisores indica que su temperatura de letargo disminuye paralelamente al descenso de la temperatura del suelo. Sin embargo, lo que resulta sorprendente es que cuando la temperatura de la madriguera disminuye y llega a los –15 °C en diciembre, la temperatura corporal de la ardilla no sigue disminuyendo hasta –15 °C, sino que se estabiliza y oscila entre –2 °C y –2,9 °C. Es decir, la temperatura corporal de la ardilla en letargo deja de ser pasiva. Se regula entre ocho y nueve grados por debajo de la que presenta la ardilla estriada en hibernación, pero entre doce y trece grados por encima de la temperatura del suelo. Hasta entonces no se conocía ningún otro animal cuya temperatura corporal no solo se aproximara al punto de congelación del agua, sino que bajara hasta –2 °C o incluso más. Además, las ardillas no se convierten en un bloque de hielo sólido cuando su temperatura corporal desciende hasta –2,9 °C. Barnes se preguntó si disponían de un anticongelante. Para averiguarlo, extrajo plasma sanguíneo de las ardillas en hibernación y comprobó su punto de congelación en el laboratorio. La sangre es congelaba a aproximadamente –0,6 °C. Por lo tanto, *no* contenía anticongelante. Estos hallazgos ahondan en el misterio de su supervivencia: ¿por qué la sangre se congelaba en el laboratorio y no en el animal? El enigma sigue sin resolverse, pero la hipótesis más verosímil hasta el momento es que los suslics árticos se sobreenfrían.

El punto de congelación del agua pura es de 0 °C (32 °F). Al añadir un mol (peso molecular) de otra sustancia a un litro de agua, baja su punto de congelación a –1,86 °C. Aunque el agua y algunas soluciones con concentraciones particulares poseen un punto de congelación (y fusión) que puede predecirse con precisión, a veces es imposible reducir la temperatura *por debajo* del punto de congelación *previsto* sin que se formen cristales de hielo. Se dice, entonces, que estas soluciones están «sobreenfriadas». El sobreenfriamiento tiene lugar debido a la ausencia de «puntos de nucleación», donde los cristales de hielo empiezan a desarrollarse. Los mejores puntos de nucleación son otros cristales de hielo. Por lo tanto, si se agrega un cristal de hielo, por ejemplo, un copo de nieve, a un vial de agua líquida pura sobreenfriada a –10 °C, la totalidad del agua del vial se convertirá inmediatamente en un bloque sólido de hielo. Y este hielo no se derretirá hasta que se caliente a 0 °C. Esta diferencia entre los puntos de congelación y fusión (llamada histéresis térmica) define el sobreenfriamiento. Los líquidos sobreenfriados son inestables: pueden convertirse en hielo de manera impredecible y sin ninguna razón aparente. Una simple agitación puede ser suficiente. Cuanto mayor sea la histéresis térmica, mayor será la probabilidad de que se produzca la congelación y más rápido se convertirá la muestra en hielo. En el proceso, la muestra emitirá una impulsión de calor cuantificable, ya que la energía del movimiento de las moléculas líquidas se libera cuando dejan de moverse tras haber sido separadas de la red de cristales de hielo.

La ausencia de anticongelante en la sangre de las ardillas, y por lo tanto, la probabilidad de sobreenfriamiento entre 1 °C y 2 °C, debería ser peligrosa para su supervivencia. Un simple cristal de hielo diseminado en la sangre podría provocarles la muerte. ¿Por qué se arriesgan las ardillas? ¿Por qué no incrementan su temperatura corporal en uno o dos grados para evitar el sobreenfriamiento y el riesgo de convertirse en un bloque de hielo y morir? Barnes cree que las ventajas que compensan los inconvenientes están relacionadas con el ahorro de energía: el sobreenfriamiento a –2 °C permite a las ardillas gastar diez veces menos de energía que manteniendo una temperatura corporal de 0 °C (Barnes, 1989). Las ardillas cuentan asimismo con un mecanismo que reduce los riesgos que suelen asociarse al sobreenfriamiento. En general, el riesgo de congelación se inicia en el punto más frío, como por ejemplo el dedo de un pie. Barnes se dedicó a activar el agente de nucleación (iniciar el proceso de congelación) en los dedos de las ardillas y descubrió que los animales se daban cuenta de ello y se recalentaban rápidamente antes de que la congelación pudiera propagarse.

Otro hallazgo notable de Barnes fue que las ardillas se despiertan espontáneamente cuando su temperatura baja de 0 °C y son capaces de revertir la tendencia y recuperar su temperatura habitual cuando están activas, 37 °C. Hay muchos animales capaces de sobrevivir al sobreenfriamiento por debajo de 0 °C o menos, pero ninguno se despierta espontáneamente sin antes haberlos calentado de modo artificial, ya que la reacción por escalofrío solo se produce si la temperatura ambiente (y corporal) aumenta considerablemente.

Aunque el ahorro de energía ayudaría a explicar la baja temperatura corporal de la ardilla, su comportamiento podría obedecer a otras razones, dado que las ardillas terrestres del Ártico, por ejemplo, parecen derrochar energía para aumentar su temperatura a 37 °C cuando en el exterior el termómetro marca una temperatura ambiente de menos de 0 °C, lo que ocurre unas doce veces *a lo largo* de su hibernación. En los experimentos, necesitaban casi todo un día para calentarse por completo y otro para volver a enfriarse. Se calcula que estos recalentamientos periódicos absorbían alrededor de la mitad de las reservas de grasa que habían acumulado durante el verano. ¿Por qué se molestan en hacerlo? Ya se había demostrado anteriormente que este comportamiento no era exclusivo de las ardillas terrestres del Ártico. De hecho, ningún mamífero que hiberne evita estos episodios de temperatura corporal normal durante el letargo invernal. Por lo tanto, dado el alto coste energético que supone calentarse y mantener el calor durante un día o más, este comportamiento parecía de lo más peculiar. Debe obedecer a algo muy valioso. Y aquí es donde entra el cuarto descubrimiento de Barnes y sus colegas. Aunque sigue siendo una propuesta controvertida, su hipótesis es que los animales se calientan para dormir.

Desde principios de los años cincuenta, se han definido dos tipos de sueño. Uno es el sueño de «movimientos oculares rápidos» (REM), también llamado «sueño profundo» o «sueño paradójico». El otro es definido como un sueño «sin movimientos oculares rápidos» (NREM) o «sueño ligero u ordinario». Estos dos tipos de sueño han sido estudiados en humanos a partir de mediciones de la actividad eléctrica captadas en el cuero cabelludo. El registro de la actividad eléctrica del cerebro, llamada electroencefalograma (EEGS), se representa en función del tiempo. Los esquemas de las ondas cerebrales han estado profusamente estudiados en seres humanos, simios y gatos. Existe una progresión de patrones muy distintos que van desde la vigilia hasta cuatro etapas arbitrarias que se supone que representan la profundidad del sueño. Al estado de vigilia le corresponde una amplitud de voltaje muy baja y una frecuencia alta (8-13 ondas por segundo), mientras las ondas de baja frecuencia se asocian al sueño profundo. Sin embargo, cuando se siguen los patrones de sueño del EEG a lo largo de la noche, reaparecen en algunos momentos los esquemas de ondas cerebrales de baja amplitud, que se asemejan a los que se registran durante la vigilia. Es durante los episodios de sueño REM que los movimientos oculares rápidos, a menudo asociados a un aumento del ritmo cardiaco, modifican el patrón respiratorio y se producen espasmos musculares. En ese momento, el animal está soñando.

Los EEG de los animales en estado de hibernación no se corresponden a los esquemas del sueño. Cuando su temperatura corporal desciende y entran en letargo, se produce una reducción gradual del voltaje hasta que la actividad eléctrica del cerebro se interrumpe, como si estuvieran muertos. Sin embargo, aunque no haya actividad cerebral espontánea (Lyman y Chatfield, 1953), los animales han de seguir siendo *capaces* de generar al menos una señal cerebral en el sistema nervioso, pues de lo contrario nunca podrían despertarse.

En colaboración con los neurobiólogos H. Craig Heller y Serge Daan, Barnes registró los electroencefalogramas de ardillas entrando y saliendo de la hibernación. Los ejemplares que entraban en letargo mostraban al principio los patrones típicos del sueño y, posteriormente, al enfriarse, sus ondas cerebrales desaparecían y sus electroencefalogramas se parecían a los de los humanos que presentan muerte cerebral. Sin embargo, una vez recalentadas mediante escalofríos, tras haber estado hibernando durante aproximadamente un mes, las ardillas presentaron, durante la mayor parte del día, unos patrones cerebrales asociados a los movimientos oculares rápidos (REM) de los humanos cuando están soñando. ¿Se habían recalentado para dormir o para soñar? Y en cualquier caso, ¿por qué dormían o soñaban? ¿Por qué soñamos nosotros? Es uno de los grandes misterios biológicos que quedan por resolver y que probablemente tiene cierta relación con la manera con la que actúa el cerebro para consolidar, revisar, suprimir y almacenar la memoria.

Parece irónico que un animal que hiberna haya desarrollado la asombrosa capacidad de despertarse a temperaturas bajo cero, que en general solo se dan en invierno, solo para dormir. Si los animales no tuvieran necesidad de despertarse, podrían permanecer en letargo hasta la primavera y ahorrar así mucha energía. Dado que no permanecen aletargados durante todo el tiempo, pese al evidente ahorro energético que esto supondría, quizá lo que ocurre es que los inconvenientes de un letargo largo y la privación del sueño son sin duda importantes.

Las ardillas terrestres del Ártico que hibernan pueden ser la clave del enigma: ¿por qué necesitamos dormir? ¿Cuáles son las causas de los accidentes vasculares cerebrales y de otras enfermedades de naturaleza similar? En las ardillas terrestres que están en estado de letargo es difícil detectar cualquier latido cardíaco. Es difícil saber si el animal, con una temperatura inferior al punto de congelación del agua, está muerto o vivo. En un estado de letargo similar al de la muerte, las ardillas son unas bolitas frías a las que solo llega un hilito de sangre al cerebro. En los humanos, cuando un coágulo de sangre o la rotura de un vaso sanguíneo interrumpen el flujo sanguíneo de una parte del cerebro se produce la muerte casi inmediata de las células cerebrales. Nuestras células exigen un aporte continuo de oxígeno y glucosa que es suministrado normalmente por la sangre en circulación. La hipoxia (falta de oxígeno) es la principal consecuencia nociva de un accidente vascular cerebral, pero no en una ardilla en hibernación. En el cerebro de la ardilla, no existe una parada metabólica, por lo que la falta de oxígeno y nutrientes es menos perjudicial. ¿Se calientan para oxigenar el cerebro?

En los animales en hibernación, la principal parada metabólica se debe simplemente al descenso de la temperatura. Las víctimas de accidentes de tráfico que caen inconscientes sobre el hielo y cuyo cerebro se enfría inmediatamente, sobreviven a una hipoxia más prolongada. Pero también hay procesos metabólicos activos en las ardillas; los tejidos cerebrales muestran una supresión de la síntesis de proteínas incluso cuando alcanzan una temperatura de 37 °C. Un segundo hallazgo interesante, descubierto recientemente, es que, cuando están en hibernación, las ardillas —y también las tortugas— acumulan cinco veces más ácido ascórbico (vitamina C) en su cerebro. Cuando las ardillas salen del letargo, los niveles de vitamina C vuelven a la normalidad en cuestión de horas. De ahí que se crea que la vitamina C, un potente antioxidante, proteja el cerebro de la repentina descarga de oxígeno tras su largo «ayuno».

El interés de Barnes por investigar la hibernación estuvo motivado por el descubrimiento de fenómenos básicos y no por la voluntad de conseguir aplicaciones prácticas. La ardilla terrestre del Ártico ha suscitado el interés de muchos otros investigadores desde el punto de vista clínico más que intelectual. Los científicos quieren averiguar si la interrupción del suministro de sangre y, por tanto, de oxígeno y glucosa al cerebro podría ser relevante para el tratamiento de las víctimas de accidentes cerebrovasculares, en los que la insuficiencia de oxígeno en el cerebro es la principal causa de muerte celular. Se preguntan por qué los animales que hibernan mantienen los huesos fuertes a pesar de tantos meses de inactividad, por qué su sangre se coagula tan lentamente y por qué acumulan una gran cantidad de vitamina C en el cerebro y el líquido cefalorraquídeo. Sospecho que, dado que la biología es una ciencia cada vez más aplicada, en el futuro recibirán mayor financiación los estudios relacionados con la manera en qué los humanos podemos aprovechar la hibernación que las investigaciones puramente motivadas por la curiosidad intelectual. Es una pena y un enfoque corto de miras.

8

Las plumas de los reyezuelos

El viento inclemente que azota los abetos resuena en el bosque como un fuerte oleaje, incluso cuando en invierno el termómetro marca habitualmente –20 °C y a veces –30 °C. Suelo llevar pantalones de pana, dos jerséis, un cortavientos, un gorro de lana, guantes con forro, calcetines de lana y botas aislantes. Si me quitara los guantes, se me agarrotarían los dedos en cuestión de minutos. La ropa es esencial para sobrevivir, incluso de día. El frío no es una mera abstracción. ¿Cómo consiguen los reyezuelos, que están a la intemperie de noche y de día, y que no miden más que la punta de mi pulgar, conservar una temperatura corporal cercana a los 43 °C o 44 °C? Su temperatura corporal es unos 2 °C más elevada que la de la mayoría de las aves. Para ser más precisos, se trata de una temperatura entre 6 °C y 7°C grados más alta que la de un ser humano en buen estado de salud: en estas condiciones muchos de nosotros moriríamos de un golpe de calor.

Un reyezuelo del tamaño de un colibrí, cuando ahueca su torso gris oliva, parece una pequeña bola peluda. Las propiedades físicas del calentamiento y el enfriamiento hacen que los objetos de menor tamaño se enfríen con mayor rapidez, ya que cada uno de sus puntos internos está más próximo a la superficie por la que se disipa el calor. Proporcionalmente, cuanto más pequeño sea el animal mayor será la superficie de disipación. Entonces, ¿cómo es posible que estos pájaros diminutos sobrevivan ni siquiera cinco minutos en un día de invierno? Lo que está claro es que lo consiguen.

Cuando paseo por el bosque durante más o menos una hora en una mañana cualquiera, suelo oír el delicado *tsee tsee* de algún reyezuelo cercano. Incluso tras haber explorado los bosques cientos de veces bajo una temperatura glacial, me sigue asombrando que algo tan pequeño y tan dependiente del calor pueda sobrevivir en esas condiciones. Al oír su reclamo, sé que han logrado pasar una noche más, y a fin de cuentas, confío más en mis sentidos que en cualquier justificación racional.

Los reyezuelos sátrapas, al igual que los seres humanos, son lo que solemos llamar familiarmente animales «de sangre caliente». Nosotros tenemos el mismo problema que ellos para sobrevivir al invierno: cómo evitar pasar frío y tener energía suficiente tras pagar los gastos de calefacción. Para el reyezuelo, el problema es mucho más grave, porque cuanto mayor sea la diferencia entre la temperatura corporal y la temperatura ambiente, más energía deberá gastar para no morir congelado. Además, cuanto más más pequeño sea el animal, mayor será el coste energético con relación a la masa corporal.

Un buen aislamiento reduce los costes energéticos, pero hay ciertos límites en la cantidad de material aislante de que dispone una criatura tan diminuta. Los grandes mamíferos, como los bueyes, los lobos y los zorros árticos, cuentan con un grueso abrigo de invierno que los aísla tan perfectamente que no están obligados a tiritar ni siquiera en las noches más gélidas. Las liebres americanas y las ardillas rojas también disponen de un espeso pelaje aislante, aunque algo más modesto (el grosor del pelaje de los animales que hibernan bajo tierra no cambia según la estación), mientras que los animales más pequeños no están mejor aislados en invierno.

Las aves no modifican su aislamiento mudando las plumas sino cambiando su manera de utilizarlas. Para conservar el calor, ahuecan el plumaje, lo que aumenta el grosor de la capa de aire aislante que les rodea. La temperatura de los pies y las patas se mantiene baja, justo por encima del punto de congelación. (Los humanos pagamos un alto coste energético al intentar no enfriarnos los pies.) Cuando duermen, los reyezuelos se aíslan metiendo la cabeza y las patas entre su capa de plumas, de más de dos centímetros y medio de espesor, lo que, del interior al exterior, les permite mantener una asombrosa diferencia de hasta 78 °C entre la temperatura ambiente y la corporal.

Para averiguar la rapidez con la que se enfría un reyezuelo con todas sus plumas, realicé un experimento. Calenté el cuerpo de un reyezuelo muerto y luego calculé la velocidad con la que se enfriaba. Expuesto al aire libre, la temperatura corporal del ave descendió 0,037 °C por minuto por cada 1 °C de diferencia entre la temperatura del cuerpo y la del aire. Así, a una temperatura ambiente de –34 °C, un reyezuelo que mantiene una diferencia constante de 78 °C entre la temperatura exterior y la del cuerpo, a una temperatura corporal normal de 44 °C en actividad, presenta una tasa de enfriamiento pasivo de 78 x 0.03 °C/minuto = 2,89 °C/minuto. En un ave viva, la producción de calor necesaria para asumir dicho enfriamiento se calcularía multiplicando la tasa de enfriamiento por el peso corporal y el calor específico de la carne (0,8 calorías/gramo/°C). Según estos cálculos, un reyezuelo (con plumas) gasta al menos 13 calorías por minuto para mantenerse caliente a –34 °C. Se trata de una estimación conservadora, porque un pájaro que estuviera activo experimentaría la presión del aire o del viento, lo que aumentaría en gran medida la tasa de pérdida de calor. Teniendo en cuenta estos datos, intenté establecer el papel que desempeñan las *plumas* del reyezuelo para su aislamiento, es decir, cuánta energía podían ahorrarle.

Calculé la velocidad de enfriamiento del reyezuelo una vez desplumado. Determiné que se enfriaba 250 veces más rápido que cuando estaba recubierto de plumas, lo que significa que para un pájaro sin plumas la temperatura del aire es dos o tres veces más fría que para el que aún las conserva. Debido a su pequeño tamaño, un reyezuelo se enfriará aproximadamente sesenta veces más rápidamente que un cerdo de 68 kilos. (En una ocasión, me pidieron que testificara en un caso de asesinato —en el que habían encontrado a un cadáver desnudo completamente congelado— para determinar el tiempo que podía llevar muerta la víctima. Al no querer experimentar sobre un cuerpo humano, utilicé un sustituto animal que me pareció adecuado. Adquirí un cerdo recién sacrificado, lo afeité y lo enfríe para obtener los datos que me interesaban. Quizá no fue casualidad que al final no me citaran a declarar como testigo cuando le expliqué al abogado mis resultados y conclusiones.)

Reyezuelo sátrapa, casi a tamaño natural.

Debido a la costumbre de ahuecar su plumaje en invierno, los reyezuelos tienen una silueta especialmente regordeta, pero una vez desplumados parecen más bien una cereza rosa sobre unas patas enjutas. La hembra sin plumas que examiné pesaba 5,45 gramos y había perdido 0,403 gramos de plumas corporales y 0,095 gramos de plumas pertenecientes a las alas y la cola. Por lo tanto la masa de plumas destinada al aislamiento era cuatro veces mayor que la destinada al vuelo.

En aquella época, yo pesaba a penas 70 kilos. Vestido de pies a cabeza (con botas y una chaqueta sintética ligera de L. L. Bean) llegaba a algo más de 75 kilos. Casi 3 de esos kilos eran atribuibles solo a las botas. El pájaro había añadido un 7,4% a su propio peso para aislarse, aproximadamente el doble de lo que yo había agregado al mío. Sin embargo, en mi caso, más de la mitad (55%) de los 5 kilos que llevaba encima estaban destinados a cubrirme los pies. En cambio, el reyezuelo no utilizaba ningún elemento adicional con esa finalidad.

Mi pequeño reyezuelo desplumado me hizo pensar en un dinosaurio a pequeña escala. No era una mera conjetura, porque las afinidades entre algunos dinosauros y las aves son conocidas desde hace tiempo. Lo que no podía compararse tan fácilmente era la temperatura corporal, que durante mucho tiempo ha sido, por desgracia, un criterio para diferenciar a las aves de los reptiles. Dado que se ha ido consolidando cada vez más la idea de que las aves descienden de los antiguos reptiles, a los especialistas en biología evolutiva les ha parecido lógico suponer que su capacidad de termorregulación es también un rasgo evolutivo reciente. Pero yo lo pongo en duda. La regulación de la temperatura corporal elevada no es algo nuevo para nosotros, vertebrados de sangre caliente presumiblemente superiores. Es una característica habitual de los grandes insectos voladores, animales muy antiguos cuyo linaje precede al de los dinosaurios. Estudios recientes han confirmado que, en los insectos, la regulación de la temperatura corporal debida al calor generado internamente mediante el escalofrío, y conservada con la ayuda del aislamiento, no es una capacidad evolutiva adquirida recientemente, como se había pensado hasta el momento. La conclusión más notable, dado su tamaño y su capacidad de vuelo, es que ciertas libélulas y otros insectos del mismo tipo ya eran endotermos —capaces de almacenar calor— hace por lo menos 300 millones de años. Y en la actualidad, numerosos insectos de una gran diversidad taxonómica siguen regulando su temperatura corporal con distintos medios: calor generado en su propio organismo, aislamiento, distintos mecanismos de contracorriente y corriente alterna para la retención y pérdida de calor, enfriamiento por evaporación, insolación y alternancia de patrones de actividad. Otros no regulan su temperatura corporal. El hecho de que alguno lo haga depende, aunque parezca trivial, de su tamaño y estilo de vida. Todo ello hace suponer, pues, que la termorregulación ha ido cambiando en el curso de la evolución para adaptarse a circunstancias específicas, sin basarse en el comportamiento de sus ancestros. Los insectos son también la prueba de que, en los animales pequeños, la endotermia (el proceso por el que se almacena el calor generado internamente para mantener la temperatura corporal) está asociada al aislamiento. En muchas abejas y otros insectos, el aislamiento se crea a través de proyecciones similares al pelo. En las polillas, en cambio, se trata más bien de una capa gruesa, generada a partir de escamas modificadas; y en las libélulas, de una capa de pequeñas bolsas de aire que rodean el cuerpo. En los mamíferos es el pelaje, y en las aves, por supuesto, las plumas, estructuras en las que reside la clave de su termorregulación corporal y su estilo de vida. No hay duda de que las plumas tienen una importancia muy *particular*, ya que algunas de ellas cumplen una función totalmente diferente: son el pasaporte de vuelo de las aves.

Sigue habiendo grandes debates en la literatura científica sobre la endotermia de los dinosaurios y la evolución del vuelo de las aves. Las hipótesis iniciales estaban condicionadas por un sinfín de suposiciones simplistas: los dinosaurios son «reptiles» y los reptiles actuales no disponen de aislamiento, por lo que se suponía que eran animales de sangre fría. Fue toda una conmoción cuando, en 1861, solo dos años después de que Charles Darwin publicara *El origen de las especies*, los trabajadores de una cantera de piedra caliza al sur de Baviera hallaron un fósil: un pequeño dinosaurio completo, con dientes y larga cola, y que sin embargo parecía también un ave porque contenía impresiones de plumas perfectamente conservadas sobre la piedra caliza del Cretácico de hace más de 150 millones de años. El *Archaeopteryx* o ave primitiva, tal como se la bautizó, fue, y es aún, el fósil aviar más antiguo jamás encontrado. Al tener *grandes* plumas en sus extremidades delanteras, esta ave ancestral era capaz de volar al menos de forma rudimentaria. Pero ¿cuáles fueron las precursoras de estas plumas? Si servían para aislarse, entonces probablemente las aves más antiguas debían ser endotérmicas. (Por desgracia, los fósiles de aves hallados posteriormente eran más recientes y nadie ha encontrado todavía el «eslabón perdido» para resolver esta cuestión.)

No obstante, en la década de 1990, se hallaron unos espectaculares fósiles de aves de entre 124 y 147 millones de años de antigüedad en los sedimentos de unas cenizas volcánicas en la provincia china de Liaoning. No aportan ninguna prueba de filiación en línea directa, pero proporcionan nuevos indicios sobre la evolución del plumaje de las aves (aunque no necesariamente sobre el desarrollo temporal y los puntos de convergencia de los distintos escenarios posibles de la relación entre dinosaurios y aves). Uno de los primeros protopájaros descubiertos en Liaoning, llamado *Confuciornis*, poseía el mismo tipo de plumas que las aves contemporáneas, por lo que estaba incluso más cerca de ellas que *Archaeopteryx*. Sin embargo, en 1996, se encontró en el mismo yacimiento un pequeño bípedo, un dinosauro terópodo con el mismo aspecto de pájaro, que recibió el nombre de *Sinosauropteryx*. Al igual que su pariente próximo, el dinosaurio *Velociraptor*, *Sinosauropteryx* tenía unos dientes puntiagudos, una larga cola y garras afiladas. Era un depredador con extremidades traseras que le permitían correr a gran velocidad. Sin embargo, lo más significativo es que el cuerpo de este no-pájaro poseía unas estructuras idénticas a las de las plumas, tal como atestiguaron las huellas encontradas en la ceniza volcánica de grano fino en la que estaba delicadamente preservado. Cabe destacar que las plumas de las patas delanteras de este fósil eran totalmente inadecuadas para soportar el vuelo. Es decir, ninguna de las plumas de este protopájaro primitivo servía para volar. El caso del *Sinosauropteryx* (y de otros dinosaurios descubiertos posteriormente con estructuras plumosas similares) sugiere, por lo tanto, que las plumas que luego sirvieron para volar tenían por origen el aislamiento. La gran pregunta era y es: ¿de qué modo las plumas para el aislamiento evolucionaron para convertirse en plumas de vuelo? No había reflexionado demasiado sobre esta cuestión, hasta que una noche de principios de marzo de 2002, cuando estaba en mi cabaña en el bosque de Maine oyendo como el viento azotaba los árboles y la lluvia repiqueteaba sobre el tejado, de repente me vino a la cabeza una idea, surgida de la nada, que expongo a continuación.

Había sido un invierno relativamente cálido para lo que solía ser normal en Maine, y aquella noche, la temperatura solo estaba uno o dos grados sobre cero. Así que en vez de una tormenta de nieve, estaba lloviendo a cántaros. Tras un día de excursión por el bosque, mis botas habían absorbido la humedad y aún tenía los pies fríos. Recordé la historia de Jack London sobre el chechaquo que muere cuando se le congelan los pies. De repente, se me hizo evidente lo más obvio: el aislamiento de un reyezuelo puede hacer maravillas, pero cuando en su cuerpo penetra la humedad, no está más protegido que un pájaro sin plumas. Por esta razón es preferible afrontar una ventisca y temperaturas bajo cero que una lluvia helada. Casi todas las lluvias son frías y potencialmente letales, y pueden ser una dura prueba para un pequeño pájaro endotérmico, porque cuanto más mullido sea el aislamiento (y por tanto mejor), más puede actuar como una esponja para retener el calor y la vida. (Los insectos simplemente se enfrían y su aislamiento no tiene entonces ninguna relevancia.) Soportar la humedad y sobrevivir a ella debió constituir una gran presión selectiva en la evolución de las aves cuando se convirtieron en animales endotérmicos de forma continua o casi continua. ¿Cómo evolucionaron para afrontar este reto? ¿Mediante las plumas que cubrían sus alas? ¿Es una coincidencia que, en Maine, la supervivencia de los polluelos de los lagópodos dependa de la ausencia de lluvia antes de que puedan emprender el vuelo?

Ala utilizada como «impermeable» para proteger el plumón aislante.

En un buen número de fósiles de dinosauros no aviares pueden observarse fragmentos de estructuras parecidas a las plumas en los brazos y los hombros, estrechamente organizadas en patrones planos y regulares. Están adheridas a la parte posterior del cúbito, un hueso del brazo, y no sobre el resto del cuerpo. Sin embargo, estas plumas ya modificadas *no* servían en ningún caso para volar, ya que solo medían de 5 a 7 centímetros. ¿Se utilizaban más bien a la manera de los ciclistas que se cobijan bajo las hojas de banana en las lluvias tropicales, cubriéndose la espalda mientras avanzan para ayudar a evacuar el agua? ¿Quizá actuaban como una especie de vierteaguas para permitir que las plumas inferiores retuvieran su capacidad aislante? ¿Las plumas que en un momento determinado se utilizan para volar pueden ayudar luego a canalizar y evacuar el agua? ¿Las plumas de las alas pueden actuar a la manera de los techos de paja para que el agua se deslice por los patrones regulares y estrechos de sus vénulas?

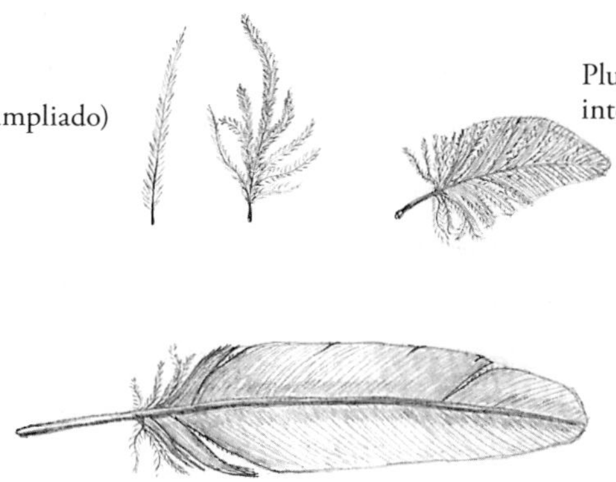

Plumas de evacuación del agua, de protección del sol y de vuelo.

Escudo de protección para los polluelos, a resguardo del frío,
la lluvia y el sol, bajo el ala de su madre.

Fundamentalmente, se trata de encontrar algunas funciones de las plumas que pudieran haber servido de transición entre dos operaciones opuestas. El requisito previo para cualquier combinación de funciones en la evolución del vuelo de las aves es que las plumas originales mullidas y aislantes de un animal endotérmico parecido al dinosaurio debieron de convertirse en *más* útiles a medida que se volvían *menos* aislantes (al hacerse más largas y aplanadas), mucho antes de que se utilizaran para el vuelo. Se han propuesto varias hipótesis sobre la función de las plumas rígidas, aplanadas y alargadas de las extremidades anteriores. Entre ellas, su uso como dedos agrandados para ayudar a capturar presas, mejorar las señales sexuales, incrementar la velocidad de carrera o la maniobrabilidad, y aumentar la capacidad de trepar a los árboles para escapar de los depredadores.

No digo que añadir otra hipótesis —que las plumas planas de las patas delanteras de las aves evolucionaron para servirles

Polluelo recién salido del cascarón. Con diez días, ya no pasa tanto tiempo cobijado bajo las alas de su madre.

de sombrilla y reducir la humedad del material aislante— vaya a aclarar las cosas. Es difícil saberlo ahora retrospectivamente, después de cien millones de años. Por otro lado, quizá sea demasiado obvio pensar que cuando las vénulas de las plumas se adhieren entre sí con una estructura similar a la de una lámina (como ocurre en las plumas de vuelo y en las del contorno del cuerpo) proporcionen una barrera tanto para el aire como para el agua a la vez. Cuando las extremidades anteriores, equipadas con unas plumas tan estratégicamente colocadas, se despliegan dorsalmente y cubren la espalda, entonces casi cualquier estructura de plumas en esa dirección proporciona un efecto sombrilla que ayuda a evacuar el agua y reducir la humectación del plumón aislante que se encuentra debajo. Si se hubiera desarrollado posteriormente, esta sombrilla no hubiera necesitado muchas modificaciones antes de cumplir algunas de las demás funciones ya mencionadas, incluido el vuelo. Desempeña un papel equivalente al de la cola esponjosa y aislante de la ardilla voladora, cuyo pelaje adopta una forma aerodinámica. Mientras pensaba en los reyezuelos posados en algún lugar del bosque, con el agua de la lluvia discurriendo por las largas plumas de sus alas para proteger el plumón inferior, me pareció que si la teoría de la sombrilla no podía resolver un antiguo enigma de la evolución, al menos serviría para explicar por qué los reyezuelos sobreviven a una noche de tormenta.

9

El combustible invernal de los reyezuelos

Una mañana de mediados de enero me dirigí a un bosquecillo de abetos rojos y balsámicos al norte del arroyo Alder en busca de reyezuelos. Estos bosques permanecen a oscuras incluso en verano porque las densas copas de los árboles impiden el paso del sol. Hay tan poca luz que solo crece musgo, que tapiza el suelo como una alfombra de terciopelo verde sobre el humus marrón y elástico. Tras las lluvias de verano, brotan hongos amarillos y púrpuras. En primavera, las reinitas de Magnolia, las reinitas coronadas y las gorjinaranjas cantan y construyen aquí sus nidos.

En esa época del año, todas las reinitas ya se habían marchado, y el panorama era muy distinto. La nieve acumulada en las ramas de oscuras agujas impedía aún más la entrada de luz, pero en la nieve que cubría el suelo podía distinguirse el rastro de algunas huellas. Un grupo de ciervos había atravesado recientemente el arroyo, y su paso por el bosque parecía seguir su recorrido en busca de alimento hacia una zona más abierta. Un puercoespín había abierto un surco en forma de túnel a través de la nieve desde su refugio sobre un montículo de piedras hasta una tsuga solitaria donde se alimentaba por la noche. Pocas liebres se habían aventurado a cruzar por esa zona, ya que casi no había ramitas a su alcance para poder comer. El bosque parecía vacío de pájaros, y el cielo gris prometía aún más silencio y más nieve. El único ruido perceptible era el crujido débil y amortiguado de mis pasos.

Sentado en un tronco de abeto balsámico, agucé el oído y percibí el martilleo ligero pero constante de un pico ártico. Los picos árticos solo se instalan aquí en invierno, y algunas veces puedo oírles. Su especialidad es alimentarse de larvas de escarabajo de la corteza que encuentran en píceas y abetos balsámicos recién marchitos. Golpeando ligeramente la corteza, como si palparan el tronco del árbol en busca de sonidos huecos que revelaran la presencia de larvas, estos pájaros carpinteros actúan a la manera de los médicos cuando dan ligeros golpecitos sobre el pecho de un paciente para averiguar si algo va mal. Hoy, no hay ningún pico ártico en las proximidades, pero oigo el vigoroso martilleo de un picamaderos norteamericano. Probablemente, está excavando un profundo surco vertical en la base de un tronco de abeto balsámico para llegar a las hormigas carpinteras que hibernan en el corazón del árbol. Se necesita fuerza bruta y un talento muy particular para que estas aves insectívoras puedan sobrevivir en esos bosques nevados. Como hemos visto, una de las aves que parece no tener un medio visible de subsistencia es el reyezuelo sátrapa.

Este bosquecillo de abetos es el lugar al que acudo más a menudo para tratar de encontrarlos. Los reyezuelos tienen una voz tan fina que apenas es audible por el oído humano, y no se ven ni se oyen a menos que uno se concentre durante largo rato y sintonice su frecuencia. No se alimentan de las semillas de los árboles que sirven de sustento a los pinzones que no se mueven de aquí durante todo el invierno, ni tampoco de sus abundantes brotes, como las ardillas y los urogallos. No pueden alcanzar las larvas bajo la corteza o enterradas en lo más profundo de la madera. Sin embargo, es obvio que alimentan su acelerado metabolismo para mantenerse calientes. Se posan en los extremos de las ramas, revolotean sin cesar en las densas arboledas de abetos y picotean unas presas aparentemente invisibles.

Los diminutos picos de los reyezuelos están adaptados a los insectos que se acumulan en las pequeñas ramas. Pero ¿qué insectos puede haber en invierno? ¿Cómo se las arreglan para encontrar diariamente el equivalente a tres veces su peso corporal, cuando los días se acortan? Si durante el día no comen cada una o dos horas, mueren de hambre (y de frío). Aun así, parte de su población reside en los bosques del norte, donde las noches de invierno duran entre quince y veinte horas. Dado que los pájaros no se alimentan de noche y teniendo en cuenta que nadie ha visto que escondan o almacenen comida durante el día, ¿qué les salva de morir diez veces durante la noche?

Me parece escuchar un diálogo de *tsees* apenas audible en la espesura de abetos. No hay duda, por fin la oigo. Y se acercan. Los sonidos son tan tenues como una brisa ligera. Podrían pasar desapercibidos. Entre las gruesas ramas, veo finalmente a uno que salta, rodeado probablemente de otros minúsculos interlocutores, revoloteando como un colibrí en el extremo de una rama. Un reyezuelo nunca está quieto más de un segundo. No para de buscar comida. Por mucho que lo intente, no logro discernir si atrapan y comen algo, ni tan solo si me acerco a más o menos un metro de ellos cuando surgen de las copas de los abetos. Se alimentan de presas demasiado pequeñas para que pueda verlas.

Lo que comen los reyezuelos en invierno ha sido un misterio durante mucho tiempo. Los investigadores han propuesto numerosas hipótesis para intentar determinar qué tipo de alimento encontraban estas aves insectívoras en invierno. Basándose en su anatomía y su comportamiento, llegaron a la conclusión de que estaban especializados en colémbolos (*Collembola*). Una variedad de estos insectos primitivos casi microscópicos, conocidos comúnmente como «pulgas de la nieve» (*Hipogastrura tooliki,* antes *H. nivicola*), tapizan periódicamente la nieve en los bosques de Nueva Inglaterra. He visto a millones de estos insectos agrupados en las depresiones de la nieve, que, de tan numerosos, casi oscurecían los costados y el fondo. La nieve pasa de color gris a casi negro según la cantidad. A primera vista, las pulgas de la nieve parecen motas casi inmóviles arrastrándose lentamente sobre sus diminutas y rechonchas patas, pero al examinarlas más de cerca, parece que se mueven, desapareciendo y saltando a la manera de las pulgas, de ahí su nombre. Pero a diferencia de estas, no utilizan sus patas para saltar. En su lugar, se catapultan en el aire liberando un mecanismo parecido a un resorte muscular, una estructura parecida a una cola que se pliega por debajo del cuerpo.

Aunque en varias ocasiones he tenido la oportunidad de ver el suelo completamente tapizado de pulgas de la nieve, ni yo ni nadie sabe de dónde vienen ni adónde van. Aparecen misteriosamente en lugares aislados, a veces a las pocas horas de que la nieve haya empezado a derretirse. Solo están en la nieve durante el día (¿para absorber la luz del sol?). Tal vez cavan un hoyo, pero por la noche se refugian en los troncos de los árboles y salen de ellos por la mañana. Nunca he visto que los reyezuelos prestaran la más mínima atención a estas pulgas que tanto nos llaman la atención. Es un dato sorprendente, teniendo en cuenta que los reyezuelos parecen estar especialmente bien adaptados para atrapar estos insectos, y que en Europa se ha establecido que los colémbolos son su principal presa en invierno: el maná que les proporciona las calorías necesarias y alimenta su metabolismo para sobrevivir a la noche. Las pulgas de la nieve podrían ser el alimento ideal. Bill Barnard, un biólogo del Norwich College que estudia a los arrendajos canadienses en los bosques de Victory Bog en Vermont, ha observado a estas aves recoger nieve cargada de pulgas como niños bebiendo jarabe de arce en un picnic festivo de primavera. ¿Los reyezuelos se aprovechan de esta abundancia? Si es así, ¿por qué yo no lo había visto nunca? ¿Los colémbolos trepan hasta los árboles donde los reyezuelos pasan la mayor parte de su tiempo y es allí donde dan buena cuenta de ellos sin que nadie los vea? Sin embargo, y como explicaré en breve, dudo que las pulgas de la nieve pasen mucho tiempo en los árboles.

Los reyezuelos son, que yo sepa, las únicas aves que se posan rutinariamente en los extremos de las ramas para arrancar ácaros microscópicos, pulgones y huevos que probablemente ningún otro pájaro podría ver, ni un humano encontraría jamás a menos que se ayudara con una lupa. Resulta difícil, pero no per ello menos importante, saber de qué depende la vida de las aves. Saber lo que come un pájaro es fundamental, incluso determinante, para comprender el misterio de su supervivencia. Pero el conocimiento no se adquiere jamás sin pagar algún coste, y a veces hay que actuar a cualquier precio. Para saber qué comen los reyezuelos tuve que hacer algo radical: examinar el contenido de su estómago.

Es posible que alguien censure mi comportamiento y me reproche que estoy dando un mal ejemplo al cazar pájaros tan diminutos. Jim Harrison (1996) advierte: «Últimamente me he dado cuenta de que, en el mundo de los jóvenes yuppies que destilan buenos sentimientos, se condena de la misma manera la caza, el tabaco y el maltrato a la propia esposa. Este espantoso infierno rebosante de buenos sentimientos reivindicados por cándidos profesionales hace que uno anhele volver a los años sesenta». No soy insensible a su observación y necesito al menos abordar el tema de la caza, dada la educación que recibí de mi padre, un recolector profesional de aves (cazador) para los museos. Nunca olvidaré lo que me enseñó: *Quale nie ein Tier zum Scherz denn es fühlt wie du den Schmerz.* [Nunca maltrates a un animal, porque siente el dolor tanto como lo sientes tú.] Me inculcó la ética de la caza y la única vez que se enfadó conmigo fue cuando, siendo un adolescente en los años cincuenta, intenté matar a una mofeta con un tirachinas para impresionar a mis amigos. Eso no estaba bien. Era repugnante. En su opinión, matar a un pájaro para un museo, donde sería conservado para la eternidad, tenía una justificación, del mismo modo que hay quien justifica comer pescado, pollo u otra carne que se digiere en horas. ¿Qué está más justificado? Y aunque sea necesario, ¿cómo se justifica? Los que están familiarizados con las tradiciones ancestrales, o se sitúan uno o dos grados por encima del resto de la humanidad en temas morales, matan «respetuosamente» ofreciendo oraciones o disculpas, con la esperanza de que los animales «se ofrezcan» voluntariamente a ser aniquilados. Sin embargo, la triste realidad es que ningún animal se preocupa de saber si los que van a comérselo tienen alguna razón para justificar sus actos (y sentirse bien). Incluso si se diera el caso de que algún animal se sacrificara por el bien común, ninguno tan diminuto como un reyezuelo pensaría jamás que su delgado cuerpo tuviera algún valor para el hombre hasta el punto de sacrificar su vida. Es cierto, pues, maté varios reyezuelos (después de obtener los permisos estatales y federales correspondientes) solo por curiosidad y sed de conocimiento. Con remordimientos pero sin hipocresía.

Disparé al primer reyezuelo al atardecer, cuando había más probabilidades de que tuviera el estómago lleno. Para aprovechar al máximo la información que podría proporcionarme, le tomé la temperatura en cuanto cayó al suelo. Como he mencionado anteriormente, alcanzaba una asombrosa temperatura de 44 °C (111 °F), de dos a tres grados más alta que la mayoría de los pájaros. Mis dedos se enfriaban a toda prisa y corrían el riesgo de entumecerse; abrí el reyezuelo rápidamente para descubrir una grasa amarilla dorada entre los intestinos y alrededor de una molleja del tamaño de una judía. Cuando abrí la pequeña molleja para colocar su contenido en un frasco con alcohol, vi que estaba llena hasta los topes. Pero no contenía ningún colémbolo, como me había hecho creer la literatura sobre el tema. Ni uno. En vez de ello, me esperaba una sorpresa total: los restos parcialmente digeridos (en su mayoría, pieles) de treinta y nueve lepidópteros (orugas geómetras). Era una especie que ni yo ni el entomólogo Ross T. Bell, que realizó un análisis minucioso del contenido del estómago, pudimos identificar. Nadie jamás hubiera podido imaginar que había orugas en los árboles en pleno invierno, y aún menos en el estómago de un reyezuelo. No me habría sorprendido más si hubiera encontrado lombrices de tierra.

Se sabe que numerosas especies de orugas geómetras hibernan en forma de pupa, a salvo de las heladas en la zona subniviana o en el subsuelo. Nadie había informado nunca de la presencia de orugas en los árboles en el curso del invierno boreal. Este pájaro, y los pájaros posteriores, fueron la primera evidencia de algo nuevo e inesperado.

Si los reyezuelos eran capaces de encontrar orugas, nosotros también. Así pues, más adelante, en enero de 1995, cuando las temperaturas volvieron a acercarse a –34,44 °C (–30 °F) varias noches seguidas, me adentré en el bosque en compañía de cuatro de mis alumnos (Jeremy Cohen, Kristian Omland, Lauri Freedman y Mike Tatro) a la búsqueda de orugas. Tras haber empuñado una escopeta, esta vez llevaba una especie de garrote: un grueso tronco de un arce recién talado de más de metro ochenta de largo. El palo pesaba mucho, y cuando daba un golpe con todas mis fuerzas contra los árboles (a veces de hasta más de quince centímetros de diámetro), vibraban bajo el impacto y soltaban sobre la nieve una lluvia de corteza y otros restos, así como los numerosos insectos que pasaban allí el invierno.

La operación fue un éxito. Pude sacudir unas quince veces cada especie: píceas rojas, abetos balsámicos, hayas y arces rojos y azucareros; la recolecta obtenida en un total de setenta y cinco árboles fue de trece diminutas orugas geómetras (y dos pequeñas arañas). Ni un colémbolo. Las orugas se veían perfectamente sobre la nieve, pero eran difíciles de distinguir entre las agujas de los pinos y otros materiales. Eran de color gris y marrón, muy pequeñas, a juego con los restos que había encontrado en la molleja del reyezuelo.

Al parecer, las orugas que habitan en las ramas constituyen el sustento invernal de los reyezuelos, algo que no se sabía antes. Pero esta información no servía de nada a menos que pudiera verificarla. Tras algunas investigaciones, me quedó claro. Posiblemente, solo había un hombre en el mundo que podía hacerlo: Douglas Ferguson, del Laboratorio de Entomología Sistémica del Museo de Historia Natural de la Smithsonian Institution de Washington D.C. Le envié a Ferguson algunas de las larvas que había recogido. Las examinó y especuló sobre su identidad, pero constató que no se correspondían por completo con ninguna de las orugas que él conocía. «La única forma de identificar estas larvas sin lugar a dudas es criarlas hasta la etapa adulta, donde son fáciles de distinguir unas de otras», me respondió. De hecho, había intentado criar las larvas que yo le había enviado, pero todas habían muerto, probablemente porque no se alimentaban. Era imposible darles de comer hasta que no supiéramos qué planta les servía de sustento. Y en general no hay forma de saber de qué planta se alimenta un insecto si no se sabe de qué especie se trata.

En otra de mis incursiones por el bosque —el 1 de enero— sacudí un total de 224 árboles (102 coníferas y 122 árboles de hoja caduca, 10 especies en total). Solo pude coger 11 orugas, todas ellas geómetras, y excepto cuatro la totalidad procedía de arces azucareros. Decidí entonces criar yo mismo algunas de esas larvas. Tras llevarlas a mi refugio invernal en Maine, coloqué las orugas congeladas en unos tarros de vidrio y los dejé en el exterior de la cabaña sobre la nieve. Unos días después, cuando volví a Vermont, las metí en el congelador. Por desgracia, inmerso en otros quehaceres, las olvidé hasta el mes de julio, seis meses después. Cuando las descongelé, para mi sorpresa, cinco de ellas seguían vivas. Sin saber cómo alimentarlas, las metí en una bolsa, que llené con lo que me pareció más adecuado para su sustento: lo que había en el lugar donde las había recogido, básicamente ramitas y briznas de píceas, abetos balsámicos, pinos, arces y hayas. Al día siguiente, tuve la agradable sorpresa de descubrir que las cinco orugas se habían alimentado ávidamente. Había recogido para ellas ramitas de arce, pero preferían comer agujas de abeto balsámico. Así que añadí más ramitas de abeto balsámico con la esperanza de que fueran creciendo. No hubo suerte. Unos días después, todas estaban muertas. La causa era una pequeña araña, entonces ya algo rolliza, que se había introducido inadvertidamente en una rama de abeto. Las arañas inyectan jugos digestivos a través de sus colmillos y luego chupan el interior de los insectos, dejando solo una cáscara seca. Esta araña parecía estar hambrienta.

El «brote» de orugas en los arce azucareros que había tenido lugar aquel año era aparentemente algo poco habitual y no había pasado desapercibido a los reyezuelos, que, de lo contrario, se alimentan exclusivamente de coníferas. El 4, el 5 y el 7 de enero, tras una serie de noches frías y ventosas, seguí a dos

El reyezuelo que seguí hasta el bosquecillo de arces…
¡se alimentaba de orugas!

parejas de reyezuelos (durante 93 y 75 minutos, respectivamente). Esos cuatro individuos pasaron todo el tiempo buscando alimentos en mi joven bosquecillo de arces azucareros. Los observé recoger y comer varias orugas de la misma especie que yo había encontrado. Los pájaros se alimentaron incansablemente, sin pausa. Los cronometré a un ritmo medio de 45 saltos por minuto, sin ningún cambio aparente de ritmo. Pasaron varias veces por encima de la arboleda de coníferas (el bosquecillo estaba delimitado por tres de sus lados por abetos balsámicos, pinos, píceas rojas y pinos blancos). Las noches precedentes, ventosas y glaciales, habían acentuado el descenso de la temperatura, cerca de 50 grados bajo cero. Me maravilló no solo que estuvieran vivos, sino que hubieran sustituido los abetos y las píceas por arces. Aparentemente habían aprendido a asociar la comida a determinados árboles.

Cada especie aviar, como cualquier otro organismo sobre la Tierra, se siente más a gusto en el entorno específico para el que ha sido adaptada por la selección natural, y busca instintivamente este ecosistema y evita otros. El biotopo de los reyezuelos es un denso bosque de coníferas, mientras que para los humanos es probablemente una sabana abierta donde podemos disponer de gran visibilidad, árboles dispersos y agua. Pero nosotros somos mucho más flexibles que los reyezuelos y sabemos readaptarnos. Aunque estéticamente encuentro muy atractivo el claro alrededor de mi cabaña con una vista de las montañas y el lago, también me encanta el bosque. Lo sorprendente es que, aunque la mayoría de las aves están rígidamente programadas para permanecer en entornos concretos, los reyezuelos pueden evitar este determinismo cuando es necesario. Son capaces de atrapar orugas incluso cuando se encuentran fuera de los límites a los que están acostumbrados.

Un tercer invierno, el de 1999-2000, me uní a una tercera pareja de estudiantes, Joshua Rosenberg y Jonathon Taylor, y volvimos a sacudir árboles para tomar muestras de insectos invernales y averiguar dónde estaban y qué podían ser. Realizamos el estudio en seis especies de árboles (treinta árboles en cada una). Como antes, dimos una serie de fuertes golpes en los troncos para ver qué caía sobre la nieve. (No todas las orugas se expulsan del árbol a través de este método. Algunas de ellas están unidas a las ramas por una tela de fina seda. A veces quedan suspendidas a este hilo de seguridad y cuando se descongelan utilizan esta cuerda salvavidas para volver a trepar a la rama.) La mayor parte de la muestra (87%) estaba compuesta por orugas geómetras, de un total de 80 larvas en 180 árboles. Ese año el número de larvas procedentes de arces azucareros (13) no era significativamente distinto del que encontramos en píceas rojas (11) o hayas (19), mientras que la cantidad sí era significativamente superior en pinos (30) y menor en abetos balsámicos (2) y arces rojos (5). Ese invierno y los siguientes no volvimos a encontrar reyezuelos rebuscando en los arces azucareros, lo que hacía aún más destacable su comportamiento del año anterior.

Oruga en la rama de una haya.

Como había hecho anteriormente, me llevé algunas orugas a casa. Todas habían sobrevivido a la congelación y parecían estar sanas cuando las saqué del congelador en mayo. Igual que el año anterior, las alimenté con hojas y ramitas de arce y abeto (tras haber comprobado que esta vez no hubiera ninguna araña errante). Pero las orugas se negaron a comer, excepto una única larva, un ejemplar muy delgado y oscuro, que se alimentó con el follaje de abeto. Se convirtió en crisálida el 22 de junio. Por desgracia, cometí otro error. La había dejado sobre el alfeizar de una ventana en un pequeño frasco, y la humedad condensada en la paredes del cristal ahogó la pupa. Por supuesto, me entristeció mucho tener la posibilidad de criar una mariposa y luego perderla.

Estaba a punto de acercarme a una posible identificación (o así lo esperaba), por lo que volví a intentarlo al año siguiente. Crie a algunas larvas que había recogido en un arce azucarero, pero las alimenté con hojas de abeto balsámico hasta que llegaron a la edad adulta. Aparecieron unas polillas con unas hermosas manchas grises y algunas zonas sutilmente parcheadas de color crema y marrón. Ferguson las identificó. Se trataba de la conocida *Hypagyrtis unipunctata*, de la variedad de una sola mancha. Las plantas de las que se alimenta esta especie son muy diversas, entre ellas, alisos, sauces, abedules, robles y abetos balsámicos. El libro *Eastern Moths* de Charles V. Covell describe esta especie como «extremadamente variable desde el punto de vista sexual, geográfico y estacional». Hasta entonces, nadie sabía dónde hibernaban las larvas.

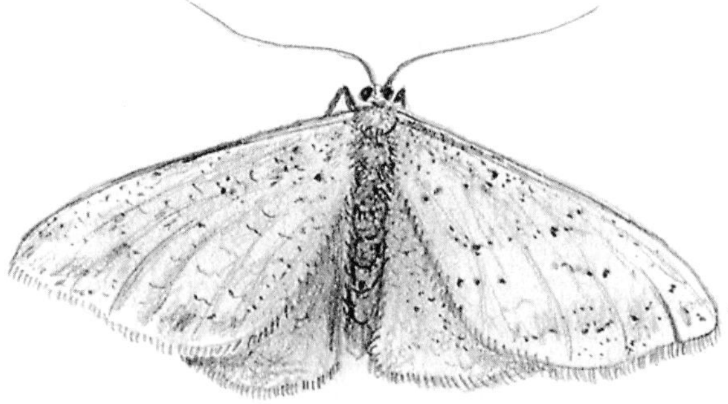

La «variedad» de polilla criada a partir de orugas de invierno.

Nos fue difícil identificar a las orugas. No éramos buenos taxonomistas, ni tan siquiera de los árboles, como confirmó el examen de mis estudiantes. Pero los reyezuelos sí habían aprendido lo que yo intentaba enseñar a mis alumnos, generalmente con peores resultados. ¿Eran inteligentes? Debido a su pequeña talla, los reyezuelos no pueden tener un gran tamaño cerebral absoluto. Sin embargo, en comparación con el peso de su cuerpo, su masa cerebral es enorme. Representa un increíble 6,8% de su peso corporal (frente al 1,9% de los humanos). Por lo tanto, aunque la masa cerebral total de un reyezuelo no es significativa en términos absolutos, posee una carga neuronal considerable respecto a su tamaño.

El cerebro es un órgano metabólicamente costoso, y los reyezuelos viven al límite de su energía en invierno y no pueden desperdiciarla. En los seres humanos, el 1,9% del tejido corporal que se destina a la masa cerebral representa supuestamente el 20% de nuestra pérdida de energía. Se han planteado muchas hipótesis sobre cuál podría haber sido la base energética que nos ha permitido evolucionar con este cerebro tan grande, y por qué lo tenemos.

En los reyezuelos, la pérdida de energía cerebral podría triplicar la nuestra, y ahora tenemos la respuesta a la pregunta sobre su fuente de energía: las orugas. Las tortugas han prosperado porque han reducido al mínimo su pérdida de energía cerebral —una protuberancia apenas agrandada en el cordón nervioso—, lo que les permite sobrevivir hasta un año sin comer. A fin de cuentas, lo más probable es que no sepamos nunca por qué el cerebro de los reyezuelos es tan grande con relación a su tamaño. No obstante, podemos estar razonablemente seguros de que si su cerebro no es parte del problema del equilibrio energético, es probable que forme parte de la solución. No sabemos cómo los reyezuelos escogen lo que van a comer en invierno, ni qué otras cosas elegirán para alimentarse si hay escasez. Desconocemos su flexibilidad. A pesar de ello, descubrir que comen orugas en invierno no solo fue una satisfacción para todos los que participamos en el estudio, sino también el descubrimiento de un eslabón en su supervivencia. Para el bienestar de los reyezuelos, es necesario cuidar de las orugas.

10

Aves que hibernan

La idea de que las aves hibernan surgió en una época en la que se creía que las golondrinas que sobrevolaban los estanques y los lagos en otoño pasaban el invierno en el barro bajo el hielo. Cuando se descubrió la migración intercontinental —un fenómeno aún más sorprendente— esta idea primitiva pareció tan ridícula que cualquier sugerencia, incluso la de la hibernación de las aves, se consideró automáticamente una locura. Sin embargo, eminentes y reputados especialistas, entre ellos el Premio Nobel Konrad Lorenz, establecieron finalmente que ciertos pájaros entraban en estado letargo durante el invierno. A mediados de octubre de 1902 (en Indiana), cuando W. L. McAtee halló un vencejo de chimenea aletargado —una especie que normalmente emigra— que parecía muerto pero se recuperó rápidamente en una habitación caldeada, declaró: «Esta experiencia me despertó el interés por el letargo de las aves y me impulsó a recopilar referencias sobre el tema». Entre estas observaciones iniciales, hay comentarios sobre vencejos en estado de letargo y otras «golondrinas» halladas en árboles huecos, chimeneas, grietas y hendiduras rocosas en el curso del invierno, cuando casi toda su población había desaparecido. La mayor parte de estos primeros testimonios parecen creíbles, aunque es probable que algunas de esas «golondrinas» fueran en realidad vencejos (ya que ambos términos se utilizaban indistintamente). Sin embargo, en ningún caso se verificó la duración del letargo para ver si el término «hibernación» estaba justificado. Todo eso lo aprendí gracias a un libro que relataba una serie de observaciones realizadas en Norteamérica hace cincuenta y cinco años sobre el chotacabras, un pájaro que solo conozco a través de la lectura.

The Birds of America (1917) es un libro voluminoso que ha sido reeditado en múltiples ocasiones, ilustrado con bocetos, fotografías y 106 láminas a toda página, realizados por el artista y especialista en aves Louis Agassiz, que en mi opinión fue mucho más allá que su célebre predecesor, John James Audubon, en sus espléndidas y realistas pinturas de pájaros. Me lo regaló por Navidad una vecina, Mary Gilmore, que nunca llegó a saber lo que representó para mí aquel regalo. Creo que es el mejor libro sobre aves americanas que se ha publicado

Chotacabras en estado de letargo (dibujo realizado a partir de una foto publicada en el libro de Jaeger).

jamás, y su editor, T. Gilbert Pearson, se refiere así al chotacabras pachacua (*Phalaenoptilus nuttallii*, el pariente occidental del chotacabras norteño que solía oír en Maine por aquel entonces):

> *Escuché por primera vez el canto del chotacabras en un cañón virgen en las montañas de Nuevo México. Estaba acampado en compañía del arqueólogo Charles F. Lumis junto a las cabañas de los habitantes de los despeñaderos, tanto tiempo silenciosas, en lo alto de las paredes de toba blanca de los misteriosos precipicios de Tyu-on-yi. Era una tranquila noche de verano en que la luna brillaba con todo su esplendor. El entorno era de lo más impresionante, y cuando el repentino grito del chotacabras resonó en el aire desde el lado opuesto del cañón fue como si hubiera hablado una voz de lo más hondo de la tierra de los espíritus.*

Sigue explicando que este pájaro, con un tamaño aproximado de 18 centímetros, es estrictamente nocturno y, al igual que otros *Caprimulgidae* solo atrapa insectos voladores. Por lo tanto supuso, con cierta razón, que «estas aves emigran al sur cuando llega el invierno».

Valoramos lo que creemos posible a partir de la experiencia, y nuestra aceptación de los conocimientos científicos se va incrementando y saca partido de lo que ya sabemos. Del mismo modo que a principios de siglo aún había mucho que aprender del chotacabras, hoy en día sigue habiendo muchas cosas que se desconocen del reyezuelo. Una de las experiencias que amplió considerablemente los límites fisiológicos de lo que se creía posible para cualquier ave, mucho después de la publicación del libro de Pearson, fue una sorprendente revelación efectuada por Edmund C. Jaeger en el invierno de 1946-1947 en las montañas de Chuckwalla en el desierto de Colorado al sur de California (Jaeger, 1948). El chotacabras, al que los indios hopi llamaban el «durmiente», aparentemente hiberna en vez de migrar. Los navajos conocen bien a los pájaros, y cuando Jaeger le preguntó a un niño «¿Dónde viven en invierno?», este respondió: «Allí arriba, en las rocas».

Efectivamente, en un saliente de granito de una zona retirada yacía lo que parecía un chotacabras inerte. Pero las apariencias engañan. Cuando Jaeger recogió el pájaro, este se agitó en su mano, volvió a la vida y se alejó volando. Al año siguiente, a finales de noviembre de 1947, Jaeger volvió a encontrar un chotacabras comatoso, tal vez el mismo ejemplar, en el mismo lugar. Regresó al mismo lugar para visitarlo cada semana y siempre parecía estar muerto. Pero cuando lo inspeccionó por última vez aquel invierno, el 22 de febrero de 1948, el chotacabras emprendió el vuelo inmediatamente cuando lo sacó de su escondite. Según sus cálculos, el pájaro había estado en un letargo parecido al coma durante unos ochenta y cinco días, periodo en el que no había insectos voladores, o muy pocos, en el desierto de Colorado. La noche del 22 de febrero, Jaeger observó por primera vez que había una gran cantidad de insectos volando alrededor de su fogata y junto a los faros de su automóvil.

Durante cinco mañanas de los ochenta y cinco días precedentes, Jaeger había tomado la temperatura al ave insertando una sonda térmica en su cloaca. Todas las lecturas mostraron que la temperatura del chotacabras era idéntica a la del aire, que es lo que suele ocurrir cuando un animal está muerto. Tampoco detectó ningún latido cardiaco ni tan siquiera con su estetoscopio ni percibió movimiento respiratorio en el pecho. No pudo recoger ni un rastro de humedad al sostener un espejo a la altura de las fosas nasales del animal. Dirigió la luz de una linterna durante un minuto en su ojo derecho (que tenía casi completamente abierto) y no obtuvo respuesta. Jaeger concluyó: «Lo considero una prueba de que el pájaro se encontraba en un estado metabólico extremadamente bajo, una situación similar, si no idéntica, a la hibernación, como se ha observado en los mamíferos» (Jaeger, 1949, p. 106).

Para determinar si el pájaro regresaba todos los inviernos al mismo lugar, Jaeger le colocó una banda de aluminio del Servicio de Pesca y Vida Silvestre de Estados Unidos. Para su gran satisfacción el pájaro volvió a su hibernáculo en el acantilado de granito en el invierno de 1948-1949. Sobrevivió a una fuerte tormenta de aguanieve y granizo en noviembre, que dejó una capa de hielo en el suelo al día siguiente y temperaturas próximas a 0 °C.

Dado que tanto los hopis como los navajos ya habían observado este fenómeno con anterioridad, no podemos decir sin reservas que este hallazgo fuera atribuible exclusivamente a Jaeger. Pero sus informes sorprendieron a los ecologistas fisiológicos quizá tanto como si hubiera confirmado la vieja fábula de que las golondrinas hibernan en el barro. Los dos artículos de Jaeger dieron lugar a una avalancha de estudios de laboratorio: desde entonces han aparecido en la literatura científica quince estudios sobre el chotacabras y otras especies relacionadas en las revistas especializadas. Estos informes amplían el trabajo inicial de Jaeger y tal vez requieren cierta reinterpretación (pero no demasiada). Confirman que la temperatura corporal del chotacabras en estado de letargo es en efecto idéntica a la temperatura del aire (Howell y Bartholomew, 1959). Las aves en letargo pueden despertarse espontáneamente a una temperatura corporal y ambiente de 6 °C, aunque el proceso puede llevar varias horas (Ligon, 1970). Sin embargo, a una temperatura tan baja, la capacidad fisiológica de estimulación casi nunca se usa (Howell y Bartholomew, 1959), presumiblemente porque al ave le cuesta demasiado tiempo y energía (y quizá también porque le sirve de poco, ya que en aquel momento tampoco hay insectos voladores a los que atrapar).

El chotacabras, aunque es incapaz de despertarse cuando las temperaturas se acercan a 0 °C, sí puede *sobrevivir* a 0 °C o incluso menos. Por lo tanto, no hay ningún problema para explicar la supervivencia del ave que Jaeger observó en una tormenta de nieve a temperaturas de 0 °C o inferiores. Pero dudo que su pájaro hubiera estado ochenta y cinco días seguidos en letargo. Los chotacabras que viven en cautividad entran normalmente en letargo durante la noche, pero no permanecen en este estado más de cuatro días seguidos (Marshall, 1955). Dado que Jaeger siempre medía la temperatura de su pájaro entre las 10.20 h y las 11.30 h de la mañana, no me parece improbable que este chotacabras ya hubiera entrado en calor para buscar alimento durante algunas noches cálidas y que luego hubiera regresado al mismo lugar para retomar el letargo a la mañana siguiente. Otros caprimúlgidos, como el añapero yanqui, que es migratorio, son más reacios a entrar en letargo durante la noche (Lasiewski y Dawson, 1964), probablemente porque prefieren evitar el frío.

Como revelaron los numerosos estudios que se llevaron a cabo tras la investigación inicial de Jaeger, el patrón de comportamiento del chotacabras no difiere demasiado de los observados en muchas otras aves. Lo excepcional es que algunas veces permanece en estado de letargo varios días seguidos sin despertarse, lo que demuestra que fisiológicamente no distingue entre hibernación y letargo cotidiano.

Cuanto menor sea el tamaño, mayor será la tendencia física al enfriamiento rápido y mayor la ventaja energética de mantenerse frío. No es probable que un animal de la talla de un pavo se enfríe lo suficiente para entrar en letargo durante la noche, pero las aves y los mamíferos más pequeños, que pesan tan solo unos tres gramos —entre ellos, los colibrís, algunos murciélagos y determinados ratones e insectos endotérmicos— permanece aletargados habitualmente y de forma activa gracias a una reacción adaptativa. Son los que hibernan a diario. Al dejar de temblar cuando cesan sus actividades diurnas (o nocturnas), algunos pueden enfriarse hasta alcanzar la temperatura ambiente en cuestión de minutos. Entonces se les puede coger y parecen estar muertos o en coma, y todo hace pensar que es así. Cuando están preparados para retomar su actividad de medio día (o noche), tiemblan y entran en calor rápidamente. En pocos minutos, están tan activos como antes. Los pequeños paseriformes que no pesan más de 50 gramos no entran nunca en estado de letargo completo durante la noche, pero al menos ahorran algo de energía al reducir su temperatura corporal unos pocos grados centígrados.

La opción letárgica que permite economizar energía era poco conocida hasta los años cincuenta, cuando el noruego Jon Steen (1958) examinó el metabolismo del herrerillo y de cinco especies de pinzones comunes que había capturado un invierno en las afueras de su laboratorio, cerca de Oslo. Durante la noche, los pájaros redujeron el enfriamiento enroscándose —metiendo la cabeza entre las plumas de la espalda—, pero también disminuyendo la pérdida de calor gracias al descenso de su temperatura corporal nocturna. Sin embargo, cuando disponían de comida en abundancia, mantuvieron su temperatura corporal normal durante la noche, temblando a menudo todo el tiempo, mientras dormían profundamente.

El letargo de uno u otro grado es una estrategia bien conocida para conservar la energía de muchas aves de invierno. En este sentido, ninguna otra ave de Norteamérica ha sido tan bien estudiada, y nos resulta tan familiar, como el carbonero cabecinegro (*Parus atricapillus*). Estos carboneros de 10 a 12 gramos se alimentan de las semillas de girasol de los comederes de pájaros durante todo el invierno, y ningún paseo por los bosques cubiertos de nieve está completo sin al menos un encuentro con una bandada de esos pájaros pequeños, mansos y curiosos cuando buscan comida. Día tras días permanecen activos, sin importarles el frío. En Alaska, experimentan un pico de actividad de acopio de alimentos en noviembre (Kessel, 1976), comparable al de otros carboneros (Nakamura y Wako, 1988). No obstante, la manera en la que mantienen su equilibrio energético durante las largas y frías noches de invierno, seguía siendo un misterio hasta principios de los años setenta cuando fueron estudiados por Susan Budd Chaplin de la Universidad de Cornell.

El estudio de Chaplin sobre los carboneros del lago Cayuga en el estado de Nueva York se centró en el período más crítico para sobrevivir al frío: las noches de invierno. Empezó determinando el gasto energético de los pájaros cuando regulaban su temperatura corporal a 42 °C en el curso de una jornada de actividad normal, cuando las temperaturas exteriores descendían a 0 °C o ascendían a 30 °C. Registró el gasto energético (consumo de oxígeno) de los carboneros cuando eran sometidos a una temperatura constante en las cámaras herméticas del laboratorio. Como en todos los demás homeotermos —animales que regulan su temperatura corporal de manera constante y elevada—, sus índices metabólicos eran previsiblemente altos a una baja temperatura del aire para compensar la mayor tasa de pérdida de calor. Teniendo en cuenta las horas de oscuridad, Chaplin pudo calcular cuantas calorías de reserva energética necesitaba un ave para conservar el mismo calor durante toda la noche. A continuación, averiguó si esta cantidad se correspondía con las calorías almacenadas en las reservas de grasa corporal.

La grasa posee un valor calorífico dos veces superior, por unidad de peso, que los carbohidratos (como el azúcar y el glucógeno). Por lo tanto, la grasa es el combustible de elección para los desplazamientos de larga distancia y otros ejercicios de larga duración, como los temblores nocturnos de los pájaros que duermen durante toda la noche (Marsh y Dawson, 1982). Las reservas de grasa de los carboneros se determinaron cazando pájaros en los bosques (con carabina) por la tarde y de nuevo a primera hora de la mañana, y luego calculando químicamente el contenido de grasa para ver cuanta energía habían utilizado durante la noche. La masa adiposa registrada por la tarde representaba el 7%, mientras que la documentada por la mañana solo llegaba al 3%. Es decir, los pájaros engordaban durante el día y luego quemaban grasa para producir calor y mantenerse calientes durante la noche. Las aves que no migran en invierno tienen un metabolismo elevado (Rising y Hudson, 1974) y en general conservan una masa adiposa dos veces más elevada que los pájaros de otoño y primavera. De hecho, la capacidad de cualquier ave para engordarse de forma significativa está por lo general restringida a aquellas especies que lo necesitan para migrar o para sobrevivir al frío cuando hay escasez de alimentos. Los pájaros que disponen de suficientes recursos alimentarios y los que residen en países con clima templado, la acumulación de grasa corporal es mínima o inexistente (Blem, 1975), probablemente porque el engorde tiene un coste; para ellos es mejor mantenerse delgados a no ser que haya razones de peso para hacer lo contrario.

Según las cifras de Susan Chaplin, los carboneros ya están cerca de su límite energético a 0 °C, lejos de las temperaturas más bajas a las que deben enfrentarse cualquier noche de invierno. A diferencia de algunas aves que se alimentan de semillas, que suelen tener más calorías disponibles en los alimentos y que engordan más durante la noche (Reinertsen y Haftorn, 1986), los carboneros de Chaplin no tenían suficientes reservas calóricas en la grasa para pasar una noche a 0 °C si seguían regulando la misma temperatura corporal de día que de noche. Sin embargo, descubrió que, a diferencia de las aves que se alimentan de semillas, optimizan sus reservas disminuyendo su temperatura de 32 °C a 30 °C, es decir, de 10 °C a 12 °C menos que su temperatura normal de 42 °C durante el día. Este reajuste del punto de referencia de su temperatura corporal era suficiente para que sus reservas de grasa duraran toda la noche, a pesar de los intensos temblores que experimentaban durante la mayor parte del tiempo que estaban profundamente dormidos. Sin embargo, incluso con el ahorro calórico derivado de la hipotermia, las reservas de grasa de los carboneros por la mañana eran insuficientes para aguantar otro día y otra noche, lo que podía ocurrir en caso de una fuerte ventisca. El hecho de sobrevivir a situaciones de emergencia tan frecuentes y a temperaturas inferiores a 0 °C requiere que dispongan de un refugio especial durante la noche, donde la temperatura ambiente sea más alta, se minimice el enfriamiento por convección y se ahorre una cantidad considerable de energía (Buttemer *et al.*, 1987).

Los carboneros no construyen nidos para dormir en invierno, pero al igual que otros páridos, muestran una gran flexibilidad en la elección de los sitios de descanso para pernoctar (Perrins, 1976; Pitts, 1976). Los carboneros cabecinegros pueden dormir en casi cualquier grieta o cavidad estrecha (como a veces puede deducirse de las plumas deformadas de su cola por la mañana), en una vegetación densa de enredaderas, en coníferas, y posiblemente en la nieve. Se ha documentado incluso que el carbonero lapón cava túneles de más de veinte centímetros para pasar la noche (Zonov, 1967). Aunque no se ha observado que los carboneros cabecinegros se acurruquen durante la noche o se hundan en la nieve, muchos de sus semejantes sí lo hacen (Smith, 1991, p. 246).

Carbonero ahuecando el plumaje en un frío día de invierno.
Tras pasar la noche en un espacio reducido para evitar el frío, las plumas de la cola aparecen dobladas (dibujo realizado a partir de una fotografía de David G. Aden).

Una de las adaptaciones invernales más notables de los carboneros es su plumaje, que es más denso que el de otras aves de su tamaño (Chaplin, 1982; Hill, Beaver y Veghte, 1980). La pérdida de calor se produce esencialmente en la zona alrededor del ojo y el pico, y cuando las aves ahuecan las plumas y luego se acurrucan en forma de bola para dormir, limitan considerablemente esta área de pérdida de calor metiendo la cabeza debajo de las plumas escapulares (el omoplato) de las alas.

El hecho de que los carboneros logren reducir la pérdida de calor, incluso a temperaturas moderadas en invierno, no hace más que ahondar en el misterio de cómo sobreviven los reyezuelos sátrapas. Tienen un cuerpo dos veces más pequeño que el de los carboneros y, en ocasiones, se enfrentan a temperaturas dos veces más extremas que las de los pájaros estudiados por Chaplin. ¿Cómo logran sobrevivir a la noche sin mayores reservas de grasa?

Charles R. Blem y John F. Pagels de la Virginia Commonwealth University han proporcionado los únicos datos que podrían ayudar a resolver esta cuestión. En enero y febrero de 1983, recogieron (mataron) varios reyezuelos en Virginia durante todo el día. Como los carboneros, estos minúsculos pájaros aumentaron sus reservas de grasa durante el día, de aproximadamente 0,25 gramos a las 8 h de la mañana, pasaron a contener 0,60 gramos a las 5 h de la tarde. A pesar de que los reyezuelos pesan solo la mitad de los carboneros, las cantidades de grasa son casi las mismas en términos absolutos que las de los carboneros. Por lo tanto, en relación con el tamaño del cuerpo, los reyezuelos acumulan diariamente el doble de grasa que los carboneros. Sin embargo, incluso estas reservas parecen bajas a temperaturas ambiente moderadas de 0 °C durante las quince horas que dura la noche en el invierno del norte. Blem y Pagels calcularon que un reyezuelo sometido a tales condiciones requeriría aproximadamente el doble de calorías para pasar la noche que las que acumula en sus reservas máximas de grasa si sigue regulando su temperatura al mismo nivel que durante el día. El misterio de cómo lo consiguen no se resolvió y sigue sin resolverse. Es probable que la temperatura de su cuerpo descienda, aunque el único estudio que examinó esta posibilidad (en aves cautivas) no halló hipotermia. Pero sospecho que en la naturaleza, a 30 grados bajo cero y en noches de quince horas, *deben* estar en hipotermia.

La pregunta pertinente es hasta qué punto son hipertérmicos. No disponemos de mediciones de temperatura corporal de los reyezuelos en la naturaleza bajo condiciones invernales extremas (o no), como por ejemplo –30 °C con viento, por lo que no tenemos una respuesta definitiva. Previsiblemente, los pájaros tendrían una necesidad urgente de hipotermia para una economía *energética* a –30 °C, pero a las temperaturas a las que se enfrentan habitualmente, eso supondría un gran riesgo de muerte por congelación en aves demasiado hipotérmicas. Los pájaros que se enfriaran demasiado serían incapaces de responder. Al no poder temblar, podrían convertirse rápidamente en hielo; al enfriarse correrían el riesgo de perder el control fisiológico necesario para generar calor. El truco consistiría en ser capaces, como las ardillas terrestres del Ártico, de alcanzar un estado fisiológico técnicamente parecido a la muerte, pero conservando la capacidad de reaccionar y volver a la vida cuando se requiera. La mini hibernación de una noche solo es una buena estrategia si las temperaturas por la mañana son lo suficientemente elevadas para permitir que el animal entre en calor pasivamente hasta el punto de que pueda volver a temblar y calentarse rápidamente. Los insectos endotermos se enfrentan a los mismos problemas que los pequeños vertebrados, que también poseen la capacidad de mantener una temperatura corporal constante, pero con mayor intensidad.

Pensemos, por ejemplo, en el gusano del tabaco (*Manduca sexta*), cuyas grandes y conocidas larvas se alimentan de tomate y otras solanáceas. Los adultos regulan su temperatura durante la noche, de modo parecido a un colibrí durante el vuelo.

Después de volar a una temperatura de 15 °C, la polilla se enfría inmediatamente y en uno o dos minutos entra en letargo. Por la noche, si la temperatura ambiente alcanza los 30 °C, necesita temblar durante menos de un minuto para estar preparada para volar de nuevo. Pero si la temperatura del aire es solo 5 °C más baja, entonces será incapaz de entrar en calor. Permanecerá en estado de letargo y, casi con toda certeza, morirá de frío si las temperaturas bajan de cero. Sin embargo, en general las polillas que están activas en verano no se ven sometidas a temperaturas tan extremas, por lo que no necesitan ningún mecanismo de defensa para evitar la muerte por congelación. De modo parecido, los murciélagos se permiten el lujo de entrar en hipotermia para ahorrar energía cuando encuentran un refugio que garantiza su protección, una cueva fresca pero no demasiado fría. Pueden entrar en letargo porque están seguros de que no van a convertirse en un bloque de hielo, siempre y cuando pasen el invierno en grutas profundas donde la temperatura no desciende nunca por debajo del punto de congelación de sus tejidos.

El gusano gris, un noctuido de la subfamilia de los *Cuculiinae* común en Nueva Inglaterra, se enfrentan a la peor parte del problema de una congelación potencialmente letal. Para escapar de los depredadores (murciélagos) permanecen activos durante el invierno. Sus músculos de vuelo son sorprendentemente resistentes al frío, y pueden temblar para calentarse incluso a temperaturas cercanas a los cero grados, pero se congelarán a partir de –10 °C. Sin embargo, no tiemblan para evitar enfriarse a temperaturas letales cuando son sometidos a temperaturas cercanas a 0 °C. Prefieren buscar refugio bajo la nieve o en hojas aislantes para evitar el frío. Ni las polillas ni la mayoría de las ardillas terrestres, excepto las del Ártico, se enfrentan a un peligro real porque en el microhábitat en el que hibernan están a salvo de temperaturas muy bajas. Por lo tanto, no han desarrollado ninguna respuesta de alarma para reaccionar frente a un descenso peligroso de su temperatura corporal. En general, hay pocos pájaros que encuentren un refugio tan seguro contra el frío como el que ofrecen las cuevas profundas o las madrigueras subterráneas. Las aves que permanecen activas en invierno pueden enfrentarse a caídas de la temperatura desde muy por encima del punto de congelación hasta –30 °C o incluso más frías en el curso de una sola noche, y simplemente no pueden permitirse el lujo de renunciar al control de su temperatura corporal. Irónicamente, los colibrís proporcionan un modelo destacado de respuesta adaptativa que se aplica a muchas aves en invierno.

Una polilla invernal de la familia de los noctuidos descansando en una rama de haya.

La hipotermia nocturna es habitual en los colibrís debido a su pequeño tamaño, aunque si disponen de energía de reserva y las temperaturas no son demasiado bajas, no tienen necesidad de recurrir a esta opción. En el colibrí gorginegro (*Archilochus alexandri*) y el colibrí magnífico (*Eugenes fulgens*), el letargo solo se utiliza en caso de urgencia energética (Hainsworth, Collins y Wolf, 1977). Del mismo modo, el colibrí coliancho (*Selasphorus platycercus*), que cría a sus polluelos en condiciones climáticamente extremas en las Montañas Rocosas, puede entrar en letargo incluso cuando está incubando en el nido si se enfrenta a una crisis energética imprevisible, como una lluvia torrencial o una caída drástica de la temperatura. En otros colibrís, el letargo se produce incluso en aves muy gordas. En este caso, la reacción se convierte en un mecanismo para conservar los recursos energéticos que necesitarán para migrar (Carpenter y Hixon, 1988). El colibrí de Ana (*Calypte anna*), que puede encontrarse desde el norte de California hasta la Baja California, no regula su déficit energético gracias al letargo nocturno, sino incrementando su aporte energético cotidiano, lo que aumenta su masa corporal en más del 16% durante el día.

El letargo constituye la mejor solución, siempre y cuando el riesgo de perder el control fisiológico en un entorno en el que las temperaturas bajen demasiado, no sea muy elevado. Ciertos colibrís no pueden responder a un descenso de la temperatura mediante el temblor cuando se enfrían a 20 °C (Withers, 1977). Son las especies (*Calypte anna* y *Selasphorus sasin*) que viven en zonas en las que la temperatura no baja de 20 °C (sur de California). Otras, en entornos montañosos más fríos, no solo regulan su temperatura corporal elevada cuando están activas, sino también cuando baja la temperatura y entran en letargo (Wolf y Hainsworth, 1972). Otras dos especies de colibrís (*Panterpe insignis* y *Eugenes fulgens*), presentes en una región que va desde las altas y frías montañas de Costa Rica hasta el oeste de Panamá, no solo regulan su temperatura corporal sino que son capaces de despertarse espontáneamente cuando esta baja a 10 ºC o 12 ºC. Como ya se ha mencionado, la ardilla del Ártico, una especie hibernadora, hace lo mismo a temperaturas aún más bajas. También se ha observado que algunos hámsteres (Lyman, 1948) y ratones de bolsa (Tucker, 1965) primero entran en letargo y luego conservan la capacidad de resistir al enfriamiento por debajo de un umbral de temperatura muy inferior.

No podemos predecir cómo actúan los reyezuelos sátrapas en una zona determinada y bajo condiciones específicas. De lo único que podemos estar razonablemente seguros es de que entran en *cierto* estado de letargo, ya que el letargo profundo no es la mejor opción para ellos. En una ventosa noche de invierno a –30ºC tendrían que permanecer siempre alerta. Si dejaran de temblar durante varios minutos, se congelarían y solidificarían tan rápidamente como el agua en una cuchara.

Sin duda, existe una respuesta al dilema del reyezuelo: encontrar un microambiente, como por ejemplo un nido de verdines repleto de *calentadores* corporales. Sin embargo, se trata de opciones muy limitadas en los bosques septentrionales, ya que en este hábitat no hay ni verdines ni otros pájaros que construyan nidos parecidos. Los reyezuelos son demasiado grandes para ocultarse sin ser vistos en las plumas de un búho, como hacen las moscas hipoboscides en invierno (y verano). Y demasiado pequeños y frágiles para excavar y refugiarse en la zona subniviana como los urogallos. Obviamente, tampoco pueden evitar morir congelados sumergiéndose en la capa superficial que cubre el agua. Sin embargo, he visto a mirlos acuáticos (parientes de los chochines) en pleno invierno, en el Parque de Yellowstone, zambullirse en los rápidos helados del río Lamar, desaparecer de mi vista y aparecer luego al borde del hielo.

No insinúo que pienso ni por un segundo que los mirlos o los reyezuelos sean capaces de ocultarse en alguna grieta cerca de la orilla como las ranas o las truchas. Hay muchas razones obvias que confirman que no pueden hacerlo, pero ¿por qué no podrían haber cambiado y desarrollado esta capacidad? Hay muchos animales que han evolucionado y hacen cosas que nos parecerían imposibles si la experiencia no nos hubiera demostrado lo contrario. Y pocos habitantes del mundo invernal han evolucionado de forma más ingeniosa, incluso más extraña, que las tortugas, las ranas y los insectos.

11

Tortugas letárgicas bajo el hielo

Las tortugas mordedoras son reptiles que respiran y permanecen enterrados en el barro, en el fondo de los estanques congelados, durante seis meses al año, sin salir ni una sola vez a tomar el aire. Salvo para poner sus huevos, rara vez salen del agua. Recuerdo haber visto a una de ellas en el estanque de Pease cerca de Dryden (Maine) cuando era un niño y estaba pescando percas. La tortuga, que tenía el tamaño de un fregadero, nadaba lentamente bajo nuestro pequeño bote de remos como un monstruo prehistórico. En mi imaginación de entonces y en mis recuerdos de ahora, bien podría haber sido un plesiosaurio.

En la actualidad, sigue habiendo tortugas mordedoras en el estanque de castores junto a mi casa de Vermont. A principio de junio, las hembras cargadas de huevos realizan una breve migración desde el estanque de los castores hasta su lugar tradicional de anidación. Una tortuga mordedora que ya me resulta familiar, de una longitud superior a 30 centímetros, suele elegir una parcela de grava iluminada por el sol junto a la entrada de la casa de nuestro vecino para poner sus huevos. En junio, excava un hueco en esta zona con las patas traseras y deposita una docena de huevos blancos y coriáceos. Luego, después de cubrirlos, regresa pesadamente al pantano. A principios de septiembre, los recién nacidos salen a la superficie, cruzan el camino que atraviesa el bosque y se deslizan hacia la ciénaga, donde permanecen bajo el barro hasta la primavera.

Evocamos a las tortugas con superlativos, desde la tortuga de las Galápagos, que vive 150 años, hasta la tortuga laúd, que puede pesar hasta 700 kilos. Aparecieron hace más de 200 millones de años y han cambiado poco desde el Triásico. Compartieron la tierra con los dinosaurios durante más de 100 millones de años y se han adaptado a los desiertos, los océanos y los climas fríos. Para mí, son los reptiles más interesantes y atractivos, y sus crías me parecen especialmente fascinantes. Esta predilección se extiende incluso a las crías de las tortugas mordedoras, cuya cola es más larga que el cuerpo y me recuerdan a caimanes en miniatura. A diferencia de los polluelos y de las crías de mamíferos, las crías parecen réplicas completas y autosuficientes de los adultos.

La tortuga mordedora adulta (*Chelydra serpentina*) puede llegar a medir casi un metro de largo, desde el hocico hasta el extremo de la cola, y pesar casi veintidós kilos. Cuando está fuera del agua, hace honor a su nombre, ya que se abalanza sobre ti y se dice que puede llegar a romper una escoba (aunque probablemente sea una exageración). Aun así, mejor no provocarlas. Una mañana de septiembre de 2000, cuando la primera escarcha blanca se había posado sobre la hierba y los asteres violetas de Nueva Inglaterra empezaban a florecer para alimentar a las mariposas monarcas que llegaban en masa cada día preparándose para migrar, oí un gran chapoteo en el estanque de los castores. ¿Un ganso? El chapoteo prosiguió. ¿Un alce intentando vadear el estanque? Corrí hacia allí y observé lo que ocurría a través del espeso follaje. Una veintena de ánades azulones sobrevolaban el estanque en estado de alarma, aterrizando en grupos dispersos. No había alces ni gansos a la vista, pero al otro lado, cerca de la orilla, oí un ramoneo y chapoteo constante en el agua. Examiné ese extraño fenómeno con mis prismáticos, sin obtener ninguna pista. Tendría que acercarme, así que corrí a través del bosque entre las sedosas juncias que me llegaban a los tobillos, y luego hacia el estanque que, a juzgar por las huellas recientes en el lodo, también habían cruzado numerosos ciervos.

Cuando me acerqué, vi que se trataba de un pato que batía desesperadamente las alas. Vadeé el agua fangosa atravesando los juncos hasta llegar junto a él. Se agitó con más fuerza y desapareció por completo de mi vista en el agua que para entonces ya estaba muy turbia, pero volvió a aparecer al cabo de pocos segundos. Finalmente, lo agarré y dejó de moverse. Como sospechaba, se había quedado adherido a algo sólido. ¿Un tronco quizás? Levanté el pato en alto para poder ver sus patas y sus pies de color amarillo rosado. Allí, sujeto a una de sus patas, había algo del tamaño de una jarra, que en la parte frontal se convertía en una especie de triángulo, recubierto de algas salvo a la altura de los ojos. La tortuga mordedora se había pegado a la pata derecha del pato.

Supuse que el pato se había puesto inadvertidamente a su alcance porque la espalda de la tortuga tenía el aspecto de una roca cubierta de musgo y parecía un apoyo confortable en el que posarse sin problemas. Aunque no fuera propiamente una estrategia de caza, se parecía mucho. Un pariente próximo de esta tortuga, la tortuga aligátor (*Macroclemys temmincki*), que puede llegar a un peso récord de cerca de cien kilos, es probablemente el último cazador especializado con una baja inversión de energía. Acostada en el fondo con la boca abierta, simplemente le basta con mover su lengua rosada, que tiene el mismo aspecto que un gusano, y atraer directamente a su desprevenida presa. ¡Qué gran ejemplo de eficiencia!

Tortuga mordedora común.

Empecé a caminar de espaldas hacia la orilla, tirando del pato con la tortuga pegada a su pata. No estaba dispuesta a soltarlo. Examiné sus ojos de color amarillo intenso donde brillaba un pequeño iris negro y estrellado, el mismo ojo que, sin apenas cambios, había presenciado la aparición y el fin de los dinosaurios.

Me preguntaba cómo conseguiría que soltara a su presa, ya que no quería que terminara ahogando al pato. Me iba a llevar horas conseguirlo en esas aguas poco profundas. No tenía ninguna arma a mano y contemplé la posibilidad de arrastrar lentamente el monstruo hasta la orilla y buscar un palo para darle un golpe en la cabeza. Tal vez entonces lo dejaría ir.

Mientras intentaba arrastrar lentamente la pareja hacia la orilla, la tortuga por fin obedeció y soltó al pato. Ahora tenía entre las manos un pato que no se movía y permanecía en absoluto silencio. Tenía la membrana interdigital totalmente desgarrada, pero a la larga se le curaría. Lancé el pato al aire, graznó un par de veces y emprendió el vuelo.

Mientras tanto, la tortuga se desplazó lenta y pesadamente hacia aguas menos turbias sobre el revuelto lodo del fondo. Me agaché y agarré su larga cola. Aun no sé por qué lo hice. El combate que había librado con el pato ya había durado lo suficiente. No era nuestro caso, al menos de momento. ¿Pero qué hacer? La levanté y la sopesé, pero pensándolo mejor, no la saqué completamente del agua. Incluso si hubiera podido con ella, no hubiera sido lo más sensato. La levanté lo suficiente para examinar su parte inferior, de color amarillo pálido, a la altura del cuello y el vientre. ¿Qué más podía hacer? Nada. La solté y ella reanudó su lento y pesado recorrido alejándose de la orilla hacia aguas más profundas. Quizá debería haberme sentido culpable por haberla privado de su última comida antes de que empezara a ayunar durante seis meses mientras permanecía hundida en el lodo.

Un año más tarde, cuando las últimas crías de tortuga mordedoras salían de su nido en el montículo de grava del patio de mi vecino para dirigirse a su cuartel general de hibernación en el estanque, cogí a tres de ellas y las coloqué en un acuario junto con algunas carpas, escribanillos (*Gyrinidae*), renacuajos y una enorme larva de escarabajo de agua (*Dysticidae*). Las crías parecían estar sanas, pero rechazaron cualquier comida. En cambio, una de ellas se *convirtió* en alimento: en menos de un día, la larva de escarabajo de agua la mató clavándole sus pinzas huecas en el cuello e inyectándole sus jugos gástricos. Saqué el escarabajo depredador mientras succionaba su comida y puse el acuario en el exterior.

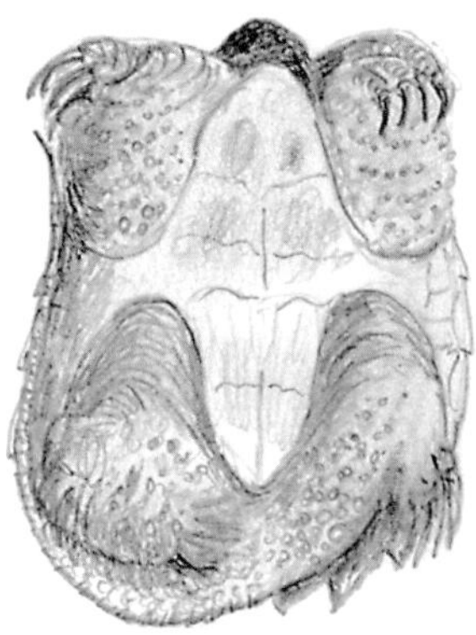

Cría de tortuga mordedora en hibernación.

En diciembre, el agua del acuario se cubrió de una gruesa capa de hielo. El hielo no ralentizó a las carpas ni a los coleópteros, que no perdieron ni un ápice de su vivacidad, a diferencia de las tortugas, que se asentaron en el fondo y parecían estar muertas. Supuse que era lo normal. Finalmente, a finales de diciembre, trasladé el acuario al interior, retiré el hielo restante y saqué las tortugas, que seguían aparentemente inertes. Sin embargo, tan pronto como entraron en calor se animaron y volvieron a la vida. Parecían algo más pequeñas que antes (más ligeras), ya que no habían comido nada en los tres meses transcurridos desde la eclosión. Lo que sí había cambiado es que tenían un hambre voraz. A partir de entonces podían empezar a desarrollarse y crecer.

Quizá las crías de tortugas mordedoras no se alimentan hasta después de haber hibernado. De ser así, son de las pocas especies que, si todo va bien, empiezan su vida con un ayuno de ocho meses. Cerca de los 0 °C, su metabolismo se detiene y les ayuda a conservar energía y/o reducir su necesidad de oxígeno. En contraste, los peces del norte compensan y adaptan su ritmo metabólico para permanecer activos a pesar de su metabolismo que, en condiciones normales, tendería a estar menos activo a causa de la baja temperatura. (Los pececillos, activos en verano, que había metido en el agua helada se pusieron a flotar panza arriba en cuestión de segundos.) En los peces, esta compensación de temperatura activa nuevas enzimas (isoenzimas), que tienen la misma función que las enzimas anteriores pero operan a temperaturas más bajas.

Un problema al que se enfrentan las tortugas y otras especies acuáticas que habitan en territorios invernales, y que está estrechamente asociado a la comida o al suministro de energía, es el del aporte de oxígeno. Todas las tortugas respiran por los pulmones, pero muchas especies pasan todo el invierno sin la menor oportunidad de tomar una sola bocanada de aire, ya que permanecen ocultas bajo el hielo. En algunas ocasiones, más bien escasas, he visto a una tortuga desplazándose a cámara lenta justo debajo del hielo transparente, tras una helada de principios de octubre o noviembre. Las inmersiones más largas del año empiezan en esa época y algunas veces se inician un mes antes. La duración de la inmersión viene determinada por la capacidad de la tortuga para obtener oxígeno del medio ambiente y por su aptitud para acumular un déficit de oxígeno en sus tejidos. En las inmersiones que duran todo el invierno, absorben el oxígeno del agua, pero no pueden realizar ejercicios vigorosos, o casi ningún ejercicio, cosa que esta especie de tortugas maneja a la perfección.

La primera capa de hielo transparente que cubre el estanque todavía permite la entrada de la luz del sol en la vegetación, cuya fotosíntesis produce oxígeno aunque sea a un nivel bajo. El oxígeno que desprenden las plantas se disuelve en el agua y queda ahí sellado. A medida que la nieve cubre el hielo, penetrará menos luz para alimentar las plantas y la fase vegetativa quedará interrumpida. Entonces empezarán a pudrirse y a quitar oxígeno del agua.

La baja temperatura del agua es una ventaja para muchos organismos, porque el agua fría absorbe y retiene más oxígeno que el agua caliente. La mayoría de los animales que permanecen activos en el agua disponen de branquias para absorber el oxígeno. Las tienen las larvas de los insectos acuáticos —libélulas, caballitos del diablo, tricópteros, plecópteros, efímeras—, así como los renacuajos hibernantes de ranas verdes y ranas toro, entre otros. Sin embargo, ninguno de los pocos insectos *adultos* que viven bajo el agua posee branquias, ni tan siquiera los que son totalmente acuáticos, probablemente porque los adultos solo habitan en el agua de forma secundaria, y sus aparatos respiratorios se han mantenido con ajustes particulares a la vida acuática. Cuando son adultos, están obligados evolutivamente a utilizar la respiración aérea.

Los escarabajos de agua y otros insectos acuáticos llevan consigo aire bajo el agua. Los dísticos depredadores, que capturan renacuajos y peces pequeños (una de cuyas larvas mató a una de mis tortugas mordedoras), poseen una burbuja de aire debajo de las alas, que pueden exponer al agua para que el oxígeno se difunda. Otros insectos, como los coleópteros *Hidrophilidae* y los notonéctidos, que tienen la particularidad de nadar al revés, con el dorso mirando hacia abajo, tienen la superficie ventral recubierta con una fina película de aire (llamada plastrón) que brilla en el agua. Como la burbuja de aire de los dísticos, esta capa de aire está conectada al sistema respiratorio de la tráquea. El oxígeno consumido por esta bolsa de aire adherida al cuerpo es reemplazado por el oxígeno extraído del aire que difunde pasivamente el gradiente de concentración. Gracias a este mecanismo, pueden permanecer activos incluso cuando el hielo cubre el agua.

El agua bajo el hielo proporciona un entorno ideal a los animales que tienen la capacidad de respirar bajo el agua. Es el único refugio seguro frente a la congelación, que además deja fuera a la mayoría de los depredadores. Durante siglos, se pensó que era allí donde las aves pasaban el invierno. Sin un conocimiento exhaustivo sobre la biología de las aves ni sobre sus limitaciones evolutivas, a ciertos observadores les pareció lógico que las golondrinas que en otoño se deslizaban por la superficie del agua pasaran el invierno bajo el hielo, dado que las ranas, las salamandras y otros muchos insectos salen del agua ya adultos en primavera y a menudo se marchan lejos de allí. Por supuesto, los pájaros no hibernan en el lodo, pero no es porque un obstáculo físico se haya interpuesto en esta capacidad en el curso de la evolución. Probablemente, la principal dificultad tiene que ver con la inercia evolutiva. Un avión a reacción no puede convertirse en un avión de hélice, ni viceversa. Como mucho, podemos mejorarlos. Igual que los insectos dotados de sistema respiratorio, los pájaros están históricamente limitados por su necesidad de aire. Nunca respirarán bajo el agua. ¿Y las tortugas?

Las tortugas actuales, que incluyen especies acuáticas, están predispuestas o preadaptadas por la evolución para vivir en el agua. Incluso ahora, podríamos decir que son los animales que mejor bucean del mundo, y su hibernación invernal bajo el hielo constituye una inmersión de larga duración, que en algunos casos puede extenderse hasta seis meses al año. La duración depende de la especie y de las características físicas del lugar de hibernación elegido.

En un estudio sobre las tortugas mapa realizado por Gordon R. Ultsch *et al.* (2000), en el que se colocó a cada ejemplar un marcador de seguimiento que emitía señales de radio, se comprobó que se desplazaban por el río Lamoille en Vermont hasta el lago Champlain en un recorrido de por lo menos doce kilómetros. En otoño, cuando la temperatura del agua descendió bruscamente de 22 °C en agosto a 11 °C en septiembre y 2 °C en noviembre, las tortugas se reagruparon en el mismo emplazamiento, a unos tres kilómetros de la desembocadura del río. Los biólogos investigaron este hibernáculo colectivo de tortugas mapa —que también acogía a algunas tortugas espinosas de caparazón blando (*Apalone spinifera*)— con la ayuda de material de buceo. Observaron que las tortugas se amontonaban unas encima de otras en una cavidad profunda en la que la corriente era mínima. Las tortugas permanecieron en el mismo sito de noviembre a finales de marzo. Cuando el hielo se derritió y la temperatura del agua pasó de 0 °C a 12 °C, volvieron a salir y regresaron al lago Champlain para pasar el verano (Graham *et al.*, 2000).

Cuando el hielo cubre el lecho del río Lamoille en diciembre, las tortugas no pueden salir a respirar durante unos cinco meses. ¿Experimentan estrés por inmersión? Los biólogos que estudiaron estas tortugas (Crocker *et al.*, 2000) regresaron cada mes al lugar de hibernación colectiva a lo largo de todo el invierno. Con la ayuda de una motosierra, Carlos Crocker (de la templada Alabama) hizo un agujero en el hielo y luego se sumergió hasta el fondo donde recogió algunas tortugas para recopilar datos ambientales como la temperatura del agua y las tensiones de oxígeno. Tomó muestras de sangre de las tortugas para medir la acidez, el lactato y las concentraciones de oxígeno y dióxido de carbono. Llegó a la conclusión de que estas grandes tortugas, a pesar de su grueso caparazón, siguen siendo esencialmente aeróbicas (respiran oxígeno) durante todo el invierno, a pesar de su incapacidad para respirar por los pulmones. Evitan la acidosis progresiva causada por el metabolismo aeróbico, sin sufrir ningún estrés aparente por inmersión, porque satisfacen sus bajas necesidades metabólicas de oxígeno a pesar de su incapacidad de respirar aire por los pulmones durante meses. Sus necesidades de oxígeno son bajas tanto debido al letargo físico como a su baja temperatura corporal, que reduce el metabolismo en reposo. No está claro cómo consiguen captar oxígeno. Sin embargo, las tortugas que hibernan descansan con la cabeza y las patas completamente extendidas en el fondo del río y, por tanto, es posible que exponiendo su piel al máximo puedan absorber el oxígeno disuelto en el agua.

Las tortugas pintadas (*Chrysemys picta*) son las que nos han permitido entender mejor la fisiología de la inmersión en la hibernación (Ultsch *et al.*, 1999). Esta especie, como otras especies acuáticas estudiadas, tampoco muestran ningún estrés aparente cuando están bajo el agua en inmersiones de hibernación simuladas en el laboratorio a 3 °C en agua normal, es decir, no aireada. Dicho de otro modo, presentan un aumento relativamente pequeño del ácido láctico y no muestran cambios en la glucosa en sangre. Estos resultados indican que el intercambio de gases a través de la piel también es suficiente en estas tortugas, al menos si descansan en el fondo de un estanque a casi 3 °C. Sin embargo, suelen hibernar bajo el lodo, donde casi no hay oxígeno, de modo que aparentemente incluso se privan de respirar a través de la piel.

Para averiguar cómo responden las tortugas a la falta de oxígeno, los investigadores (Ultsch *et al.*, 1999) las llevaron al laboratorio y las sumergieron en agua en la que se había retirado el oxígeno mediante la acción de gas nitrógeno. Las tortugas, casi totalmente desprovistas de oxígeno, sobrevivieron «solo» cuatro meses a 3 °C. Su lactato sanguíneo aumentó de forma constante durante todo el período de inmersión. El pH de la sangre disminuyó, pasando de un nivel de acidez más bien bajo de 8,0 a una tasa casi letal de 7,1. La acidificación de la sangre (hasta alcanzar un pH casi neutro) se compensó en parte mediante una mayor concentración de iones positivos (magnesio, calcio y potasio) que amortiguaron la acidez.

El nivel de pH alcanzó un nivel casi letal en solo treinta días en las poblaciones de tortugas procedentes del sur, mientras que, para llegar a los mismos niveles, las poblaciones procedentes del oeste tardaron cuatro o cinco veces más. La respuesta de las tortugas del este fue intermedia. Así pues, las inmersiones de hibernación son distintas de las inmersiones ordinarias, y las diferentes poblaciones de tortugas se han adaptado para soportar la magnitud concreta de las tensiones que afrontan en la naturaleza mientras hibernan.

Como ya se ha mencionado, las tortugas mapa hibernan en cavidades al fondo de los ríos, donde el agua cálida que fluye del caudal del río en primavera constituye una señal fehaciente de la llegada del buen tiempo. En cambio, las tortugas pintadas y las tortugas mordedoras, que habitan en pequeños lagos, hibernan bajo el barro en charcas estancadas poco profundas cerca de la orilla (Ultsch y Lee, 1983), aunque les resulte estresante vivir en un entorno casi carente de oxígeno. Ultsch y sus colegas (1985) sugieren que estas últimas tortugas escogen el agua *poco profunda* de los lagos para hibernar debido a alguna ventaja desconocida. Tal vez porque este tipo de agua se calienta rápidamente en primavera y proporciona a las tortugas una señal de emergencia que les permite reducir la duración de su hibernación. En el norte, las tortugas solo disponen de un periodo relativamente corto para recuperar la energía perdida, aparearse, crecer y poner y madurar sus huevos. Sin embargo, la hibernación en aguas poco profundas tiene un gran inconveniente: algunos depredadores, como los mapaches, pueden atraparlos allí. Por lo tanto, las tortugas eligen probablemente enterrarse en el lodo anóxico, incluso si les resulta fisiológicamente más estresante, porque ese comportamiento reduce la depredación, especialmente en otoño y a principios de la primavera cuando las tortugas están aletargadas.

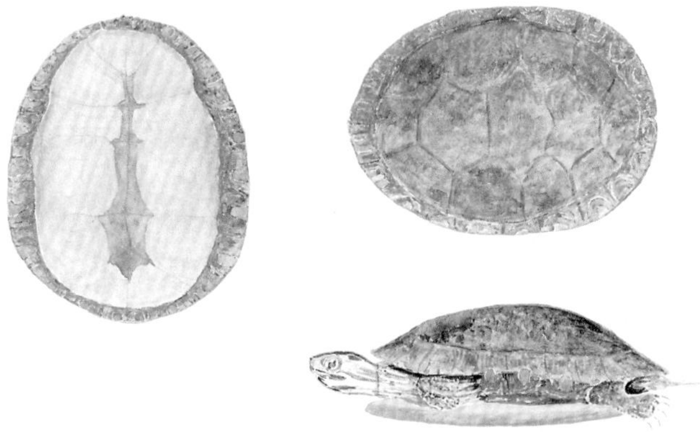

Tortuga pintada joven.

La capacidad de una tortuga para protegerse mediante iones de potasio y calcio, que implica una reducción de la acidez del ácido láctico, contribuye en gran medida a su supervivencia bajo el hielo en invierno. No obstante, hasta cierto punto, esta solución no explica por completo la realidad de esta asombrosa y sorprendente hazaña. No da cuenta de la verdadera resistencia y tenacidad de las tortugas.

Las tortugas, tanto las pintadas como las mordedoras, son atropelladas a menudo por los coches que transitan por los caminos rurales donde yo vivo cuando van o vienen de sus lugares de nidificación. Un caluroso día de junio, cuando me detuve para recoger lo que me pareció una tortuga pintada muerta de la talla de un fregadero —tal vez una que ya había conocido en circunstancias más propicias—, me quedé pensando en lo que debía ser la vida y la muerte para una tortuga. Una docena de huevos redondos del tamaño de una pelota de ping-pong estaban esparcidos a su alrededor. Cuando le toqué la cola, el animal retrajo las patas. Pensando que quizá aún estaba viva —aunque era consciente de que nunca llegaría a recuperarse completamente— quise poner fin a su sufrimiento sin más dilación. Giré mi camioneta para atropellarla de nuevo. En ese momento pasó otro coche, y el conductor, como es lógico, me miró con aire furibundo. Pero no tardé en llevar a cabo esta acción necesaria y difícil. Más tarde, deposité la tortuga muerta junto a mis cuervos tras cortarle la cabeza (pues el cuerpo aún se movía). Para mi gran sorpresa, al día siguiente, los pájaros aún no se la habían comido. Cuando tiré una vez más de la cola de la tortuga decapitada, sus patas se contrajeron sobre los restos del caparazón, algo que ya debería haber ocurrido antes si hubiera sido picoteada por los cuervos.

¿Qué es la muerte para las tortugas? ¿Qué significa para ellas estar vivas? Durante seis meses, subsisten bajo el agua helada, en el barro, donde queda en suspenso cualquier respiración, movimiento y, presumiblemente, casi toda actividad cardíaca. En primavera, salen a la superficie, se calientan, respiran un poco y reanudan la vida allí donde la habían dejado. Así lo han hecho durante aproximadamente doscientos millones de años, en los que su especie ha prosperado sin apenas cambios. Cuando un asteroide de casi diez kilómetros de diámetro aterrizó en la península del Yucatán en Centroamérica, hace sesenta y cuatro millones de años, y levantó una nube de polvo que provocó el «invierno global» que acabó con los dinosaurios, las tortugas siguieron viviendo bajo tierra prosperando y diversificándose hasta hoy en día. Si, en la actualidad, hay algunas especies en vías de extinción es a causa de nuestro estilo de vida. Por lo demás, siguen estando tan bien concebidas que requieren pocas modificaciones evolutivas. Tal vez sobrevivieron a aquel fatídico invierno global del mismo modo que ahora sobreviven al invierno boreal, gracias a un gesto de máxima simplicidad: reducir su gasto energético para aumentar sus reservas de oxígeno y energía.

12

Roedores en agua helada

Las tortugas mordedoras y las tortugas pintadas que en junio ponen sus huevos sobre la arena recalentada por el sol en nuestro camino de entrada no estarían aquí si no fuera por los castores, que establecieron su hábitat en una presa que serpentea por un valle rodeado de boscosas colinas. Los castores llevan aquí miles de años, antes de cualquier presencia humana, excepto cuando se pusieron de moda los sombreros de castor en Europa y fueron temporalmente expulsados por los tramperos. Pero la presa siguió allí. Algunas partes son muy antiguas. Es probable que se haya roto y destruido miles de veces, pero siempre se ha ido reparando o reconstruyendo. Esta presa contiene un estanque poco profundo de varias hectáreas, de donde salen las tortugas en junio y al que regresan en invierno para refugiarse bajo el hielo. Sin los castores el bosque hubiera ocupado todo el espacio. No habría tortugas pintadas ni mordedoras, ranas toro, ranas verdes, ánades reales, barnaclas canadienses, libélulas, gigantescos escarabajos de agua, agachadizas comunes, rascones de Virginia, mosqueros, reinitas de manglar, sargentos alirrojos, peces luna, carpas, bagres, martines pescadores, garzas azuladas, visones americanos o ratas almizcleras.

Es raro el día en que no me detengo en esta ciénaga para contemplar todas sus maravillas. Anoto lo que veo para revisarlo más adelante. Lo que viene a continuación es una entrada de diario del día antes de que el hielo cubriera el paisaje.

9 de diciembre de 2001
Ayer por la mañana el termómetro marcaba 6,66 °C, bajo un cielo azul inmaculado, pero por la tarde las nubes empezaron a invadir el paisaje. Una perspectiva prometedora: probablemente la nieve empezaría a caer de inmediato.
Me despierto cuando aún es de noche, miro hacia afuera y veo el suelo tapizado de blanco. No puedo volver a dormirme, ya que anticipo un amanecer con la primera nieve polvo de verdad, tras la aguanieve que hemos tenido hasta ahora. Me levanto, tomo una taza de café y a las 6 h bajo por el camino de entrada en dirección al estanque de castores. En esta época del año, las noches duran casi 15 horas, por lo que todavía está oscuro cuando llego allí.
Caen finos cristales de nieve, ligeros como un pluma. Ni un soplo de aire en movimiento. El olor nítido y limpio de la nieve me aviva los sentidos y me emociona. En menos de un minuto, llego al borde del estanque, invadido por una sensación de paz. Apenas oigo el tintineo de los cristales de nieve que repican en mi chaqueta. Amplifican la quietud.
La nieve y el hielo se han hecho esperar este año. Ayer fue el primer día que el estanque quedó recubierto de una fina película de hielo. Hasta entonces, su superficie solo reflejaba las oscuras sombras de los pinos circundantes, pero hoy, la luz de la luna, apenas visible a través de las espesas nubes, ilumina una extensión completamente blanca salvo dos manchas

oscuras de agua, donde la nieve, humedecida, ha formado una capa de aguanieve de color gris. Una de las placas está situada alrededor del refugio de los castores en el lado opuesto del estanque, cerca de la presa, y la otra, junto al montículo de espadañas en descomposición donde los gansos habían anidado en primavera. Apenas puedo distinguir dos protuberancias negras al borde de esta mancha de aguanieve. Parecen tocones, pero no recuerdo haber visto jamás un tocón cerca de allí. No me llamarían la atención si no fuera porque su extremo no es de color blanco. No hay ningún indicio de nieve recién caída. Y, en cambio, la nieve cubre cada hoja de espadaña, cada rama de aliso y todos los arbustos de viburno que me rodean.

Nada cambia en los veinte minutos siguientes. Es aún de noche y no he oído el trino de ningún pájaro, ni el más mínimo movimiento de las dos sombras negras, aunque en algún momento me ha dado la impresión de que una de ellas ha avanzado ligeramente. Pero, en la oscuridad, bajo la nieve que cae suavemente, uno puede imaginar con demasiada facilidad todo tipo de cosas, preguntarse sobre ellas y llegar a conclusiones absurdas basadas en una imaginación desbordada. Al cabo de otros veinte minutos, con los primeros rayos de sol en el horizonte, oigo las incipientes llamadas de los jilgueros. Hace unos días, a media mañana, había visto una bandada de unos ochenta jilgueros alimentándose de semillas de abedul blanco. Los pájaros permanecían estrechamente agrupados y, como un solo organismo, salían volando del árbol, de forma sincrónica pero a la vez errática, y luego describían un círculo a su alrededor para volver a posarse en el mismo tronco.

Parecían estar suspendidos de las pequeñas ramas del abedul como si fueran adornos navideños y giraban a su alrededor para extraer las semillas de los conos fructíferos. Una lluvia de brácteas cónicas salpicaba la nieve. Al amanecer, los jilgueros emprenden el vuelo en busca de otro abedul para iniciar su trabajo diario y acumular la grasa necesaria para pasar la próxima noche.

Se oye un repentino zumbido de alas detrás de mí. Probablemente se trata de un urogallo que sale de su escondite entre los gruesos pinos con la intención de alimentarse de los brotes que nacen en las ramas desnudas de un álamo o un abedul. La nieve no es todavía lo suficientemente profunda para cavar un túnel donde esconderse y mantenerse caliente.

Un movimiento capta mi atención: una forma larga y negra se acerca trotando al estanque desde el borde del montículo de espadañas. Un visón. Tras salir del agua, el mustélido avanza en dirección al refugio de las ratas almizcleras, lo examina brevemente y sigue su camino hacia otra cueva de menor tamaño situada más cerca.

Oigo el melodioso gorjeo de una bandada de escribanos nivales que pasan volando muy por encima de mi cabeza, procedentes de la bahía de Hudson. Son aves de nieve y el invierno está al caer. Pasan dos cuervos, graznando con fuerza. El visón se detiene unos segundos junto a la cueva de ratas almizcleras y luego sigue corriendo por el estanque delante de las dos formas oscuras, que permanecen inmóviles en el agujero de aguanieve antes de adentrarse en las espadañas de la otra orilla.

Me quedo quieto. Estoy hipnotizado. Está amaneciendo. Persiste el relajante susurro de los copos de nieve sobre mi jaqueta. Un cuervo grazna a lo lejos, el sonido se oye cada mañana procedente del mismo sitio, al amanecer. Tres gorriones molineros, migrantes de la tundra ártica, se han detenido en la ciénaga hace unos días para aumentar sus reservas de grasa comiendo semillas. La dulce melodía de sus trinos resuena de un lado a otro, mientras permanecen ocultos cerca del suelo bajos los alisos en la orilla del estanque. Se irán en unos días. De repente, escucho un tintineo justo a mi lado. Miro hacia abajo y veo moverse a una juncia. Una minúscula carga de nieve se desprende. Un movimiento destella. Un punto negro en movimiento. Es el ojo de una comadreja de color blanco inmaculado. La comadreja desaparece y reaparece en otro lugar como por arte de magia, debajo de la hierba cubierta de nieve. En seguida veo unas huellas recientes de ratón. Probablemente, se trata de un ratón ciervo, dado los rastros de la cola y la amplitud de la zancada. ¿Una posible presa? La comadreja va de una mata de hierba a otra, siguiendo la pista del roedor. Se yergue sobre sus patas, alargando su esvelto cuerpo unos quince centímetros hacia el pequeño crujido, mira en esa dirección y luego sale disparada. En cuestión de segundos, vuelve a estar de pie, a mi lado, mirándome atentamente. Intrépida, concentrada, increíblemente despierta, con una energía ilimitada e inquieta, pronto vuelve a desaparecer de mi vista. (Siguiendo su rastro, descubrí más adelante el lugar donde había arrastrado algo, dejando gotas de sangre en la nieve.)

Cada vez siento más curiosidad por esas dos protuberancias negras inmóviles en el hielo. ¿Son las cabezas de unas nutrias que asoman fuera del agua para observar lo que ocurre a su alrededor? ¿Dos minúsculos castores encorvados? Tal vez ratas almizcleras.

Por fin se hace de día y uno de los bultos se desliza en el agua fangosa. En efecto, es una rata almizclera. Su compañera se queda quieta. Menos de un minuto después, regresa la que se había sumergido en el agua. Se acerca a la placa de nieve fundida y se aproxima a su compañera. Se sienta y se acicala el pelaje. La otra mira a su alrededor y luego también se sumerge para darse un chapuzón. Su refugio, que parecía una cueva de castores, está bajo el hielo, a pocos segundos a nado, pero las ratas permanecen en el exterior, al aire libre, cerca de la entrada. (Las volví a ver en el mismo sitio intermitentemente durante el día cada vez que lo comprobé.)

Al día siguiente, el estanque estaba completamente congelado. El refugio de las ratas en el barro y el montículo de espadañas, que pronto se transformaría en un sólido bloque de hielo, estaban bajo el agua. Había sido la última oportunidad de las ratas para ver la luz del sol. A partir de aquel momento permanecerían bajo el agua durante casi la mitad del año. Solo las liberaría el deshielo que tendría lugar con el cálido sol de primavera. Sospecho que no tienen ni idea de lo que les espera en los próximos meses... y, de hecho, yo tampoco.

Por lo general, cuando contemplo el estanque durante las semanas y meses posteriores a que el hielo lo haya sellado completamente, solo percibo un pálido eco de la vida palpitante que alberga en su interior. Distingo los juncos a lo largo de la orilla que a finales de abril o mayo brotan como afiladas lanzas verdes. En invierno se doblan y lastran bajo el peso de la nieve. Las espadañas, que ocultan los nidos donde los tordos alirrojos ponen sus huevos ligeramente azulados con puntos de color púrpura, parecen flácidas y sin vida. Los nidos de ampelis americanos, pájaros gato, jilgueros y tiranos están abandonados desde hace tiempo y permanecen a la vista sobre los arbustos deshojados de viburnos. Pronto caerán al suelo y serán reclamados por la tierra. Sin embargo, tres estructuras visibles se elevan por encima del agua, listas para acoger a sus residentes. Son los refugios de los roedores acuáticos, construidos para pasar el invierno (véase el capítulo 5, Nidos y guaridas).

El agua es esencial para la alimentación de los castores en invierno. En otoño, fieles a su reputación, estos animales ponen manos a la obra y trabajan sin cesar. Toda la familia colabora en la empresa talando árboles en el bosque cercano. Algunos de los álamos adultos que han derribado cerca de mi casa miden más de un metro treinta de diámetro, aunque afortunadamente por lo general prefieren recoger árboles más jóvenes, de rápido crecimiento, que arrastran sin cortarlos previamente.

Desraman los árboles, arrastran los troncos hasta el agua y luego los transportan a flote en dirección a la cueva. Cuando llega el invierno, los castores han acumulado una pila de maleza de unos cincuenta kilos junto a su refugio. La vegetación llega al fondo del estanque y la parte superior sobresale del agua. Las gruesas paredes, duras como el hormigón, protegen a sus ocupantes y los mantienen calientes durante la época de frío más intenso. En todo momento, en invierno, cuando un castor necesita alimentarse sale de su cabaña bajo el agua y nada hasta el depósito de comida para recoger ramitas. En esta travesía, al igual que otros nadadores, su ritmo cardiaco disminuye y el gasto energético se reduce para prolongar la inmersión (hasta unos quince minutos).

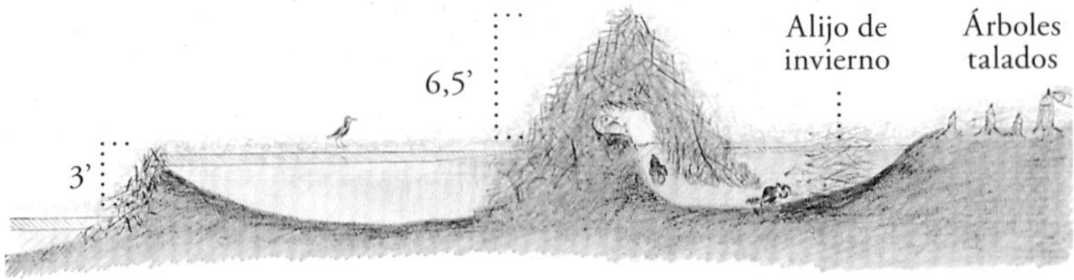

Sección transversal de una nueva represa y del refugio
con las dependencias familiares.

En general, el alijo de provisiones, aunque de gran tamaño, tiene un escaso valor calórico. Como otros muchos herbívoros, entre ellos las termitas y las cucarachas, los castores lo compensan aprovechando las bacterias que digieren celulosa en el intestino. Y luego reutilizan su dieta rica en celulosa ingiriendo sus propias heces. A pesar de ello, también acumulan reservas de grasa corporal en otoño. Además, los adultos (pero no las crías en pleno desarrollo) ahorran energía en invierno tolerando una mayor fluctuación de su temperatura corporal y reduciéndola en aproximadamente un grado centígrado (Smith *et al.*, 1991; Smith, Drummer y Peterson, 1994).

Cuando la familia de castores está aprisionada en su refugio bajo el hielo, la única fuente de aire a la que tienen acceso procede de un pequeño orificio de ventilación en la parte superior, que deja entrar el aire por un entramado de gruesos palos.

El hábitat de los castores, que en aquel momento era perfectamente visible en la orilla opuesta, más allá de donde se agazapaban las ratas almizcleras, pronto se congelaría. ¿Cómo sería pasar meses acurrucado en una oscuridad casi absoluta, excepto por una inmersión quizá una vez al día para alimentarse en un agua cubierta de nieve, negra y fría? Supongo que, habiéndose adaptado a estas condiciones, los castores no debían sentirse infelices de su elección. Probablemente son criaturas tranquilas y no tan claustrofóbicas como yo.

Los castores y las ratas almizcleras son animales de ojos pequeños, esencialmente nocturnos, cuya actividad se rige por un horario circadiano. Nosotros iniciamos habitualmente nuestra actividad cotidiana cuando se hace de día, pero un castor o una rata almizclera se activa al salir de su refugio en plena noche o justo antes del anochecer. ¿Cómo sabe cuándo es hora de levantarse y ponerse en marcha? La respuesta más aproximada es que, como en el caso de los seres humanos y las ardillas voladoras, su ritmo circadiano les indica cuándo es el momento adecuado. Sin embargo, al igual que los relojes baratos, los relojes biológicos acaban por desfasarse del ciclo día/noche. Para volver a funcionar, tienen que ser reprogramados periódicamente por medio de determinadas señales, a fin de sincronizarse con el entorno externo. Nosotros ajustamos nuestros relojes biológicos con la llegada de la luz como señal de referencia. Sin una indicación de este tipo, nuestro ritmo interno se iría desfasando gradualmente o seríamos incapaces de adaptarnos al pasar a otro fuso horario. Al parecer, en invierno, los castores pueden perder contacto con las señales externas de luz y oscuridad, y su ritmo de actividad, que es ligeramente superior a las veinticuatro horas, empieza a funcionar sin problemas. Como en los experimentos realizados por de DeCoursey con ardillas voladoras sometidas a una oscuridad constante, todos los animales se desincronizan un poco más con cada día que pasa (Bovet y Oertli, 1974). Es decir, probablemente, los castores tienen la sensación de vivir en una noche perpetua. Aunque eso, por supuesto, no debería representar ninguna diferencia práctica para ellos, ya que están siempre a oscuras en un universo protegido bajo el hielo. Así pues, está fuera de lugar ceñirse a un horario.

Se supone que las ratas almizcleras viven siempre a oscuras en invierno, en un mundo similar al de los castores, y han evolucionado para resolver los mismos problemas de escasez de energía y conservación de la temperatura. Pero las ratas no construyen presas. Las dos que había observado al amanecer dependen del agua que les proporcionan los castores. Construyen un refugio destinado específicamente para pasar el invierno. Había visto a dos individuos delante de mí frente a una pila de espadañas. El montículo que estaba más cerca de mí era, como la mayoría, un amasijo cónico de hojas y cañas secas, de más de sesenta centímetros de altura, amalgamadas con barro dragado del fondo del agua poco profunda de donde se alzaba.

La madriguera de las ratas almizcleras es una solución parcial para el frío extremo, como ha estudiado en detalle Robert A. MacArthur del Departamento de Zoología de la Universidad de Manitoba. Las ratas también se acurrucan, pero al pesar solo unos 900 gramos frente a los 18 o 20 kilos de los castores, se enfrían con mayor facilidad y se ven obligadas a reagruparse. Esta necesidad de calor se satisface siendo más tolerantes con sus semejantes. Algunas veces, incluso ciertos individuos no emparentados se reúnen en una misma madriguera, ya que de ello sacan provecho todos los ocupantes. Calientan colectivamente el habitáculo, se acurrucan (Bazin y MacArthur, 1992), se acicalan unas a otras y aparentemente se estimulan entre sí para salir y buscar alimento (MacArthur, Humphries y Jeske, 1997). Además, las ratas almizcleras dependen de su fisiología en mayor medida que los castores, compensando mediante su comportamiento lo que no pueden resolver a partir de su fisiología.

Al igual que los castores, las ratas almizcleras son animales que no hibernan y conservan una temperatura corporal elevada, por lo que necesitan combustible continuo para mantener su elevado metabolismo. A diferencia de los castores del norte, no hacen acopio de comida antes del invierno (los castores del sur tampoco). Por tanto, se ven obligadas a seguir buscando comida. Se alimentan de plantas del fondo del estanque, pero el hecho de permanecer confinadas bajo el hielo plantea problemas a los animales de sangre caliente que tienen necesidad de respirar. Contrariamente a las tortugas tórpidas, necesitan inhalar oxígeno, y mucho, porque nadar es un ejercicio exigente. Su única fuente de oxígeno se encuentra probablemente dentro de su madriguera, donde su concentración puede ser baja y donde el dióxido de carbono, en cambio, es elevado, debido a las necesidades respiratorias de los demás ocupantes y a la lentitud de difusión de los gases a través de las paredes sólidamente congeladas del refugio.

Las ratas almizcleras han resuelto incluso mejor su problema de acceso al oxígeno que los demás mamíferos que se ven obligados a bucear para vivir, especialmente en invierno (MacArthur, 1984b). En esta época, su sangre es más rica en oxígeno. La proteína que transporta oxígeno, la hemoglobina, es la que provoca el aumento de glóbulos rojos. Eso les permite acumular mayor cantidad de oxígeno en los músculos, donde es retenido por otra proteína, la mioglobina, que fija el oxígeno y tiñe la carne de rojo. Con un 42% más de reservas de oxígeno en el cuerpo en invierno que en verano (MacArthur, 1984b; 1992a), las ratas almizcleras disponen de más tiempo para buscar o recoger alimentos. En otoño construyen depósitos de comida que parecen madrigueras en miniatura, a unos treinta centímetros por encima de la superficie del agua. Intuyo que la segunda madriguera que encontré, la más pequeña, era uno de esos depósitos. Posteriormente, también erigen pequeños montículos de vegetación sobre el hielo donde encuentran grietas (MacArthur, 1979). Ambos tipos de refugio pueden alcanzarse a nado desde el refugio principal y sirven como respiraderos, a la manera de los que utilizan las focas árticas. Aquí pueden subir a respirar o a alimentarse de las raíces del fondo. Además, son capaces de exhalar las burbujas de aire que quedan atrapadas bajo el hielo. El oxígeno contenido en esas burbujas será luego utilizado para prolongar la duración de la inmersión (MacArthur, 1992b).

Los límites de la búsqueda de alimento bajo el agua en invierno también dependen de la temperatura. Los castores y las ratas almizcleras forman parte de un grupo selecto de animales que son capaces de nadar en agua helada gracias a su extraordinario pelaje, que mantiene su piel seca gracias a una capa de aire intermedia. Esta capa de aire aislante, que resuelve parte del problema, es el resultado de un exuberante pelaje interior, peludo pero fino, y de un «pelo de guarda» más grueso, altamente especializado, largo y brillante, que protege el pelaje interior (al utilizarlo como fieltro de los sombreros, estuvo a punto de suponer la práctica desaparición del castor).

Las patas y la cola del castor no tienen pelaje y se mantienen frías. Como las patas del reyezuelo, las patas y la cola del castor y la rata almizclera poseen una circulación sanguínea anatómica especializada que evita la pérdida de calor en esas partes del cuerpo. El principio es que si resulta costoso, difícil e innecesario mantener las extremidades calientes, entonces es mejor intentar economizar energía y tenerlas frías. A pesar de las adaptaciones que permiten mantener la temperatura, la pérdida calórica rápida es inevitable durante las inmersiones prolongadas en agua helada.

Cuando una rata almizclera sale de su refugio y se sumerge bajo el hielo, no solo disminuye su suministro de oxígeno, sino que también empieza a enfriarse de inmediato. Mientras busca comida, puede subir de vez en cuando a respirar en un montículo de vegetación o una plataforma de alimentación, donde repone su suministro de oxígeno, aunque sigue bajando rápidamente de temperatura. La mayoría de las inmersiones voluntarias de las ratas duran menos de cuarenta segundos, aunque tienen reservas suficientes para permanecer en el fondo varios minutos. La temperatura corporal de una rata en actividad es de 37 °C (parecida a la nuestra) y no debe bajar más de 2 °C (MacArthur, 1979). En este caso, como en el de la falta de oxígeno, la solución es almacenar el excedente de calor. Justo antes de zambullirse en el agua helada en invierno (a diferencia de en verano), la rata almizclera aumenta su temperatura corporal en 1,2 °C de media (MacArthur, 1979). Luego, cuando regresa a la madriguera, tiembla y gasta energía a un ritmo elevado para calentarse y recuperar los 37 °C (MacArthur, 1984b).

Aunque su respuesta fisiológica permite suponer que su inmersión en agua fría es una acción premeditada, ¿es realmente algo que planean de antemano? Tal vez, pero si es así, entonces los avispones cariblancos que he citado antes, refiriéndome a sus nidos de papel maché, también tendrían la misma capacidad. Hace algunos años, me dediqué a la tarea valiente —o tonta— de medir la temperatura corporal de los avispones, atrapándolos y clavándoles un termómetro electrónico cuando salían de sus nidos. Gracias a ese experimento, supe que antes de salir del nido a una baja temperatura ambiente de 2 °C, tiemblan para calentarse y llegar a los 39 °C. En cambio, si hacía calor (22 °C), solo aumentaban su temperatura corporal hasta 35 °C. (Cuando atacaban, su termostato subía hasta 41 °C). Eso significa que son tan inteligentes como las ratas almizcleras, o viceversa. Sin embargo, creo que la temperatura corporal es una preocupación demasiado vital y constante para que cualquier animal pueda confiar simplemente en su inteligencia para encontrar invariablemente las respuestas adecuadas.

13

Ranas congeladas en el hielo

En otoño, después de la partida de las aves migratorias, suelo escuchar unos gorjeos procedentes del bosque, especialmente si la temperatura ha subido durante unos días. He intentado varias veces acercarme sigilosamente para identificarlos, pero hasta el momento solo he descubierto el lugar de donde proceden: el suelo o cerca del suelo. Siempre que consigo acercarme lo suficiente, se hace el silencio y no veo nada.

Por casualidad, tropecé con un fragmento de los escritos del célebre naturalista estadounidense del siglo XIX, John Burroughs, donde cuenta que logra identificar el origen de sonidos aparentemente similares. Paseando por los bosques de su Nueva York natal el último día de diciembre de 1884, con un calor tan poco habitual que las abejas volaban fuera de sus colmenas, se detuvo a la sombra de una tsuga donde escuchó un sonido parecido al de una rana bajo unas hojas húmedas en el suelo. Al determinar el lugar exacto de donde procedía el sonido, levantó las hojas y encontró una rana de bosque. «Se trataba», concluye Burroughs, de su hibernáculo [donde] se preparaba para pasar el invierno, bajo una capa de hojas húmedas y apelmazadas y una temperatura cercana a cero».

(Ahora sabemos muchas más cosas sobre cómo los anfibios sobreviven al invierno, pero ignoramos por qué algunos de los que croan en grupo para aparearse en primavera, cuando el hielo ya se ha derretido, también lo hacen a veces individualmente en otoño.)

Se sabe que los anfibios, especialmente los sapos, cavan un agujero en el suelo para evitar las heladas. Los jardineros, incluido yo mismo, solemos encontrarlas al remover la tierra en otoño. Algunos sapos alcanzan mayor profundidad, como determinaron John R. Tester y Walter J. Breckenridge, dos biólogos del Museo de Historia Natural de la Universidad de Minnesota (Minneapolis), al estudiar el sapo canadiense (*Bufo hemiophrys*) en la pradera de Waubun al noroeste de Minnesota, una zona conocida por sus inviernos extremadamente fríos. Los sapos están asociados al agua en numerosas simas, pero se desplazan a una distancia de entre 22 y 35 metros para hibernar en montículos parecidos a los de los topos. En tres años, los dos investigadores recogieron 7.483 sapos de ocho montículos, los etiquetaron con chips radioactivos (100 microcurios de tantalio 182) y luego rastrearon periódicamente su paradero desde la superficie con un espectrómetro de centelleo portátil. Su estudio reveló que los sapos excavan incluso cuando están hibernando, cada vez más al fondo durante todo el invierno. Cavan hasta al menos un metro veinte, deteniéndose justo en el límite de la línea donde la tierra empieza a congelarse, cada vez más abajo. Dejan de cavar y se mantienen a una temperatura de 1 °C a 2 °C por encima del punto de congelación, que es también su temperatura corporal.

Burroughs llegó a la conclusión de que su rana de bosque se había enterrado en el suelo, a la manera de un sapo, anticipando un invierno severo. Pero, dado que había permanecido en la superficie, donde se arriesgaba a congelarse rápidamente, dedujo que se avecinaba un invierno templado. Ocurrió justo lo contrario, el invierno fue inclemente: el hielo a orillas del río Hudson alcanzó casi medio metro de espesor y siguió haciendo un frío glacial incluso en marzo, cuando Burroughs volvió a examinar la rana en su hábitat bajo las hojas.

Rana de bosque (Rana sylvatica).

Las hojas apelmazadas se habían helado por completo. Burroughs las levantó y encontró a la rana «tan fresca e indemne como en otoño», aunque el suelo «seguía congelado como una roca». Escribió: «Este incidente me ha convencido de dos cosas, a saber, que las ranas no saben más que nosotros sobre el tiempo que se avecina, y que no se refugian tan profundamente en el suelo para pasar el invierno como se suponía». Indudablemente, Burroughs habría estado aún más convencido de lo poco que saben las ranas sobre la previsión del tiempo si hubiera encontrado una rana congelada. Anotó que la rana que había encontrado en el suelo congelado «le había guiñado el ojo e inclinado la cabeza» cuando la tocó.

Avancemos en el tiempo, casi cien años más tarde, hasta William D. Schmid, un investigador de fisiología comparada de la Universidad de Minnesota en Minneapolis. Schimd había estudiado previamente la tolerancia de las ranas a la deshidratación y, como Burroughs, halló por casualidad a una rana de bosque oculta bajo unas hojas durante el invierno. Pero las observaciones de Schmid revolucionaron rápidamente las ideas preestablecidas, en gran parte porque dio con un segundo hallazgo: mientras manipulaba la rana, notó que *no* se comportaba como suelen hacerlo las ranas cuando se las toca, es decir, entrecerrando los ojos. En cambio, parecía estar completamente congelada.

Sabiendo de antemano que cada especie de rana poseía adaptaciones apropiadas para sobrevivir en su hábitat concreto, Schmid dudaba de que la rana que había encontrado hubiera cometido un error letal al no enterrarse lo suficientemente o al elegir el lugar equivocado para pasar el invierno. Por lo tanto, obedeció a su intuición pensando que aún podía estar viva. Así surgió un estudio, ya clásico, sobre la supervivencia de las ranas en clima frío. Lo público en la prestigiosa revista *Science* bajo el poco pretencioso título «Survival of Frogs in Low Temperatures». Que yo sepa, es el primer documento sobre la tolerancia a la congelación como estrategia de supervivencia invernal en un animal vertebrado. A Burroughs tal vez le había sorprendido descubrir que su rana de bosque «guiñaba» el ojo bajo el follaje congelado y sobre un suelo helado y duro como una piedra; dada la descripción de sus observaciones, la rana *debería* haber estado congelada. Para la mayoría de los animales, eso significaba una muerte segura.

Kenneth B. y Janet M. Storey de la Universidad Carlton en Ottawa retomaron el estudio de la tolerancia a las bajas temperaturas en las ranas. Confirmaron y ampliaron lo que Schmid había descubierto, y ahora sabemos que las cuatro ranas comunes que hibernan en Norteamérica (la rana de bosque, la rana arbórea gris, la rana mirona primaveral y la rana de coro) toleran bien el hielo. Estas especies poseen una amplia formación de hielo en la cavidad corporal y en los espacios intercelulares (en la rana de bosque el 65% del agua contenida en el cuerpo puede transformarse en hielo), pero en las que logran sobrevivir no se produce esta formación de cristales de hielo en el interior de las células. Los cristales de hielo suelen ser letales cuando se desarrollan dentro de las células porqué cortan y fraccionan como si fueran cuchillas, perforando las membranas y rompiendo las células. El límite en que las bajas temperaturas se convierten en mortales en las ranas se sitúa en –8 °C, ya que a partir de ahí se forma hielo dentro de las células. Pero las temperaturas tan extremas son poco frecuentes en los lugares en los que se refugian las ranas de bosque durante el invierno, ya que están situados entre las hojas o en la nieve. (No se ha establecido todavía donde hibernan las ranas mironas primaverales, las ranas de coro y las ranas arbóreas grises. He oído a menudo croar a ranas mironas en otoño, cuando se supone que están hibernando en algún lugar del bosque. Un colega me contó que había encontrado una rana arbórea bajo la corteza suelta de un árbol en invierno, y otra que había conseguido que una de esas ranas hibernara en una planta de interior en otoño.)

Las cuatro ranas mencionadas, que hibernan bajo tierra, son capaces de suportar que casi la mitad del agua contenida en su cuerpo se transforme en hielo, algo que no sería posible sin la ayuda de la química, que resuelve dos problemas importantes. En primer lugar, una sustancia química (principalmente el alcohol glicerol) protege sus membranas cuando se produce la congelación y, en segundo lugar, una segunda sustancia (sobre todo la glucosa) participa, aunque no de forma exclusiva, en una respuesta osmótica que restringe la formación de hielo en el exterior de las células. Sin embargo, a diferencia del endurecimiento por frío de muchos insectos que, de forma similar, utilizan alcoholes y azúcares para perfundir sus tejidos antes del invierno, las ranas no almacenan estas sustancias químicas en otoño para prevenir la congelación. En cambio, esperan a que se forme el hielo y en un día se aclimatan al frío. Esta capacidad es adquirida gracias a una modificación de la respuesta al miedo mediada por la adrenalina que se da en otros animales vertebrados, como los seres humanos.

Todos los animales vertebrados reaccionamos instintivamente con una respuesta de lucha o huida cuando nuestros sentidos nos advierten de una amenaza. Por ejemplo, la embestida de un león provoca una respuesta sensorial y una reacción de las glándulas suprarrenales, que liberan adrenalina. Esta hormona tiene efectos muy variados, pero el efecto neto es preparar el cuerpo para hacer frente a un desafío. La frecuencia cardíaca aumenta, las concentraciones de glucosa en sangre se elevan y el flujo sanguíneo se intensifica, lo que permite redistribuir la glucosa en los músculos. Esta respuesta de alarma ha sido modificada en las ranas de bosque para hacer frente a la congelación, que es letal para las ranas acuáticas, y, por supuesto, para nosotros.

Cuando empiezan a formarse los primeros cristales de hielo sobre o dentro de la piel de una rana, se produce una reacción de alarma. Los receptores cutáneos transmiten el mensaje al sistema nervioso central (SNC) y este activa la médula suprarrenal para liberar adrenalina en el torrente sanguíneo. Cuando la adrenalina circula hacia el hígado, activa las enzimas que convierten las reservas de glucógeno del hígado en glucosa. Como resultado, la rana responde con un rápido aumento de la glucosa en sangre. En la rana de bosque, esta respuesta es masiva, y antes de que el hielo llegue a las células, estas se llenan de glucosa, que se comporta como un anticongelante. Es exactamente lo contrario de lo que ocurre en el exterior, entre las células, donde unas proteínas especiales actúan como agentes nucleadores del hielo para promover la formación de cristales en zonas de fluido diluido. La existencia de estas bolsas de líquido concentrado favorece la retención osmótica del agua de las células, haciéndolas aún más resistentes a la formación de hielo. En unas quince horas, la rana está completamente congelada excepto en el interior de sus células. Su corazón deja de latir. La circulación sanguínea se interrumpe. Ya no respira. Según todas las apariencias, está muerta. Pero preparada para revivir más adelante.

La glucosa es un componente normal de la sangre de los vertebrados, que las células utilizan para obtener energía. En el animal sano y activo, las concentraciones de glucosa en sangre suelen estar reguladas con precisión por dos hormonas, la insulina y el glucagón. Cuando no tenemos suficiente glucosa en sangre perdemos el conocimiento y si tenemos demasiada sufrimos numerosas consecuencias a corto y largo plazo. En general, nuestros índices de glucosa se sitúan aproximadamente en 90 microgramos por 100 mililitros de sangre, aunque en momentos de estrés estos niveles aumentan ligeramente. Cuando los niveles de glucosa se mantienen permanentemente entre 200–300 mg/ml, se nos diagnostica diabetes mellitus. Actualmente, la diabetes se trata administrando insulina artificial. Una producción insuficiente de esta hormona por parte del páncreas es una de las formas que reviste esta enfermedad. (En la diabetes tipo I, el páncreas se destruye en una respuesta autoinmune. En la de tipo II, no hay receptores de la hormona o no hay los suficientes.)

En las ranas que sienten que se forman cristales de hielo, aunque sean muy pequeños, los niveles de glucosa en sangre se vuelven masivos (a unos niveles de 4.500 mg/ml que se liberan en lo que parece una respuesta de hiperalarma). En los humanos, estos niveles serían suficientes para provocar el coma y la muerte. Las ranas, en cambio, sobreviven, en parte porque su temperatura corporal es cercana a 0 °C, pero también porque su metabolismo está en reposo y permanecen inertes. Su pasaporte para la supervivencia es tolerar la congelación.

Si el metabolismo de la rana no cambiara, sus tejidos se quedarían sin oxígeno poco tiempo después de que su corazón y su respiración se detuvieran. Sin embargo, en concentraciones tan altas, la glucosa actúa a la manera de un anticongelante, protegiendo mecánicamente los cristales de hielo y extrayendo el agua de las células. Este azúcar reduce el ya muy bajo metabolismo aeróbico de la rana y, por tanto, actúa como depresor metabólico para conservar las limitadas reservas de energía de las células durante el invierno. La glucosa que penetra en las células también se convierte en un sustrato para el metabolismo anaeróbico cuando el cuerpo ya no es capaz de suministrar oxígeno.

Los cuerpos congelados que son capaces de revivir al ser descongelados ha sido durante mucho tiempo una quimera para los criobiólogos. Las ranas que hibernan en el suelo del bosque lo consiguen sistemáticamente, saliendo de su estado de congelación con los primeros brotes de la primavera, cuando es el momento de aparearse. Tanto ellas como los osos, de los que hablaré más adelante, son portentos biológicos que desafían los límites de nuestras creencias sobre lo que nos parece posible.

14

Insectos: de la diversidad a los límites

Nos parece asombroso que algunas ranas pueden sobrevivir durante meses estando congeladas, o que un pájaro tan diminuto como un reyezuelo pueda mantenerse caliente y sobrevivir a una sola noche de invierno, y mucho menos todo un invierno en el norte. ¿Pero por qué nos sorprendemos en realidad? Creo que es porque los comparamos con nosotros. No nos gusta enfriarnos ni que sea un grado y no podemos imaginar cómo un pájaro tan pequeño sobrevive a una ventisca. Sin embargo, por cada reyezuelo que encontramos en los bosques de invierno, cientos de miles de animales invertebrados exponencialmente más pequeños que un reyezuelo sobreviven haciendo lo que a nosotros nos parece inimaginable. Incluso cuando conocemos sus hazañas, tendemos a no respetarlos. ¿Por qué? Porque la mayoría son insectos. Son animales tan diferentes de nosotros que nos parecen de otro mundo y nos cuesta identificarnos con sus problemas. Sin embargo, se enfrentan a las mismas dificultades de frío, congelación y equilibrio energético que los humanos o los reyezuelos. Y han desarrollado algunas soluciones parecidas a las nuestras, u otras estrategias, a partir de sus propias limitaciones.

Para un entomólogo, o cualquiera que aspire a serlo, no existe sobre la tierra ninguna forma de vida tan diversa, variada, resistente e imaginativa como la de los insectos. Con sus millones de especies, son los dueños del mundo. Puede que no nos gusten porque muchos de ellos compiten con nosotros por la comida, la fibra o la madera, o nos chupan la sangre y propagan enfermedades, pero debemos reconocer su tenacidad y su impresionante belleza. Dentro del mundo animal, han superado colectivamente los límites de lo posible en cuanto a diversidad, belleza, nocividad, organización social, arquitectura, habilidades de vuelo, capacidad sensorial y aptitud para vivir en climas extremos. Cuando contemplo esos organismos mucho más antiguos que nosotros, y que van a sobrevivirnos durante mucho tiempo, me pregunto por el «secreto» de su éxito y me veo obligado a reconocer las diferencias entre la concepción del mundo de un físico y un naturalista.

Los físicos intentan entender el mundo con una precisión matemática reduciendo su composición y funcionamiento a un pequeño número de «leyes naturales». Estas leyes, por analogía a nuestras leyes civiles, parecen haber estado dictadas por una autoridad superior. Se nos han impuesto de forma natural en virtud de esa autoridad porque, por definición, una regla es general. La ley no tolera ni permite ninguna excepción.

El éxito de los insectos se deriva de la explotación de la especificidad de cada ejemplar. No hay una forma mejor que otra. Los insectos prosperan gracias a su diversidad, en la que cada individuo es especial dentro de las generalizaciones. Cada especie ocupa un nicho especializado, atendiendo a necesidades individuales concretas. Esta reducción a lo específico ha dado como resultado la miniaturización y una diversidad cada vez mayor. Los insectos exaltan y celebran las excepciones: todo lo posible está permitido. Existen pocos límites, porque no ha habido aplicación ni encapsulación de las leyes. De ahí que hayan prosperado con tanto éxito. Sospecho que sería difícil encontrar un entomólogo que también fuera teísta (le costaría aceptar que existe una fuerza o un poder que dicta las leyes porque las considera buenas). Ningún entomólogo aceptaría que las moscas, los mosquitos, las moscas tsé-tsé, las langostas migratorias y muchos otros insectos hubieran sido creados deliberadamente para causar el sufrimiento indiscriminado de millones de niños y adultos totalmente inocentes en todas las épocas de la humanidad.

Es esta capacidad para hacer individualmente lo que es mejor para ellos lo que les ha permitido progresar en este mundo invernal, especie a especie, y explorar y explotar sus muchas posibilidades.

Mi fascinación por los insectos comenzó antes de los diez años gracias a mi padre, que me llevaba con él en sus paseos invernales para observar icneumónidos en hibernación. Las larvas blancas de estos insectos, que recuerdan a las polillas, se alimentan dentro de las orugas (y acaban matándolas) después de que los himenópteros las hayan picado para inyectarles sus huevos con su afilado ovipositor (que también sirve como aguijón en las abejas). Mi padre coleccionaba icneumónidos a los ochenta años con tanta pasión como cuando tenía veinte. En aquel momento, apenas había entrevisto su sorprendente abundancia y diversidad, incluso en Maine, y aún le quedaban por descubrir muchas de esas elegantes criaturas, que evitan la proliferación de otros insectos.

Oruga de la polilla Promethea y parásito icneumónido.

Los *machos* de estas especies y de casi todos los himenópteros —la familia de las hormigas, las abejas y las avispas a la que pertenecen los icneumónidos— no han resuelto el problema de la hibernación. *Todos* mueren en otoño, época en la que dejan de ser útiles, ya que las hembras que hibernan ya han sido fecundadas. Las hembras son las únicas que buscan un lugar para pasar el invierno, un refugio donde haya humedad para evitar la deshidratación. La temperatura también debe ser lo suficientemente baja para amortiguar los fuegos metabólicos y conservar así las limitadas reservas de energía que acumulan en la grasa corporal. Sin embargo, como ocurre con la mayoría de los insectos, las temperaturas no pueden ser demasiado bajas, ya que podrían causar lesiones por congelación. Normalmente, cuando un tejido blando no adaptado se descongela, tras haber sido solidificado por el frío, se convierte en

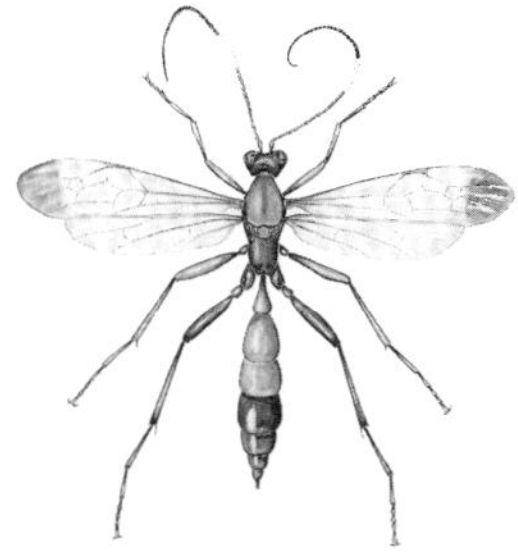

Avispa icneumón, perteneciente a la subfamilia de los icneumónidos.

una especie de pasta marrón. Un método rápido y habitual para matar insectos activos en verano (como los especímenes destinados a una colección propia o las plagas que la destruyen) es meterlos en el congelador del frigorífico a unos 10 grados bajo cero. Es una temperatura muy moderada en comparación con las que han de afrontar sistemáticamente ciertas especies en los inviernos septentrionales.

En nuestros paseos con mi padre, solíamos encontrar a las hembras en tres lugares de hibernación: la mayor parte en la madera en descomposición de viejos tocones cubiertos de musgo. Algunas especies solo reaparecían bajo el musgo, y a otras solo las llegábamos a descubrir al separar los juncos o montículos de hierba. Algunas veces, con la ayuda de un hacha y un cuchillo, convertíamos en mantillo una docena o más de tocones sin hallar ni un solo insecto. Después de todo este trabajo, era emocionante encontrar de repente una de esas pequeñas criaturas de hermosos colores oculta y en estado comatoso bajo el musgo o en la madera en descomposición. De vez en cuando teníamos suerte y encontrábamos una docena o más en un solo tocón junto con una gran variedad de arañas, ciempiés, milpiés, coleópteros, larvas de escarabajo y ocasionalmente incluso un avispón o una reina de abejorro. Los insectos que encontrábamos se limitaban a arrastrarse muy lentamente a causa del frío, pero rápidamente se animaban al entrar en calor en nuestra mano.

A pesar de nuestras frecuentes y prolongadas búsquedas por los bosques invernales de Maine, había muchas especies en la colección de mi padre que nunca encontramos en hibernación. Tal vez se escondían en lugares especializados que no conocíamos. En algunas ocasiones, hallábamos algunas especies que no solíamos ver durante el verano, de modo que nuestras excursiones invernales nos servían en cierto modo para ampliar nuestro campo de investigación sobre la diversidad de especies.

En aquella época prácticamente no se sabía nada de los mecanismos fisiológicos y de comportamiento que emplean los insectos para sobrevivir al invierno. Pero gracias al trabajo realizado por numerosos investigadores en las últimas décadas, hoy sabemos que, incluso en la elección de su lugar de residencia, las distintas especies de insectos utilizan una gran diversidad de tácticas para sobrevivir al invierno. Como ya he indicado anteriormente a propósito de la hibernación de las larvas de lepidópteros de las que se alimentan los reyezuelos, un pequeño número de especies han evolucionado de forma sorprendente para sobrevivir, incluso congeladas, a temperaturas mucho más bajas que las que matarían a las ranas tolerantes a la congelación. Algunas buscan un refugio especial. Una pequeña parte migra. Muchas especies evitan la muerte mediante mecanismos fisiológicos que reducen el punto de congelación de sus tejidos. Ninguna estrategia es mejor que otra, ya que cada especie ha evolucionado bajo un conjunto diferente de limitaciones y oportunidades. Los lepidópteros (polillas y mariposas) son los que exhiben una mayor variedad de técnicas para sobrevivir al invierno, por lo que recurro a ellos para obtener una visión comparativa y explorar toda la gama de posibilidades. También son los mejor estudiados hasta el momento.

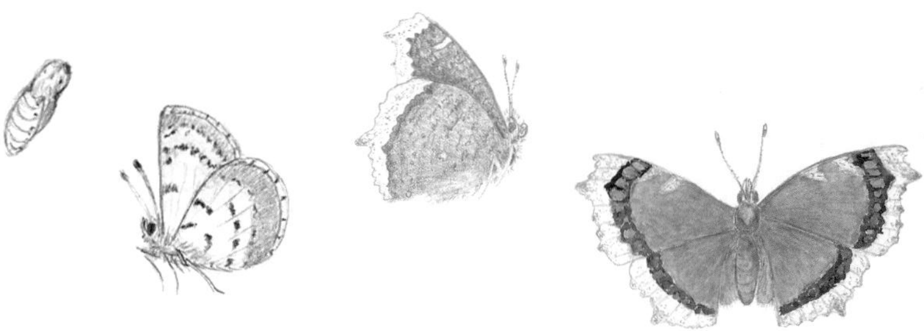

Antíopa. Celastrina ladon, pupa y adulta.

En el norte de Nueva Inglaterra y en todas las regiones de Canadá, Europa y Alaska, la antíopa (*Nymphalis antiopa*) es uno de los lepidópteros que no emigra e hiberna como adulta. Durante el verano, una multitud de sus orugas espinosas de color negro y rojo se alimentan de hojas de sauce. Por lo general, las hembras tienen dos crías por año, y las orugas de segunda generación que he criado en otoño siempre pupan y se convierten en adultas antes del invierno. Las antíopas, como muchas otras mariposas de esta misma familia, las nimfálidas, hibernan solo en la etapa adulta. Las antíopas, unas de las mariposas más longevas (viven más de 10 meses) se instalan en las cavidades de los árboles y se alimentan de su sabia a la manera de los chupasavias. No dejo nunca de observarlas a principios de la primavera cuando se delectan al sol con las alas abiertas antes de que se haya derretido toda la nieve.

Probablemente, mi mariposa favorita antes de que empiece el verano es *Celastrina ladon*. Estos pequeños lepidópteros, de un azul luminoso, como joyas aladas, baten sus alas sobre la tierra marrón que apenas asoma tras el largo invierno. Las hembras se aparean el primer día después de la eclosión, ponen sus huevos el segundo y rara vez viven más allá del tercero. Las larvas son atendidas por hormigas y las pupas viven la mayor parte del verano y luego pasan el invierno en diapausa.

En todos los insectos que hibernan, solo una etapa de la vida está adaptada para sobrevivir al invierno. En los *Malacosomia americanum* esta fase corresponde al huevo. Esta mariposa nocturna pone todos sus huevos en un solo racimo en un anillo alrededor de una pequeña rama de cerezo o manzano, donde quedan envueltos en una espuma que se endurece para que los huevos se adhieran sólidamente a la rama. Los huevos están expuestos a las temperaturas más extremas del invierno, pero están protegidas del frío gracias al glicerol, una sustancia química anticongelante que suele verterse en los radiadores de los coches en otoño. A principios de la primavera, el glicerol se reduce y las larvas eclosionan. El grupo de larvas que emerge de cualquier grupo de huevos teje entonces una tela de seda en una horquilla entre las ramas que constituye la «tienda» de la que se deriva su nombre en inglés (*tent caterpillar moth*). Tras completar su crecimiento a principios de junio, las larvas abandonan sus tiendas y deambulan en busca de lugares donde pupar y convertirse en crisálidas. Sus capullos, de color amarillento claro, se sitúan en grietas bajo la corteza de los árboles y pueden verse frecuentemente en los laterales y las esquinas de los edificios. A finales de verano, las mariposas emergen, depositan sus huevos a tiempo para la hibernación y mueren. Los lepidópteros, como la mayor parte de las mariposas, no pueden sobrevivir a las gélidas temperaturas invernales.

La mayoría de la gente no aprecia las orugas de *Malacosoma americanum*, ni unas larvas cuyas extremidades negras enmarcan unas franjas de color rojizo en el centro, de ahí su sobrenombre de «oruga lanuda». Son las larvas de polilla tigre Isabella (*Pyrrharctia isabella*), una mariposa especializada en hibernar en la etapa de oruga/larva. Pertenece a la familia de los árctidos, en la que la mayoría de las especies poseen un hermoso colorido con llamativos motivos de color rosa brillante, rojo, negro, amarillo, naranja, blanco inmaculado y azul en la fase adulta. Contrariamente a la mayor parte de los lepidópteros de su grupo, la polilla tigre Isabella es de color liso, con las alas anteriores predominantemente de color amarillo sucio y las alas posteriores con un tono amarillo rosado. W. J. Holland en su clásico *Moth Book*, publicado por primera vez en 1903, escribe: «Tanto las mariposas nocturnas como las larvas son insectos comunes, con los que todo escolar estadounidense que ha vivido en el campo está familiarizado, e infeliz será el muchacho que en un momento u otro de su vida no haya hecho del campo su hogar».

Me complace informar que en el campo de Vermont y Maine, la «oruga lanuda» sigue siendo un insecto familiar para mucha gente. Según el folclore local, la anchura de la franja rojiza central señala el rigor del invierno que se avecina. Sin embargo, las orugas cambian sutilmente de color en sus sucesivas mudas durante el verano, volviéndose menos negras y más rojizas a medida que envejecen, es decir, cuando se acerca el invierno. Al tocarla, esta oruga se enrosca en una postura defensiva con sus pelos gruesos sobresaliendo en todas direcciones. En esta especie, como en otros árctidos, solo las orugas sobreviven al invierno.

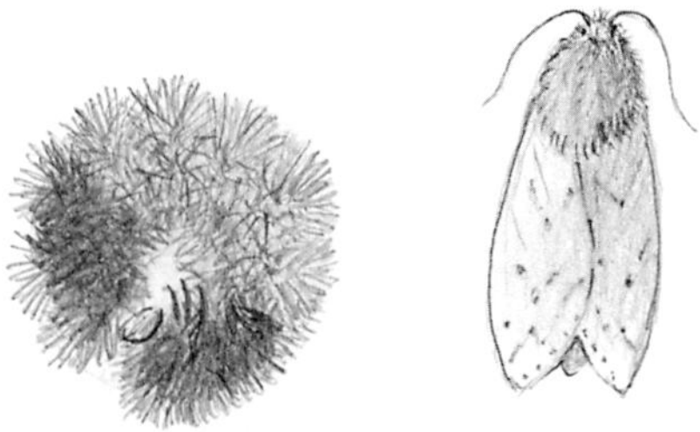

Oruga lanuda hibernando y en posición defensiva.
Polilla Isabella en reposo.

En el otoño de 2001, recogí tres orugas lanudas y me pregunté cómo podían permanecer enterradas durante el invierno, del mismo modo que me lo había planteado al coger las tres tortugas mordedoras recién nacidas cuando salían de sus nidos y se arrastraban por el suelo arenoso. Si dejaba que se escaparan, no tendría ninguna posibilidad de reencontrarlos en invierno. Mis preguntas eran simples: ¿Se enterrarán en la tierra húmeda, se esconderán bajo las hojas muertas o permanecerán encima de las hojas sobre la nieve? Para averiguarlo, rellené un tarro de plástico de más de 7 decímetros cúbicos con tierra, lo cubrí con hojarasca y enterré el tarro en el bosque a la altura del suelo. En un mes, las heladas habían endurecido las capas superiores del suelo y el pote estaba enterrado en la nieve.

Aunque el invierno aún no había tocado a su fin en febrero, las orugas (y las tortugas) debían haber empezado a prepararse, así que retiré la nieve y saqué el tarro para examinar su contenido. Encontré las tres orugas casi de inmediato. No estaban congeladas y permanecían acurrucadas, ocultas a la vista, justo debajo de la hojarasca. Debido al aislamiento que proporcionaba la nieve, el suelo no estaba helado como de costumbre, y extendí el contenido del tarro sobre ella. No fue fácil encontrar las tortugas. Estaban cubiertas de barro, con la cabeza y las patas retraídas en el caparazón y la cola enroscada a los lados. Parecían guijarros. Solo pude distinguirlas tocándolas con los dedos.

Para averiguar cómo se comportaban esos hibernadores al entrar en calor, los entré a todos, orugas y tortugas, al interior de mi casa. Tras lavarlas con agua a temperatura ambiente, las tortugas extendieron al instante sus extremidades y sus cabezas, empezaron a frotarse los ojos y a nadar en un recipiente de agua. Al día siguiente, comieron la carne cruda que les ofrecí. Su hibernación había terminado. Tal vez simplemente era el frío lo que las había inactivado, quizá después de haber sido inducidas también por el frío a permanecer enterradas bajo el suelo.

El comportamiento de las tortugas, como tal, puede no parecer único ni sorprendente, salvo cuando se compara con el de las orugas. Las tres orugas permanecieron sobre la mesa de mi despacho dentro de un frasco con musgo húmedo y hierba verde (una de las plantas con las que se alimentan). Esperaba que, como las tortugas, empezaran a deambular y comer hierba así que entraran en calor. Pero no fue así. Solo se desplazaron unos milímetros justo para arrastrarse bajo el musgo y, pese a experimentar el calor de mi estudio, volvieron a enroscarse en la misma postura de hibernación en la que las había encontrado. Un mes después, permanecían en la misma posición, sin moverse. Parecían muertas. De repente, en la última semana de marzo, todas las orugas se envolvieron en unos capullos hilados (que incorporaban pelos cubiertos de espinas). Cuando examiné la resistencia al frío de las pupas sometiéndolas a una temperatura relativamente baja (–14 °C en el congelador de nuestra nevera) se congelaron y murieron.

Según estudios realizados anteriormente, este tipo de orugas lanudas se endurecen con el frío pero no llegan a congelarse, incluso a –30 °C, debido a una combinación de sobreenfriamiento y anticongelante. Según estas investigaciones, las bajas temperaturas las incitaban a convertir sus reservas de glucógeno en glicerol y sorbitol. Debido a la presencia de estos alcoholes (hasta un 5% de su peso corporal), el punto de congelación de la sangre bajaba hasta –10 °C y el resto —la prevención de la formación de cristales en el animal hasta –30 °C— se imputaba presumiblemente al sobreenfriamiento. ¿Podría ser esto realmente cierto para la población de Nueva Inglaterra? Recuerdo haber encontrado orugas lanudas en pilas de leña dejadas al aire libre en invierno en Vermont, y aunque en aquella época no pretendía estudiarlas, tuve la impresión de que estaban congeladas. Pero no comprobé si estaban muertas.

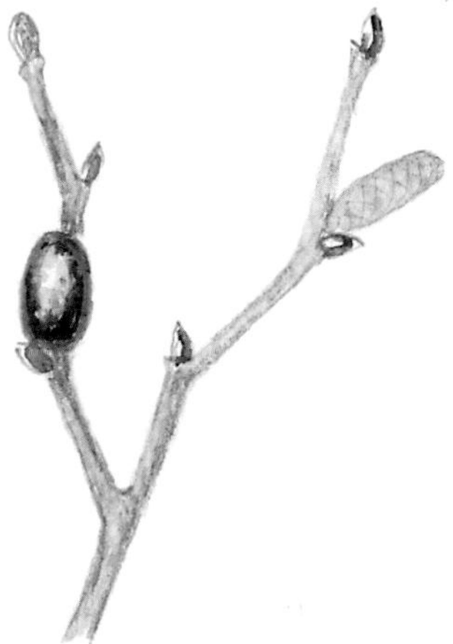

Capullo de falso gusano (izquierda) en una rama de avellano con un brote macho (derecha)

Capullo de polilla cecropia en una rama de arce rojo

Algunos insectos hibernan como pupas en capullos expuestos.

Quise, pues, realizar un experimento con mis orugas lanudas. Recogí a dos de ellas que acababan de salir de la hibernación (escribí esto la primavera siguiente durante las vacaciones de Semana Santa) y las puse (como había hecho anteriormente con las pupas) en un frasco que situé en el congelador de la nevera a –14 °C. Dos horas más tarde se habían convertido rápidamente en dos bloques de hielo, completamente sólidos, que podía rebotar sin problemas contra la mesa. Cuando las descongelé una hora más tarde, ¡estaban vivas y parecían sanas!

Se trataba de una dura prueba, porque las orugas habían despertado espontáneamente de su hibernación y porque la resistencia al hielo (como demostraré más adelante) exige una congelación lenta. Sin dar crédito, repetí de inmediato el experimento con las mismas dos orugas. El resultado fue el mismo: las orugas lanudas (como las orugas geómetras, mencionadas previamente, con las que se alimentan los reyezuelos) sobreviven a la congelación —incluso a una congelación múltiple—, mientras que no ocurre lo mismo con las pupas. No era de extrañar, pues, que mis orugas hubieran esperado tanto tiempo para convertirse en pupas tras salir de la hibernación.

Otra oruga lanuda, *Gynaephora groenlandica* (no relacionada con la polilla tigre), que vive en el Alto Ártico, no tiene ninguna posibilidad de evitar la congelación. Se ve sometida sistemáticamente a temperaturas mucho más bajas (hasta casi –70 °C) en la tundra, donde la capa de nieve es delgada y el suelo está congelado. Esta especie es una de las pocas mariposas nocturnas que ha evolucionado para vivir a 83 grados bajo cero en el Polo Norte. Durante el breve verano ártico, las orugas se descongelan por un corto periodo de tiempo y se alimentan. Al tratarse de unas temperaturas tan extremas, pasan la mayor parte del año congeladas. Solo crecen ligeramente a lo largo del año antes de volverse a congelar. Su ciclo de congelación/descongelación se repite de trece a catorce años antes de que estén finalmente preparadas para hilar un capullo en una roca expuesta para captar la luz directa del sol que les permita calentarse. Luego mutan primero en crisálidas, luego en mariposas nocturnas que se aparean, depositan sus huevos y mueren unos días después.

Las orugas de *Gynaephora* que viven cerca del Polo Norte son unas criaturas extremadamente exóticas y muy poca gente ha tenido la oportunidad de verlas de cerca (yo fui uno de los pocos afortunados a los que Jack Duman y Olga Kukal, dos colegas de la Universidad de Notre Dame, invitaron a viajar al norte para estudiarlas). Pero también hay maravillas en la puerta de casa. En mi granja de Maine, he recogido polillas esfinge sorbiendo néctar y zumbando alrededor de los algodoncillos junto al granero. Más tarde, mi interés por estos insectos me llevó a Los Ángeles, al laboratorio de George Bartholomew en la Universidad de California, donde intenté descifrar si regulaban su temperatura corporal y cómo lo hacían. Dos décadas más tarde, cerré el círculo regresando al este, donde descubrí las polillas de invierno por primera vez. Estas mariposas de invierno pasan desapercibidas para la mayoría, solo pueden verlas aquellas personas que salen al bosque por la noche con un balde y un cepillo y embadurnan los árboles con una mezcla ambrosíaca de pure de frutas fermentadas (manzana, plátano o melocotón) regada generosamente con cerveza o cualquier otra bebida alcohólica. Cada lepidóptero es atraído por un brebaje particular, lo que sospecho que tiene que ver tanto con el gusto individual como con la ciencia.

Las polillas invernales adultas (*Cuculiinae*) no pasan el invierno en estado de letargo. Viven su etapa madura en esta estación del año. Muchas especies de estas mariposas nocturnas pertenecen a la familia de los noctuidos, o polillas búho. Es probablemente el grupo de lepidópteros con mayor número de especies de la Tierra, con miles de ellas en las regiones templadas y tropicales. Los cuculínidos se distinguen de otros noctuidos principalmente por la inversión de su ciclo vital. Mientras que la gran mayoría de las polillas hibernan en forma de crisálida, los cuculínidos pasan el invierno en etapa adulta y vuelan incluso durante el deshielo, cuando las temperaturas se acercan o superan ligeramente los 0 °C. Al aparearse y dejar madurar sus huevos en invierno, para luego depositarlos sobre los brotes de las hojas recién abiertas en primavera, los adultos reducen las posibilidades de ser comidos por los murciélagos, y las larvas se enfrentan a una menor depredación por parte de las aves, ya que llegan a la fase de pupa antes de que sus depredadores vuelvan a ocupar los bosques septentrionales.

Como las esfinges y otros noctuidos, estas polillas de invierno poseen un cuerpo grueso y robusto propulsado por unas alas cortas que exigen una alta frecuencia de aleteo para sostener el vuelo. Para generar suficiente energía y posibilitar el rápido aleteo, su musculatura debe alcanzar una temperatura de 30 °C. Lo consiguen temblando. Extienden las antenas y despliegan las alas. La vibración se percibe cuando los músculos de las alas se activan casi simultáneamente bajando y subiendo. Una capa de gruesas escamas aislantes situada en el tórax funciona a la manera de las plumas o el pelaje, por lo que la pérdida de calor disminuye aproximadamente a la mitad. La retención adicional de calor, debida a la función de los músculos torácicos de vuelo, se ve reforzada por los mecanismos de contracorriente del sistema de circulación sanguínea, que reducen la pérdida de calor hacia y desde el abdomen. Estas polillas son únicas por su disposición y capacidad para empezar a temblar cuando la temperatura de sus músculos se aproxima a 0 °C. (La mayoría de sus congéneres necesitan temperaturas de 15 °C a 20 °C más elevadas). Cuando empiezan a temblar y los músculos se calientan, los temblores se intensifican para producir más calor hasta alcanzar una temperatura muscular lo suficientemente alta para emprender el vuelo.

Los lepidópteros demuestran la diversidad de adaptaciones al invierno dentro de un mismo grupo. Sin embargo, un estudio minucioso de la resistencia a las temperaturas bajo cero debe incluir necesariamente una larva muy conocida, la de la mosca de la vara de oro (*Eurosta solidaginis*), una especie tan indispensable para entender la resistencia al frío de los insectos como lo es la mosca de la fruta (*Drosophila*) en el campo de la genética.

Tal como indica su nombre en latín, el ciclo vital de esta mosca está inextricablemente ligado al del solidago. En primavera o principios de verano, la mosca adulta inserta sus huevos en un tallo joven en desarrollo. Las sustancias químicas inyectadas con el huevo o generadas por la joven larva alteran entonces el desarrollo normal de la planta, provocando una

Agalla de la mosca de la vara de oro, mostrando una sección transversal con la larva (centro) y dos agallas sobre un tallo, ambas excavados por un pico pubescente (derecha).

gruesa excrecencia, parecida a un tumor, llamada agalla. El tejido interior de la agalla es suave, mientras que sus paredes exteriores son duras y leñosas. Desde su interior, la larva aprovecha los recursos de la planta utilizándolos para su propio crecimiento. En la mosca de la vara de oro, al igual que en los árctidos ya citados, solo la larva está fisiológicamente adaptada para hibernar, y el ciclo vital del insecto, de una generación al año, se ajusta para que la fase larvaria llegue al invierno. Después de pasar el invierno, la larva pupa y luego emerge como mosca adulta en el momento adecuado para parasitar los brotes tiernos de solidago. A finales de verano, el solidago, la agalla y la larva dejan de crecer, y la larva se abre camino excavando un estrecho túnel desde el centro de la agalla hasta la hiel exterior, sin acabar de atravesarla. Luego, retrocede y pasa el invierno en el centro duro y leñoso de la agalla, en hibernación. El hecho de que la larva prepare su escotilla de escape en ese momento preciso es fundamental, porque, de lo contrario, la mosca adulta, por su incapacidad para masticar, permanecería encerrada dentro de la agalla. Una vez dispuesto tanto el lugar de hibernación como un medio para que la mosca adulta que emerja en primavera pueda escapar de él, la larva se prepara fisiológicamente para afrontar el frío. Las poblaciones de moscas que viven en el norte tienen una respuesta diferente a las que pueblan el sur.

Las larvas de *Eurosta* del norte se preparan para el invierno produciendo a la vez glicerol (un alcohol) y sorbitol (un azúcar) en respuesta a la bajada de la temperatura en otoño. Cuanto más baja es la temperatura, más glicerol y sorbitol generan y más bajo es el punto de congelación de su sangre. Pero su resistencia a la congelación no termina ahí. Incluye mecanismos mucho más complejos y algunas veces contrarios a la intuición, todos actuando en conjunto, que probablemente a muchos lectores no les interesarán. Entre estos, por ejemplo, está la paradoja de que las larvas del norte producen y liberan una proteína en su sangre que promueve la congelación. En realidad, esta proteína imita los cristales de hielo creando puntos de nucleación para su formación. De este modo, impide que el animal se sobreenfríe. Al *evitar* el sobreenfriamiento, la proteína obliga la larva a congelarse antes, a temperaturas más altas de lo que ocurriría de otro modo.

¿Cómo puede la aparente *promoción* voluntaria de la congelación ayudar a sobrevivir en invierno, aun cuando los animales produzcan compuestos con propiedades anticongelantes? La respuesta es compleja y elegante. Tiene que ver con el hecho de que en las poblaciones de larvas del norte pueden darse temperaturas muy bajas, y el anticongelante por sí solo sería insuficiente para garantizar la ausencia de formación de hielo. Sin garantía de evitar la congelación, los animales han encontrado una forma de sobrevivir a ella. El glicerol anticongelante cumple una doble función. Por una parte, disminuye el punto de congelación, lo que reduce la probabilidad de congelarse, pero cuando es imposible evitarlo, entonces sirve para reducir los daños causados por los cristales de hielo. De hecho, el glicerol está presente tanto en especies intolerantes a la congelación como en las que son tolerantes a la misma, con una función distinta en cada una de ellas.

La prevención de la congelación por medio del sobreenfriamiento es también una respuesta potencialmente adaptativa, pero solo a temperaturas constantes moderadamente bajas. A temperaturas ambientales muy bajas, cuando la congelación es altamente probable, si no inevitable, el sobreenfriamiento es peligroso porque podría causar la congelación instantánea y una muerte segura. Para entender el porqué, hay que tener en cuenta dos cosas. Primero, al aplicarles cristales de hielo, las larvas sobreenfriadas se congelarían casi instantáneamente (la velocidad exacta, en segundos, dependerá de la amplitud del sobreenfriamiento). En segundo lugar, aunque algunos insectos pueden sobrevivir a la congelación, *solo* es posible si esta congelación se produce *lentamente.* Cualquier insecto —o animal— que se congele instantáneamente también morirá al instante.

La *velocidad* de congelación es importante para la supervivencia de las células debido a la compartimentación de los cristales de hielo que, en última instancia, está relacionada con la deshidratación. Durante la congelación lenta, el líquido que *rodea* las células se congela primero, porque está más diluido que el líquido interno. A medida que los cristales de hielo se forman en el exterior de la célula, consumen agua y dejan bolsas de líquido con una concentración más elevada. Esas bolsas actúan entonces osmóticamente para *extraer agua del interior de la célula.* En realidad, la congelación *gradual* da como resultado la formación de cristales extracelulares asociados a la deshidratación concomitante del contenido celular, de modo que no se forman cristales de hielo en *el interior de la célula*, cristales que, de otro modo, romperían los orgánulos celulares. En el caso de que pese a ello los cristales sigan formándose en el interior, serán más pequeños y menos dañinos. Otra posibilidad es que el agua se solidifique en forma de vidrio, un tipo de líquido duro en el que las moléculas de agua no pueden formar cristales de hielo quizá porque se adhieren estrechamente a las moléculas de la estructura celular. En cambio, durante la congelación *rápida*, no hay tiempo suficiente para el intercambio osmótico de agua (entre los compartimentos intracelular y extracelular), por lo que, sin una deshidratación previa, el contenido celular se congela y produce cristales de hielos grandes e irregulares que cortan y rasgan los orgánulos y las membranas.

Volvamos ahora a las razones por las que las poblaciones de *Eurosta* del norte evitan el sobreenfriamiento gracias a una proteína en la sangre que *favorece* la formación de hielo. Es así como logran tolerar la congelación. Las poblaciones del sur carecen de la proteína que evita el sobreenfriamiento y que es probable que provoque la sobrefusión. Al no haber sido seleccionadas evolutivamente para soportar el frío, han perfeccionado los mecanismos que *evitan* la congelación en detrimento de los que les ayudarían a superarla. La combinación de anticongelante y sobreenfriamiento es *suficiente* para evitar la formación de hielo en su entorno. La *velocidad* de formación del hielo deja de ser un problema si esta formación es poco probable, por lo que no es necesario tomar precauciones para garantizar una congelación lenta (para provocar una deshidratación de las células y permitir su supervivencia).

Una demostración convincente de que la deshidratación confiere tolerancia adicional al frío la ofrecen las larvas de una mosca que vive en el desierto africano (*Polypedilum vanderplanki*), que se secan periódicamente en las charcas del desierto. Estas larvas están adaptadas para soportar una pérdida del 92% de su agua corporal, y, desecadas, sobreviven incluso cuando se las sumerge en helio (a –269°C), a menos de 4°C o potencialmente a cero absoluto o 0 °K, la temperatura más baja del universo. Cuando se las rehidrata soltándolas en el agua se convierten en «insectos instantáneos». Vuelven a tener una tolerancia limitada a la temperatura y solo sobreviven entre 10 °C y 42 °C. ¿Están vivas antes de mojarse? Lo dudo. Lo que sí están es potencialmente vivas, y baso esta suposición en algunos indicios derivados de investigaciones recientes en el campo de la geología y la microbiología.

Hace unos 250 millones de años —es decir aproximadamente 190 millones de años antes de la extinción de los dinosaurios— existía un mar interior en Norteamérica, que acabó evaporándose donde ahora se sitúa el desierto de Nuevo México. Dejó depósitos de sal a más de ochocientos metros por debajo del suelo ahora quemado por el sol. En estos depósitos salinos quedaron atrapadas unas pequeñas bolsas de agua de mar y, a partir de ellas, los microbiólogos han aislado y luego cultivado (metabolizándola y reproduciéndola activamente) una nueva bacteria parecida al *Bacillus*. Además, hallaron otros microbios cuyo ADN no coincide con el de ningún organismo conocido, por lo que se cree que son los primeros —o están entre los primeros— microorganismos que habitaron el planeta. Esta bacteria ya había sido aislada previamente en las entrañas de insectos muertos que habían quedado atrapados en ámbar durante 125 millones de años. Los microbiólogos han constatado que estas bacterias también son susceptibles de ser cultivadas, por lo que es posible que se hayan descubierto organismos vivos de más de 125 millones de años.

Estos resultados son tan extraordinarios que es lógico que la comunidad científica los vea con cierto escepticismo. Pero yo sí los considero asombrosos, y no debido a unos procesos mágicos desconocidos por la ciencia y que aún no comprendemos, sino por el enorme lapso de tiempo implicado. (Personalmente, soy escéptico pero daré mi veredicto en breve). Dicho de otro modo, si las bacterias hubieran permanecido inactivas durante uno, diez o cien años, nadie habría prestado la más

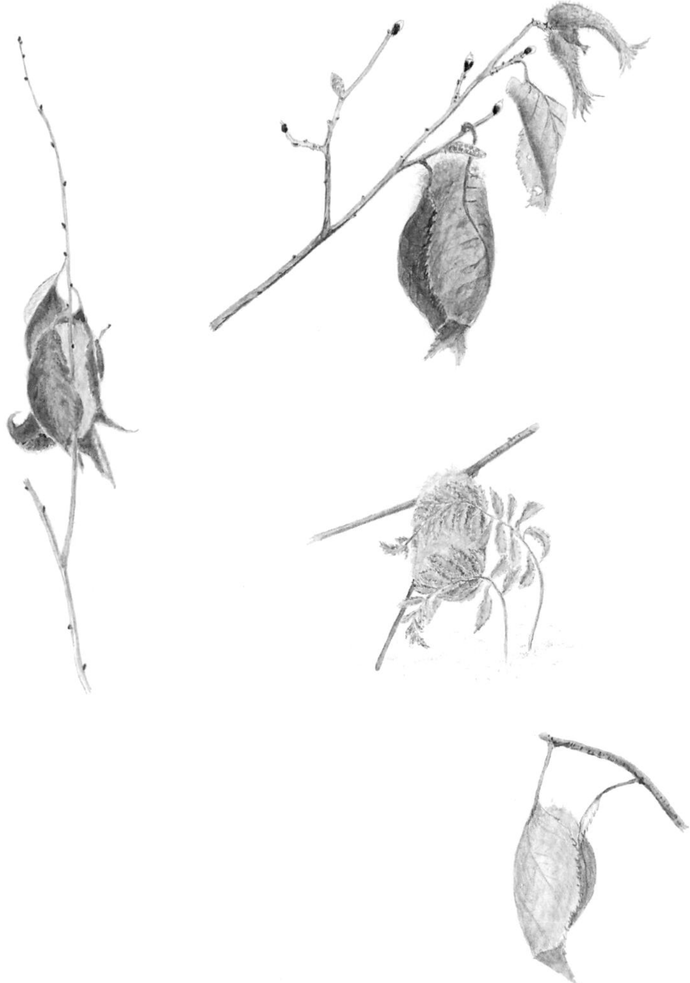

Las crisálidas de la polilla Polifemo cuentan con tres tipos de protección en invierno:

- una cáscara resistente (capullo) impenetrable para la mayoría de los pájaros
- una envoltura de hojas muertas que les sirve de camuflaje
- una protección bioquímica para evitar la muerte por congelación.

mínima atención. Incluso los animales complejos y multicelulares pueden volver a la vida tras permanecer deshidratados durante un siglo: sabemos que los tardígrados, artrópodos primitivos de seis patas, son capaces de activarse después de haberse conservado inadvertidamente en las muestras de musgo seco en un museo. Lo que a mí me parece increíble no es que esos organismos sobrevivan un número determinado de años en un estado aparentemente inerte, sino que puedan subsistir así ni tan siquiera un minuto.

Si los insectos, animales multicelulares con órganos, músculos, glándulas y sistemas nervioso, reproductivo, digestivo y excretor, pueden sobrevivir cuando todos esos sistemas, cada uno con sus miles de células, quedan potencialmente interrumpidos, ¿es menos sorprendente que una sola célula, o un organismo aún más simple como un virus, sea capaz de detener y reiniciar la orquestada cadena de complejas reacciones bioquímicas? Los virus no son organismos primitivos, sino formas de vida extraordinariamente elegantes, que funcionalmente se reducen al mínimo necesario para crecer y reproducirse en un entorno específico, el interior de las células. Su vitalidad es fruto de una serie compleja de reacciones químicas que va más allá de nuestra comprensión. En teoría, es posible sintetizarlos a partir de productos químicos de venta habitual. Por su parte, una bacteria es una combinación de moléculas mucho más compleja que un virus, pero se aplican los mismos principios. Si una mosca o un tardígrado sobrevive en estado de deshidratación durante un siglo (y presumiblemente mucho más) entonces una bacteria podría ser potencialmente inmortal.

Una molécula de ADN puede ser eterna; si se conserva en una solución salina y no se degrada, el tiempo no tiene ningún efecto sobre ella. Solo importan las condiciones ambientales. Si las condiciones permanecen constantes, no sería sorprendente desde el punto de vista científico que sobreviviera o tuviera una «vida útil» de 10 años, 10 millones de años o 100 millones de años. Me asombra y emociona que unas bacterias se hayan conservado durante 250 millones de años, pero intelectualmente me sorprende menos que el hecho de que puedan metabolizarse, crecer y seguir dividiéndose una vez recuperadas. Sin embargo, no suscribo la idea de que estuvieran *vivas* durante todo ese tiempo. Estaban tan muertas como lo está una piedra. Lo mismo ocurre con el insecto que se congela en invierno. No es la materia lo que define la vida, sino el proceso, el flujo de energía.

Las investigaciones sobre insectos han abierto posibilidades asombrosas —congelarnos a nosotros mismos para volver a nacer posteriormente— que hasta el momento solo han abordado las creencias populares, la ciencia ficción y recientemente el mundo de los negocios. Una vez congelado, el cuerpo está «muerto» según la mayoría de las definiciones (sin movimiento, latido cardíaco, circulación sanguínea, respiración, actividad cerebral). No existe un límite temporal para la preservación de un cuerpo. Afortunadamente, ningún ser humano ha sido inmortalizado en el hielo, pero la congelación de embriones se practica desde 1984, y algunos se almacenan durante ocho años antes de ser implantados. No existe una razón fisiológica evidente para que no puedan conservarse durante más de un siglo (véase la revista *Time*, 2 de marzo de 1998), pero se me ocurren muchas consecuencias morales.

Existe una historia enigmática sobre los habitantes de un pueblo de un condado situado al noreste de Vermont, una zona apartada y aislada conocida por sus gélidos inviernos. Se decía que los residentes de este pequeño pueblo soportaban los terribles inviernos bebiendo en otoño. Luego se metamorfoseaban en sólidos bloques de hielo para descongelarse posteriormente en primavera en el momento adecuado para reanudar su vida. La película *Iceman* presenta a un hombre que ha sido congelado hace diez mil años y que luego es descongelado y devuelto a la vida. Hay personas que están dispuestas a creer que estas historias pertenecen al ámbito de lo posible, por lo que una empresa (TransTime Inc. de San Leandro, California) ofrece «servicios comerciales de criogenización», según los cuales congelan a cualquier persona en nitrógeno líquido y la mantienen congelada, presumiblemente durante el próximo milenio o más, por un «mínimo de 150.000 dólares» a precios de 2002. Se rumorea que Walt Disney contrató este tratamiento en frío en vez de optar por la incineración, a pesar de una cláusula que no garantizaba la supervivencia. Actualmente, hace ya más de treinta años que algunos «pacientes» están «conservados». Sin embargo, que yo sepa, hasta el momento todavía nadie se ha sometido a este tratamiento cuando gozaba de buena salud, como hacen todos los animales que hibernan.

Las aplicaciones potenciales del conocimiento de los mecanismos de tolerancia al hielo no han pasado desapercibidas a las agencias que financian estudios científicos. Un investigador, que había analizado la resistencia al frío de los insectos, me confesó que cuando cambió su objeto de estudio y empezó a interesarse por los animales vertebrados «le llegó el dinero a espuertas». Probablemente yo también lo hubiera aceptado si me lo hubieran ofrecido. Pero he de decir que todo este asunto me produce cierta inquietud. Me horroriza la perspectiva de que el hombre pueda llegar a ser inmortal y me aterra la visión espectral de unos cuerpos metidos en cubas. Las repercusiones no intencionadas son demasiado obvias para tener que reiterarlas aquí. La investigación pura, sin ninguna aplicación práctica, es que la que aviva realmente el espíritu humano.

15

Los ratones en invierno

Incluso antes de que finalizaran las obras, era evidente que mi cabaña en Maine tenía muchas posibilidades. Bubo, mi gran búho americano domesticado, prefería posarse en las vigas del techo en vez de en el bosque, donde era acosado por los arrendajos azules. Igualmente, en junio, las hordas de tábanos y moscas negras dejaban de perseguirme en cuanto cruzaba la puerta. En verano, la cabaña era para mí una especie de santuario. Sin embargo, al llegar el invierno en los bosques de Maine, se convirtió de repente en un lugar atractivo para la fauna local, y muchos animales convirtieron mi refugio en su cuartel general.

Las musarañas de máscara y los campañoles de lomo rojo, que venían a verme de vez en cuando desde la zona subniviana, solo eran visitantes de paso. En cambio, los ratones de patas blancas se instalaron allí permanentemente en invierno. Por alguna razón que se me escapa, mi cabaña les parecía cómoda. Pero antes de contar algo más de ellos, vale más que los describa y los identifique. Según Mason A. Walton, también llamado ermitaño de Gloucester, que, en 1903, escribió el libro *A Hermit's Wild Friends or Eighteen Years in the Woods*: «El ratón de patas blancas, a diferencia del ratón doméstico, es un animal atractivo. Lleva un abrigo castaño, un chaleco blanco, pantalones de color marrón rojizo y calcetines blancos. Tiene unos ojos y unas orejas excepcionalmente grandes, lo que hace que su cabeza recuerde a la de un ciervo en miniatura. Es por este parecido que se le da el nombre de «ratón ciervo».

Los ejemplares jóvenes tienen el pelaje de color gris plomo y el vientre blanco. A diferencia de los campañoles o ratones de campo, poseen unas patas largas que les permiten saltar como los ciervos. Sin embargo, hay dos especies estrechamente emparentadas de ratones ciervo, y solo una de ellas es el ratón ciervo oficial, *Peromyscus maniculatus.* El otro es el ratón de patas blancas, *Peromyscus leucopus.*

Las diferencias entre ambas especies son muy sutiles. Una de las guías de campo que he consultado indica que el ratón de patas blancas tiene la cola más larga que el cuerpo, mientras que en el ratón ciervo es más corta. Pero todos los que medí en mi cabaña tenían una longitud de cola equivalente a la de su cuerpo. Solo los expertos son capaces de distinguir ambas especies. El rasgo distintivo que se utiliza para diferenciarlas es una variación molecular en la amilasa salival, una enzima que ayuda a digerir el almidón. Consulté a un especialista, Bill Kilpatrick, que me confirmó que los que estaban en mi cabaña eran en efecto ratones ciervo, *Peromyscus maniculatus.* Este dato era de vital importancia para mí, porque aquí en el este, únicamente el *Peromyscus leucopus* es susceptible de transmitir el hantavirus, que es mortal para los humanos. (Aunque dudo de que un virus capaz de saltar de *P. leucopus* a *H. sapiens* no pueda transmitirse a *P. maniculatus.*)

Incluso una vez eliminada la perspectiva del hantavirus, no es muy agradable tener ratones silvestres en casa, y en invierno entraban en tropel. Pero no puedo culparles. La culpa es solo mía. Debería haber usado tablas de techo secas y no retráctiles para evitar la entrada de esos ratones parcialmente arbóreos. Tampoco tendría que haber utilizado espuma de poliestireno para aislar el techo. Nadie me había advertido que los *Peromyscus* la destrozan sistemáticamente. Las astillas caen como copos de nieve a través de las grietas entre las tablas y vuelan por los aires cuando uno intenta barrerlas. Una vez dentro, los ratones arrasan con todos los alimentos secos y se esconden en los zapatos y la cama de los propietarios. El ermitaño de Gloucester, que vivió antes de la era del poliestireno, tenía docenas de ellos a su alrededor. Le divertían y se entretenía con ellos, pero aun así reconocía: «Un cierto número de estos ratones como animales de compañía en las noches de invierno no plantea ningún problema, pero cuando me veo obligado a dormir y a comer con ellos impongo ciertos límites». Walton acabó convencido de que intentar cambiarlos de sitio era inútil. Una noche, atrapó a veintiocho ratones ciervo en su cabaña y los soltó a más de un kilómetro y medio de distancia. Todos regresaron a la noche siguiente, anunciando ruidosamente su presencia con el tamborileo de sus pequeñas patas (un sonido que ahora me resulta familiar). Los ratones ciervo, que no emiten sonidos perceptibles para el oído humano, utilizan esos redobles para comunicarse entre sí (estos mensajes aún no han podido ser descifrados por el hombre).

Son unos ratones simpáticos y, aunque a regañadientes, admiro su vivacidad y su ingenio. Viven en el bosque, donde incluso sin el poliestireno y los jerséis arrugados que utilizan como materia prima, se las ingenian para construir excelentes refugios. En nuestra casa de Vermont, no hay ni una cosa ni la otra, y casi siempre se quedan fuera. Sin embargo, recientemente uno de ellos se instaló en el cráneo de un alce que hacía tiempo que estaba colgado en el gallinero. (Tenía ya dieciocho años y pertenecía a un animal cazado furtivamente cuyo cadáver atraía a una multitud de cuervos; gracias a ello inicié mis investigaciones sobre los cuervos en libertad.) El nido, encajado en el angosto espacio del cráneo, estaba hecho con una sólida base de plumas de gallina roja Rhode Island, recogidas sin duda del interior del gallinero. El 6 de diciembre de 2001, el cráneo estaba vacío, y eché un vistazo a una pajarera adyacente al aviario de los cuervos para saber si los ratones habían cambiado de residencia. Tenía la impresión de que la caja de madera, más espaciosa, sería una mejor ubicación para ellos que un cráneo de alce, ya que las cavidades que crean los pájaros carpinteros en los árboles son lugares naturales de anidación para los ratones. Esta pajarera de madera consistía en una pequeña sección de tronco hueco perforado, con una tabla clavada en la base y otra en la parte superior, fijada con alambre para poder abrirla.

Intenté torpemente quitar la tapa. Cuando por fin divisé lo que había dentro, vi el nido abombado típico de los ratones ciervo. Estaba revestido casi por completo de pelaje. Tras comprobar que no se movía nada en el interior, empecé a sacar material e, inmediatamente, dos *Peromyscus* salieron disparados hacia arriba, llegando casi a la altura de mi cara, y luego se alejaron rápidamente hacia el bosque a grandes saltos. Un tercer ratón asomó la cabeza y se me quedó mirando fijamente con sus grandes ojos negros. Volví a colocar en seguida la tapa y retrocedí. El ratón que se había quedado dentro volvió a asomar la cabeza por el agujero antes de alejarse a toda prisa.

No descubrí ninguna comida almacenada ni en el cráneo ni en la pajarera, ni en ninguna de las muchas otras que he examinado. Eso significa que los ratones ciervo esconden su comida. He encontrado acopios de semillas no solo dentro de los zapatos de la cabaña, sino también debajo de algunas cortezas sueltas en el bosque y en nidos abandonados (véase el capítulo 5). ¿Por qué no almacenan su comida más cerca de ellos, en sus propios nidos? Sospecho que tiene algo que ver con la propiedad privada. En invierno, los ratones ciervo no solo se reagrupan con sus familiares. De ahí que no les interese trabajar a conciencia en una inversión de la que otros podrían aprovecharse (especialmente si no son parientes suyos).

Los ratones ciervo han sido estudiados ampliamente durante más de medio siglo: todo el mundo quiere saber qué les permite sobrevivir a los inviernos del norte. Los investigadores están de acuerdo en que no hibernan. Queda por saber cómo estos animales que solo pesan 20 gramos logran pasar el invierno sin hibernar. Tal como suele ocurrir cuando un animal debe enfrentarse a un problema difícil, utiliza todos los trucos que tiene a su alcance para resolverlo.

Como hemos constatado en el caso de las aves, los anfibios e incluso los insectos, la clave de la supervivencia invernal es el ahorro de energía. Los *Peromyscus* utilizan varias estrategias, todas ellas bien estudiadas y documentadas.

Los ratones ciervo son animales nocturnos y, cuando no están activos, se refugian en los cómodos nidos que suelen construir en los huecos de los pájaros carpinteros y otras aves. Los *Peromyscus leucopus* mantenidos en cautividad a 25 °C construyen sus nidos en uno o dos días. Pero si la temperatura alcanza los 30 °C no se molestan en hacerlo (Glaser y Lustick, 1975). Construir un nido cuesta energía, pero a la larga supone un ahorro energético, ya que reduce los costes de combustible para mantener la temperatura. Ahorran incluso más energía cuando se acurrucan unos junto a otros (Sealander, 1952). Ciertos individuos van todavía más allá entrando en letargo y reduciendo su temperatura corporal a cerca de 20 °C durante el día. Esta variedad de comportamientos obedece a la adaptación, ya que los *Peromyscus* de las zonas nórdicas son más propensos a entrar en letargo cada día, y construyen nidos más grandes y almacenan más comida que los que habitan en el sur (Pierce y Vogt, 1993). La combinación de estas estrategias adaptativas de ahorro de energía marcan una gran diferencia en invierno, cuando el suministro de energía suele ser limitado. Por ejemplo, a 13 °C, los ratones que no entran en letargo, no se acurrucan junto a sus semejantes y no anidan, gastan 2,5 veces más energía cada día que los que aplican las tres estrategias de ahorro energético (Vogt y Lynch, 1982).

Normalmente el letargo de los ratones ciervo se inicia al amanecer y termina al final de la tarde. Hasta el momento, no se sabe qué es lo que les induce a entrar o salir de este estado. Curiosamente, pasan del metabolismo de los carbohidratos al de las grasas varias horas antes de entrar en letargo (Nestler,

1990), en una inversión metabólica que recuerda a la que se produce en los animales que realizan un ejercicio prolongado.

Aunque las estrategias de los ratones ciervo actúan para economizar energía y, por lo tanto sus reservas energéticas, las adaptaciones invernales de los *Peromyscus* implican paradójicamente que sean *capaces* de conservar el gasto energético. Normalmente, los ratones están activos durante la noche o parte de la noche. En esta época, la bajada de las temperaturas es inevitable, por lo que deben aclimatarse a ellas (Sealander, 1951). La clave de su adaptación es la adición de glóbulos rojos con mayor contenido de hemoglobina (Sealander 1962). Como consecuencia, su índice metabólico aumenta y, en consecuencia, también se incrementa su capacidad para soportar las bajas temperaturas temblando. Al residir en mi cabaña y en otros hábitats humanos durante el invierno, los ratones ciervo utilizan otra táctica para ahorrar energía: la temperatura interior de una casa es más alta que en el exterior, hay combustible abundante y suficiente material y lugares de nidificación para construir un nido, por lo que pueden permitirse el lujo de no entrar en letargo y permanecer activos durante más tiempo.

Los ratones ciervo y los ratones de patas blancas contrastan con otro par de especies de ratones que se han extendido en Nueva Inglaterra, que al igual que los *Peromyscus* no son residentes permanentes de la zona subniviana. Estas dos especies, el ratón saltarín del prado (*Zapus hudsonicus*) y el ratón saltarín del bosque (*Napaeozapus insignis*) no entran nunca en las casas. Entran en letargo profundo y permanecen en el exterior. Ninguna de estas dos especies almacena comida ni transporta sus alimentos en las mejillas, como otros roedores que hibernan (ratones de bolsillo, ratas canguro, ardillas, hámsteres). Como los *Peromyscus*, ambas especies poseen un pelaje amarillo dorado y una franja negruzca en la espalda. Cuando tienen prisa, por ejemplo para huir, se desplazan dando saltos sucesivos de más de un metro de longitud, con la ayuda de sus potentes patas traseras y sus largas colas de punta blanca. Rara vez se las ve, aunque Carolyn Sheldon, que estudió ambas especies cerca de Woodstock (Vermont) de 1934 a 1937, documentó que los granjeros locales estaban familiarizados con el ratón saltarín del prado.

El estudio de Sheldon (1938a,b) se centró en un gran número de individuos de las dos especies, que la investigadora capturó y marco con el objetivo de delimitar su área de distribución. También intentó criarlos en cautividad. Los *Zapus* nunca se aparearon mientras estaban en cautividad, y una hembra que estaba preñada al ser capturada dio a luz a siete crías, a las que no prestó la menor atención a pesar de sus chillidos. A los tres días, habían muerto. Por su parte los *Napaeozapus* se aparearon rápidamente y engendraron numerosas camadas, aunque Sheldon informó de que la madre «casi siempre» las aniquilaba (se las comía) en menos de veinticuatro horas. En cautividad, ambas especies se alimentaron de semillas, bayas, leche en polvo, insectos y sus propias crías. Evidentemente, su entorno en cautividad no se correspondía con aquel al que se había adaptado su psicología, bien por la falta de un elemento clave o por la presencia de un factor que les era perjudicial.

En el campo, los *Zapus* construyen nidos de verano en el suelo con briznas de hierba y hojas secas entrelazadas, y una pequeña entrada lateral difícil de detectar. En otoño, abandonan su residencia veraniega y permanecen enterrados en el suelo, donde hibernan. En cautividad, empezaron a cavar y a construir nidos subterráneos a finales de septiembre, cuando las temperaturas bajaron a 5 °C. Al principio, los períodos de letargo de los ratones duraban solo un rato: se despertaban con frecuencia primero durante unas horas y luego durante unos días, antes de caer en un letargo prolongado de más de dos o tres días seguidos. En Ithaca (Nueva York), se han hallado ratones en hibernación hasta finales de abril (Hamilton, 1935) y Sheldon (1938a) los encontró incluso en trampas, para capturarlos vivos, en estado letárgico, a finales de mayo. Por su parte, los *Napaeozapus* «empezaron a tener sueño» en septiembre y octubre, y, al igual que los *Zapus*, también abandonaron sus nidos sobre el suelo y construyeron nuevos nidos subterráneos para hibernar. Como los ratones ciervo, los ratones saltarines encuentran nuevos alojamientos para pasar el invierno. Por suerte, no están cerca.

16

Huéspedes sobreenfriados (con y sin anticongelante)

Aparentemente, los ratones se introducen en el interior de las casas a través de pequeñas grietas, mascando y arrancando la estopa que llena el espacio entre los troncos. Para ello, es posible que cuenten con la ayuda de las ardillas rojas y las ardillas voladoras, más fuertes, que también extraen estas fibras para cubrir sus nidos. Ya sea independientemente o en asociación, los mamíferos proporcionan a numerosos insectos sus principales medios de entrada.

Cuando llega el invierno, son muchos los insectos que aprovechan la comodidad de nuestra cabaña de Maine. La mayoría son moscas de racimo. Según Harold Oldroyd, que en 1964 publicó un libro de referencia sobre las moscas, *Natural History of Flies*, existen varias especies que pertenecen al robusto género *Pollenia*. La mayor parte tienen un tamaño varias veces superior al de la mosca doméstica más conocida. Las *Pollenia* son moscas califóridas o «de la carne». Las larvas de las especies autóctonas de Norteamérica se alimentan de la carne de animales muertos, pero las moscas con mayor presencia en mi cabaña, *Pollenia rudis*, fueron introducidas desde Europa y sus larvas parasitan a las lombrices de tierra; se las comen vivas desde dentro. Grandes y erizadas, estas moscas no tienen un aspecto agradable, como las *Pollenia* autóctonas, de un color verde y azul metálico brillante, que nunca entran en casa. En otoño, las *Pollenia rudis* se posan en masa sobre los troncos de fuera de la cabaña y se exponen al sol. Cuando empieza a refrescar, se cuelan por las rendijas. En noviembre, la mayoría ya ha encontrado la manera de entrar en casa, pero en esa época casi no se las ve ni se las nota, a menos que decidamos encender la chimenea. Entonces, en cuestión de minutos, salen asomando por las grietas y hendiduras, y si aún es de día, cientos o miles de ellas se reúnen en masa en cada una de las ocho ventanas, zumbando a la vez. Al parecer, perciben el calor y lo asocian al regreso de la primavera. Lo toman como una señal e intentan volar directamente hacia la luz de las ventanas. Si se les da la oportunidad de salir, no intentan quedarse, a diferencia de otros huéspedes a los que me he referido con anterioridad. Incluso en los días más fríos, se apresuran a salir al instante, sin demora, cuando abro las ventanas de par en par, pero solo son capaces de volar una corta distancia antes de que el frío se apodere de ellas y caigan en picado, inmóviles, sobre la nieve. En una ocasión, atrapé a centenares de moscas en mis ventanas, las marqué con pequeños trazos de pintura roja y luego las solté para ver si regresaban. Cuando pasé el aspirador en las ventanas al cabo de unos días, la mayoría eran nuevas pero también había algunas que sí habían regresado.

Empecé a interesarme por sus técnicas de hibernación porque nunca había encontrado a ninguna en la naturaleza. Las temperaturas exteriores pueden descender hasta 30 grados bajo cero (y en la cabaña no se enciende la calefacción durante la mayor parte del año). Llevé a unas cuantas moscas a mi laboratorio de Vermont y las sometí a temperaturas de –20 °C; se congelaron y murieron al cabo de unos minutos. Pero a –10 °C, que sigue siendo una temperatura extremadamente fría, algunas no se congelaron y sobrevivieron; a los pocos minutos de haberse recalentado, volvieron a volar con tanta energía como antes. Sospecho que sobrevivieron por sobreenfriamiento. En este sentido, el ambiente seco de la cabina es ideal.

La hibernación en estado de sobreenfriamiento constituye un riesgo, porque el contacto con los cristales de hielo puede crear puntos de nucleación (lugares en los que se forma el hielo), y el animal empieza a congelarse en segundos, lo que implica una muerte segura. Muchos insectos sobreviven todo el invierno en estado de sobreenfriamiento, pero, para ello, necesitan encontrar un lugar de hibernación donde poder evitar cualquier contacto con el hielo. Por ejemplo, la temperatura a la que las chinches verdes de Alaska se cristalizan en hielo

Las reinas de avispa que habitan en Alaska hibernan en suspensión para evitar los cristales de hielo y mantener el sobreenfriamiento.

(y mueren) es de cerca de –2 ºC cuando entran en contacto con la nieve, pero si logran permanecer secas, siguen vivas y sin congelarse a casi –18 ºC (Barnes *et al.*, 1996). Las reinas de avispa común (*Vespula vulgaris*) que habitan en el interior de Alaska también se sobreenfrían cuando hibernan. Evitan cualquier contacto con el hielo adhiriendo sus mandíbulas a la parte inferior de las hojas o la hojarasca y permanecen suspendidas allí durante el invierno. Los límites de la congelación en las avispas en suspensión han sido evaluados en el laboratorio y pasan de aproximadamente –10 ºC al principio del invierno a casi –16 ºC cuando este finaliza, pese a que la temperatura en su hibernáculo va en aumento. En consecuencia, estos insectos intolerantes a la congelación casi no mueren a causa del hielo. Curiosamente, las reinas de otra variedad de avispas, *Vespula maculata*, de South Bend (Indiana), son resistentes al hielo y, durante el invierno, producen en su sangre elementos que favorecen la nucleación y la congelación para evitar el sobreenfriamiento (Duman y Patterson, 1978). A diferencia de las avispas comunes sus nidos no son subterráneos. En Maine y Vermont, donde vivo y trabajo, sus grandes nidos de papel gris permanecen suspendidos en los árboles, pero quedan vacíos en invierno. Todavía no he encontrado a ninguna de sus reinas en hibernación.

Hay algunos insectos que no pueden evitar la humedad y, por lo tanto, no son capaces de sobreenfriarse. Entre ellos están las larvas de los escarabajos longicornios (cerambícidos) que se alimentan de madera viva y húmeda. Estos insectos «aserradores», llamados así porque dejan montones de serrín cuando perforan un tronco, mastican madera en verano con sus duras y esclerotizadas mandíbulas, haciendo un sonido como el de una sierra de corte transversal. (Curiosamente, los adultos emiten un chillido cuando los coges con la mano, gracias a un pequeño raspador en la unión entre la cabeza y el tórax.) Las larvas que retiré de la madera en verano y luego sometí rápidamente a temperaturas de –10 °C se transformaron instantáneamente en bloques sólidos y luego murieron. Al descongelarse, las larvas blancas se tiñeron de marrón en un día. En invierno, los adultos mueren y las larvas en hibernación permanecen inmóviles y silenciosas en el interior de sus galerías de madera. Durante este periodo sobreviven a las bajas temperaturas invernales, muy por debajo de –20 °C, y no se congelan en sólidos bloques de hielo ya que su sangre contiene un anticongelante.

No hay larvas de cerambícidos en los troncos de nuestra cabaña porque cuando la construí retiré la corteza para que se secaran rápidamente y dejaran de ser un alimento adecuado para ellas. Sin embargo, los troncos han acabado conteniendo una gran colonia de hormigas carpinteras. Es una mala noticia porque una vez se instalan en un sitio ya no se van de allí. Producen enormes cantidades de serrín, muy superiores a las de las larvas de escarabajo. Temía que vaciaran los troncos y provocaran su caída. Tras algunos años contando con su presencia, sin ver ninguna posibilidad de atajar el problema, estaba desesperado, a punto de contratar a una empresa exterminadora cuando, en el verano de 2001, apareció una enorme columna de hormigas rojas (*Formica subintegra*, una especie de hormiga esclava del género *Formica*) y en menos de una semana montones de hormigas carpinteras (*Camponotus*) o partes de ellas quedaron esparcidas por el suelo dentro y fuera de la cabaña. Las asaltantes erradicaron por completo la colonia de hormigas carpinteras y luego regresaron a su enorme hormiguero.

Las hormigas carpinteras pueden usar madera seca porque, a diferencia de las larvas de escarabajo, se mueven sin cesar y, si es preciso, transportan agua a sus hormigueros para humedecer la madera. He visto algunas viviendo en abetos balsámicos a principios del invierno y, dado que los cristales de hielo se mezclan con las masas de hormigas comatosas, necesitan otra estrategia además del sobreenfriamiento para sobrevivir.

Tanto las hormigas como las larvas de escarabajo que pasan el invierno dentro de los troncos de los árboles soportan temperaturas cercanas a las del aire. Me he llevado algunas a casa y las he recalentado, pero a diferencia de las moscas que vuelven a la vida casi de inmediato cuando se las calienta, las hormigas y las larvas de escarabajo parecen estar muertas incluso después de entrar en calor. Solo cuando ya hace unos días que están a temperatura ambiente, muestran cierto movimiento y paulatinamente reanudan su actividad. Pero cuando cogí esas larvas y hormigas que habían vuelto a nacer y volví a exponerlas al frío al que habían sido sometidas previamente, murieron de inmediato. Las hormigas y las larvas de escarabajo, cuando se adaptan al frío, contienen grandes cantidades de glicerol u otro anticongelante de sabor dulce (no he probado las moscas), lo que impide que se formen cristales de hielo en sus cuerpos y probablemente las deja inactivas. Tienen que estar mucho tiempo a temperaturas elevadas para eliminar el anticongelante de la sangre.

Los demás huéspedes invernales de la cabaña —pienso en tres especies en particular— son hermosos y tienen costumbres mucho más agradables. Cuando la calefacción de la casa está encendida, por ejemplo, no tienen la insidiosa tendencia de las *Pollenia* de revolotear alrededor de la lámpara de la mesita de noche y, luego, cuando está apagada, meterse debajo de las sábanas y zumbar groseramente.

La primera de esas especies, la mariposa antíopa (*Nymphalis antiopa*) se instala normalmente en las grietas del exterior y solo en raras ocasiones entra en casa. En otoño, suele haber una o dos de esas mariposas revoloteando bajo el techo. La segunda especie, la mariquita asiática multicolor, solo ha llegado hasta aquí en masa recientemente. Algunos años miles de ellas se amontonan en la cabaña, y en otros solo aparecen por docenas. Importada por primera vez del este de Asia por el Departamento de Agricultura de EE.UU. a finales de la década de 1980 como medio biológico para controlar el pulgón del nogal, esta especie (*Harmonia axyridis*) fue introducida posteriormente en otras zonas, incluyendo el noreste de Estados Unidos para controlar plagas similares. Desde entonces se ha extendido a lo largo y ancho del continente en la mayoría de las regiones de Estados Unidos y partes de Canadá. Al igual que muchas especies de mariquitas (puede haber cuatrocientas especies de mariquitas en Norteamérica y unas tres mil en todo el mundo), estos coleópteros poseen una bella coloración negra. Las especies endémicas de América del Norte tienen unos patrones de color específicos, pero en las especies asiáticas prácticamente cada individuo tiene un color único. Cada coleóptero tiene sus propio tono sobre un fondo rojo intenso,

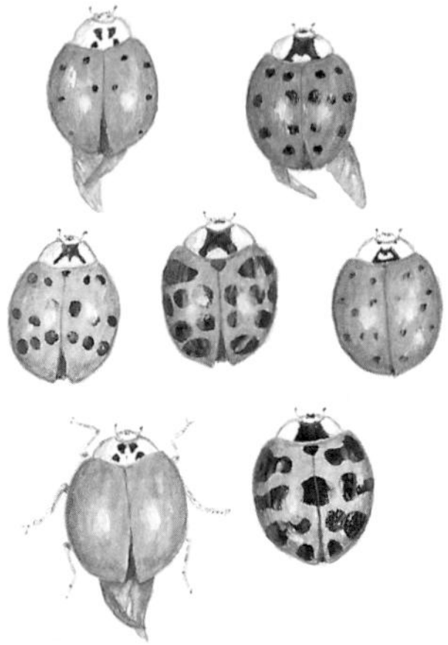

Una muestra de mariquitas asiáticas multicolores
vistas desde mi ventana.

anaranjado o amarillo, con o sin manchas, puntos negros diminutos o manchas que se fusionan en franjas negras. (Otra especie que muy rara vez pasa el invierno en mi cabaña es de color negro carbón con una mancha roja en cada ala.) Los colores sirven como advertencia para mantener alejado al enemigo; las mariquitas asiáticas multicolores secretan un líquido apestoso cuando se aplastan. Pero incluso a las personas que odian a los bichos les cuesta matar a una mariquita. Además de bonitos colores, poseen unas curvas suaves y redondeadas, patas pequeñas y pies diminutos. Son tan hermosas como cualquier otro insecto. Adorables, incluso. Pero no tanto. Lo constatamos cuando decenas de miles de ellas (literalmente) se acuartelaron en nuestra casa de Vermont en otoño, donde estuvieron durante más de seis meses a pesar de todos nuestros esfuerzos para intentar desalojarlas.

Nuestra familia tuvo la desgracia de conocer de cerca a esos bichos durante el invierno de 2001-2002. En años previos, algunos molestos precursores habían entrado en nuestra casa de Vermont. Entonces, fueron casi una distracción en comparación con las moscas *Pollenia.* Pero aquel invierno, paradójicamente, los dípteros no hicieron acto de presencia, mientras que las mariquitas organizaron bien su invasión. No sé cómo ni por qué. Coloqué a un grupo de ellas en el congelador (a –14 °C) donde sobrevivieron sin problemas (bueno... 61 de 148).

Afortunadamente las arañas no entran vivas en mi cabaña. Aquí puede verse a «Charlotte», muerta y arrugada sobre una biga junto a sus huevos, que sí sobrevivirán al invierno.

A lo largo del invierno, abrí la ventana de nuestro dormitorio en muchas ocasiones para intentar retirarlas de los cristales y las paredes y sacarlas a centenares. Aun así, por la noche, seguían congregándose en masa alrededor de la lámpara de la mesita de noche. Cuando apagábamos la luz, los bichos acampaban en nuestra cama. Al estar deshidratadas por la sequedad del interior, no pocas veces intentaban mordisquearnos la piel o meterse en nuestros ojos, buscando absorber algo de humedad. En Pascua, empezaron a salir con fuerza de la hibernación. Tuvimos una gran infestación y, como último recurso, mi mujer, Rachel, trató de aspirarlas con una Dustbuster. Como mofetas irritadas, liberaron su tóxicas secreciones químicas para defenderse. Rachel es bióloga y un modelo de tolerancia hacia todo tipo de criaturas. Le encanta que los niños le lleven arañas, lombrices, babosas, milpiés, chinches y ciempiés. Pero en abril de 2001, después de otro ataque con la aspiradora, declaró que las *Harmonia axyridis* eran «repugnantes». No la contradije.

A pesar de todo, les tengo cierta simpatía a las mariquitas y a los escarabajos, y ello se debe sobre todo a sus hábitos depredadores. Además de los pulgones de la nuez, las mariquitas asiáticas multicolores y sus larvas se alimentan de insectos chupadores, como el pulgón de la tsuga, que ha diezmado las poblaciones de esta especie de árbol desde Virginia a Nueva Inglaterra. A lo largo de su vida, una sola mariquita multicolor es capaz de devorar entre 600 y 1.200 pulgones. En los años sesenta, también el pulgón fue introducido de Asia (probablemente llegaron por accidente en una planta de vivero). Veinte años después constituyen un serio problema. Una tsuga atacada por adélgidos muere sin remisión. Hasta ahora no he tenido ningún problema de este tipo en mis árboles.

La crisopa verde (de la familia de las *Chrysopidae*) es la tercera especie que suele visitarnos periódicamente, aunque nunca en masa. Su color verde luminoso y brillante se extiende a sus cuatro grandes alas, unas delicadas membranas entre una red de venas. Las crisopas tienen cierta aurea, una impresión que se desvanece en los pulgones. Las crisopas adultas y sus larvas, llamadas comúnmente pulgones león, son feroces depredadoras, como sus parientes las hormigas león, cuyas larvas construyen letales trampas de arena para capturar hormigas. En contraste con la multitud de insectos que visitan nuestra casa y nuestra cabaña en invierno, rara vez encuentro más de media docena de ejemplares de esta especie, pero suelo verlas casi siempre (a diferencia de los demás ocupantes de la cabaña) bajo la corteza seca y suelta de los bosques invernales. Son visitantes demasiado poco frecuentes para considerarlos una amenaza.

Algunos invitan deliberadamente a otros compañeros a sus aposentos de invierno. Nuestro hijo Eliot y yo encontramos algunas hormigas diminutas de color amarillo pálido hibernando en unas cavidades entre las piedras. En unas cámaras adheridas a las raíces y las rocas descubrimos unas manchas blancas como la tiza que, al examinarlas de cerca, vimos que eran pulgones. Lo más seguro es que estos pulgones, parientes próximos de los temidos lanígeros, están ahí porque les resultan útiles a las hormigas. Secretan una especie de melaza dulce en verano, cuando las hormigas las dejan en libertad para que pasten. Y cuando han terminado de alimentarlas con su melaza en otoño, las vuelven a meter bajo tierra en las cámaras donde las encontramos. Allí pasan el invierno sin moverse ni ser una molestia.

La diversidad y abundancia de la fauna que visita mi cabaña en invierno no es necesariamente envidiable. Cualquiera puede tener la misma suerte. Al permitir ciertas aperturas, ahora soy anfitrión de lo bueno, lo malo, lo bello y a veces lo útil.

17

De murciélagos, mariposas y cámaras de aire frío

Uno de los recuerdos más gratos que tengo de mi infancia es el de los murciélagos en los atardeceres de verano. Cada tarde esperaba volver a contemplarlos con la misma seguridad de que veía a las golondrinas en el granero y a los grajos en los campos de heno. Revoloteaban por los alrededores y se aproximaban a la superficie del lago Pease mientras pescábamos percas al caer la tarde. Hace tiempo que no se dejan ver por aquí y les echo de menos.

Además de su afición por las avispas icneumónidas y su interés por los pájaros, por no hablar de su mascota, la comadreja búlgara, a mi padre le apasionaban los murciélagos, y algunas tardes salíamos a cazarlos con su escopeta. Luego mi madre, que preparaba muchas de sus expediciones, los desollaba y disecaba. En materia de vuelo, cada especie poseía su propia firma, una forma característica de batir las alas y zigzaguear. Era todo un reto aprender a conocerlos, y verlos era emocionante. La colección de mi padre —unas dos docenas de especies expuestas en vitrinas— acabó formando parte del Museo Bates de la Good Will School en Hinckley (Maine). La última vez que visité este museo en 1999, me puse triste. No porque los hubiéramos matado —su muerte nos había dado la posibilidad de conocerlos mejor—, sino más bien por la profunda ignorancia de aquellos que nunca han tenido ocasión de observarlos, estudiarlos o aprender a apreciarlos, lo que en parte explica el descenso de su población en todo el continente. Casi nadie se propone hacer daño deliberadamente. La mayoría de los males se producen inadvertidamente, por desconocimiento y falta de información.

En aquella época, no sentía demasiada curiosidad por saber cómo los murciélagos pasaban el invierno, y ni yo (ni nadie, hasta veintitrés años después) tenía la más mínima idea del paradero invernal de las mariposas monarcas (*Danaus plexippus*), cuyas orugas de color amarillo con rayas blancas y negras se alimentaban en los algodoncillos que crecían al lado de nuestro granero. Cogí algunas orugas, las alimenté y las críe hasta la edad adulta en mi habitación. Entonces no sospechaba que las mariposas y los murciélagos tuvieran algo en común, ni que la supervivencia de ambos dependiera de la temperatura invernal en puntos del planeta situados a cientos e incluso miles de kilómetros del aislado edén de los bosques de Maine, donde parecían formar parte del paisaje. Se creía que, para «proteger» a estos animales, se debía prohibir a los niños curiosos que los tocaran y los coleccionaran, como si se asumiera que todo el mundo quisiera hacerlo. Según esta lógica, también debería ser ilegal *no* manipular la fauna salvaje, porque *algunas* personas, al entrar en contacto con ella, promueven su conservación. Personalmente, pienso que la proximidad es preferible a la distancia. Debería favorecerse el contacto.

Las mariposas monarcas pasan los veranos en Estados Unidos y el sur de Canadá, que es el límite septentrional de la planta de la que se alimentan, el algodoncillo. Hay dos grandes poblaciones de monarcas, separadas por las Montañas Rocosas. Las que están al oeste de las Rocosas migran a la costa de California, donde pasan el invierno en unas cuarenta colonias, entre las que están las bien conocidas de Muir Beach, Santa Cruz y Pacific Grove.

Durante mucho tiempo no se sabía dónde pasaba el invierno la población de mariposas del este de las Rocosas. En 1937, el zoólogo Fred A. Urquhart y su esposa Norah, sospechando que migraban, empezaron a pegar unas minúsculas etiquetas en las alas de miles de monarcas en su base de operaciones en Toronto, con la dirección de donde tenían que volverse a enviar si alguien las encontraba. Al trazar un mapa de los sitios en los que habían sido encontradas durante varios años, pudieron reconstruir la dirección de sus vuelos y determinar que migraban a México para pasar el invierno.

Mariposa monarca.

Ahora sabemos que las poblaciones del este ocupan desde la vertiente oriental de las Rocosas hasta la costa atlántica. La mayor parte de sus miembros migran hacia el sur en otoño, recorriendo más de 4.500 kilómetros para hibernar en doce parcelas extraordinariamente pequeñas de pinos y abetos situadas en el eje neovolcánico transversal en el estado mexicano de Michoacán. Las mariposas hibernan en esas montañas a una altitud de 2.900 a 3.300 metros, en zonas con una temperatura fresca pero no demasiado fría, una alta humedad relativa y poco viento (Brower y Malcolm, 1991). Habita allí una gran colonia en la que se congregan más de 14 millones de monarcas en aproximadamente una hectárea y media —unos 4 acres, menos que la centésima parte de una milla cuadrada—, con unas temperaturas que oscilan entre 5,6 °C y 15 °C, que se corresponde con el umbral en el que las mariposas empiezan a temblar antes de emprender el vuelo. Es aquí, en este lugar, donde reside la parte vulnerable de la población de monarcas de Norteamérica y donde pasan la mayor parte del invierno en estado de letargo.

Para mantener vivo el maravilloso espectáculo que supone la migración de las monarcas es necesario proteger los bosques que favorecen su migración, además de ayudar a incrementar sus reservas de energía. Da qué pensar que la mayor parte de la población de monarcas del este de Norteamérica podría ser aniquilada de un plumazo por un leñador irresponsable armado con una motosierra. La supervivencia depende del eslabón más débil de las innumerables asociaciones con un gran número de especies. No obstante, a largo plazo, no solo los lugares de descanso resultan esenciales. Dados los cambios medioambientales, como el calentamiento global que está derritiendo los glaciares de todo el mundo a un ritmo sin precedentes, las posibles zonas propicias a la hibernación, aún no utilizadas, cobrarán una gran importancia en el futuro.

Cuanto mayor sea el grupo de mariposas, menor será el riesgo de depredación que correrá cada uno de sus miembros. Sin embargo, una de las principales razones por las que las mariposas utilizan unos espacios determinados para hibernar es que allí pueden mantener la baja temperatura corporal necesaria, así como su equilibrio energético, mientras descansan durante tres meses prácticamente sin alimentarse (Masters, Malcolm y Brower, 1988). Por término medio, cuando llegan a su lugar de hibernación, sus reservas de grasa duran unos noventa días a 15 °C (*ibid.*). Por otro lado, si su temperatura corporal en reposo llegara a 30 °C, entonces su índice metabólico sería lo suficientemente alto para agotar sus reservas de grasa en menos de diez días. Además, probablemente se deshidratarían.

También cabe señalar que el comportamiento migratorio —movimiento, dirección del vuelo y tal vez duración y destino— ha evolucionado con el tiempo. Las mariposas no se instalan en el primer lugar fresco que encuentran, porque podría llegar a hacer demasiado calor o demasiado frío. Su elección se basa en la experiencia genética, o de larga duración, de su especie. De ahí la importancia de conocer los lugares de hibernación que han resultado ser seguros para sus ancestros.

En febrero, a medida que los días se alargan y finaliza el fotoperiodo de 11.30 horas, crítico para las monarcas, las mariposas en hibernación vuelven a ser sexualmente activas. Por supuesto, no hay nada mágico en las 11.30 horas de luz al día para reproducirse, excepto en el caso de las monarcas. Al igual que respecto a los lugares de hibernación, este tiempo preciso corresponde a una memoria evolucionada de la especie. Se trata del fotoperiodo que en su historia evolutiva ha demostrado ser el mejor para su actividad reproductiva. Tras el fotoperiodo, las mariposas se limitan a esperar la siguiente señal: la temperatura. El aumento de temperatura desencadena una respuesta masiva de apareamiento en la colonia (Brower *et al.*, 1977). Después del apareamiento (otra señal), las hembras migran hacia el norte y el este de vuelta a Estados Unidos y el sur de Canadá. Por el camino, reaccionan al olor del algodoncillo, que les indica que deben poner sus huevos verdes sobre las plantas que acaban de brotar.

Durante mucho tiempo, hubo un debate polémico sobre si las monarcas colonizaban la totalidad de su área de distribución oriental desde la primera generación, nacida en primavera, tras abandonar sus lugares de hibernación en México. O si el viaje hacia el norte se realizaba por etapas en generaciones sucesivas. Gracias a que el algodoncillo contiene cardenólidos (para nosotros, unas sustancias químicas nauseabundas y tóxicas para nuestro corazón), esta cuestión ha quedado resuelta: hacen falta cuatro generaciones de monarcas para llegar a las áreas de reproducción más septentrionales.

La cuestión se resolvió teniendo en cuenta que las diferentes poblaciones de algodoncillo contienen conjuntos específicos de cardenólidos con distintas características químicas. Las monarcas ingieren este veneno en la fase de oruga, lo almacenan en las pupas y lo transfieren a las mariposas adultas, donde le sirven como defensa química contra los depredadores. Al extraerlo de una mariposa, se puede obtener una «huella» química que coincida con la que está presente en el algodoncillo de distintas zonas. Por ejemplo, se vio que las monarcas que hibernaban en México y las que estaban en la primera etapa de la migración (marzo y abril) contenían cardenólidos que no aparecen en los algodoncillos que crecen en México y el sur de Estados Unidos. Así, mediante esta investigación bioquímica, pudo deducirse que las monarcas hibernantes y las migrantes de principios de primavera procedían de orugas que habían crecido el verano anterior al norte de Estados Unidos y Canadá. En cambio, la huella de las mariposas recogidas en mayo y junio en Dakota del Norte correspondía a algodoncillos que solo brotaban en el sur de Estados Unidos.

Todos los otoños me dedico a observar a las monarcas, nuestro insecto migratorio más llamativo, con gran entusiasmo y admiración. Día tras día, en octubre, las hermosas mariposas de rayas anaranjadas y negras baten sus alas y atraviesan perezosamente los campos, los bosques y el agua, volando por separado en dirección al sur. Al caer la tarde, hacen una pausa y se reúnen en los ásteres púrpura de Nueva Inglaterra para sorber su néctar y por la mañana, al salir el sol, tiemblan para emprender el vuelo y seguir su camino.

Algunas mariposas marcadas en Canadá en otoño han sido recuperadas a miles de kilómetros al sur. En invierno, la mayor parte de la población del este se instala en su montañoso hábitat de invierno, cerca de Ciudad de México, donde sus tatarabuelas ya habían buscado refugio. Es un destino al que llegan con un increíble gasto de energía, a pesar de no haber estado nunca allí ni saber dónde van. En un espectacular despliegue de color naranja brillante, engalanan los árboles.

Pero la pregunta del millón es: ¿por qué se molestan en hacer este duro y largo viaje?, ¿por qué no hibernan en el norte como la mayoría de las mariposas? Como en muchos casos, la respuesta está ligada a la historia. Pero en este caso, la solución no es simple, porque la historia, especialmente la historia de la evolución, no depende exclusivamente de un solo hecho que actúe con independencia del resto.

Las mariposas monarcas pertenecen a una familia llamada *Daneidae*, un subgrupo tropical. Las parientes próximas de las monarcas viven en las llanuras de Nueva Guinea, así como en los trópicos del continente americano. Los antepasados de las monarcas actuales, *Danaus plexippus*, estaban presumiblemente adaptados a un clima tropical. Como numerosas mariposas, estaban predispuestas a dispersarse cuando se agotaba el alimento de las larvas. Al no poder sobrevivir a temperaturas bajo cero, hubo entonces una fuerte presión selectiva para que se dispersaran en una dirección concreta y no al azar. Las mariposas que se dispersaron en la dirección equivocada no tuvieron descendencia a la que se le pudiera transmitir este rasgo. Solo sobrevivieron las que tuvieron la suerte de volar hacia el sur, de modo que esta dirección y este destino fueron retenidos en la evolución.

A partir del momento en que las monarcas se dispersaron en todas direcciones, tuvieron que superar otro problema. En su periplo anual hacia el sur, estaban obligadas a atravesar el ambiente cálido y árido de los desiertos mexicanos, donde había pocas posibilidades de repostar. Estas infatigables viajeras tenían entonces que esperar cierto tiempo antes de volver a alimentarse, por lo que debieron de experimentar una intensa presión selectiva para conservar la energía. En parte por casualidad, algunos individuos acabaron instalándose en las montañas, tal vez arrastrados por las fuertes corrientes tropicales. En una ocasión fui testimonio de un reagrupamiento de insectos en el monte Mérue en Tanzania; parecían estar todos en estado de letargo. El aire fresco de la montaña redujo el nivel de gasto energético de las monarcas hasta tal punto que ni siquiera eran capaces de volar. Esta cámara de aire frío les permitió dejar de alimentarse hasta el momento en que volvieran a estar activas.

Parece probable que, dado el alto índice de reproducción de los insectos, las pocas monarcas que siguieron una trayectoria de vuelo que, de alguna manera, las hizo aterrizar en esa especie de almacén refrigerado en un momento de escasez de alimentos, tuvieran una gran ventaja selectiva en comparación con las mariposas que habían agotado sus reservas de energía permaneciendo en un lugar donde había poca comida o hacía calor. Seleccionando a las supervivientes, la evolución determinó el lugar en el que hibernaría la población. Este tipo de generalidades, si las circunstancias lo aconsejan, pueden aplicarse asimismo a otros animales, como las polillas Bogong y los murciélagos.

En Australia, las polillas Bogong (*Agrotis infusa*) también migran a zonas montañosas y frescas donde se reagrupan en masa (y donde antiguamente constituían un alimento importante en la dieta de los aborígenes australianos). La migración de estas polillas obedece al mismo principio que la de las monarcas —conservar las reservas de grasa durante un largo periodo de reposo—, pero en vez de migrar para escapar del frío, lo hacen para evitar el fuerte calor.

En los murciélagos tenemos un buen ejemplo para explicar el intento de evitar a la vez las bajas y las altas temperaturas. Los murciélagos, como los *Danaidae* y los homínidos, son animales tropicales. Los que viven en el norte son la excepción (como *Danaus plexippus* entre los *Danaidae*, y *Homo sapiens* entre los homínidos). Como nosotros, los murciélagos pueden vivir en el norte, no porque toleren el frío, sino porque saben cómo evitarlo. Al igual que las mariposas monarcas, muchos murciélagos migran, pero su capacidad les deja mayor margen de maniobra para elegir su destino.

Tendemos a pensar en la migración como un desplazamiento de norte a sur, pero puede darse en cualquier dirección. Las reinitas cabecinegras de Europa Central, por ejemplo, han emigrado tradicionalmente al sur, hacia África, en invierno. Sin embargo, desde hace varias décadas, una parte de su población ha evolucionado, por selección natural, y vuela de este a oeste, invernando en Gran Bretaña, donde el clima es templado y hay abundancia de comederos. Asimismo, numerosas especies de murciélagos del norte migran hacia lugares que favorecen el equilibrio energético. Pero este equilibrio no depende de la alimentación. Como las mariposas monarcas, migran a entornos donde existan cámaras de aire frío que les permitan conservar sus reservas de grasa y no correr el riesgo de congelarse. En el caso de muchos murciélagos esto implica hibernar en cuevas.

Si pretenden subsistir sin alimentarse durante meses, no sirve cualquier cueva. La temperatura de estas grutas no puede estar por debajo de los 0 °C, pues de lo contrario los murciélagos correrían el peligro de morir congelados o agotar su energía batiendo las alas para evitar la congelación. Tampoco pueden ser demasiado elevadas si no hay alimentos disponibles en el exterior, porque, en ese caso, incluso si el animal está en reposo, su metabolismo acabará agotando las reservas de grasa. En general, cada vez que la temperatura corporal aumenta 10 °C, la tasa del metabolismo en reposo (es decir, el gasto energético) se duplica.

En las regiones meridionales, ciertas poblaciones de murciélagos migran al norte, donde la temperatura de las cuevas (con una temperatura corporal lo más baja posible) es lo bastante baja para que puedan permanecer en un letargo prolongado (McNab, 1974). Pocos quirópteros son capaces de hibernar en cuevas cuya temperatura sobrepase los 14 °C. La excepción son las especies muy pequeñas y las que no viven en grupo, lo que aumenta su capacidad para enfriarse.

Murciélago descansando sobre una hoja en verano.

Un murciélago que entra en una cueva por primera vez no puede saber de antemano si la temperatura interior será la adecuada para mantener un balance energético positivo hasta finales del invierno, del mismo modo que las monarcas no eligen su refugio en las montañas sabiendo que es el que más les conviene para mantener su equilibrio de energía hasta la primavera. Si el animal sobrevive es que las condiciones eran las óptimas y el balance energético ha sido favorable, por lo que lo más probable es que regresen al mismo lugar el siguiente invierno. Es lo que hacen los murciélagos. No es solo la selección natural lo que interviene para que los murciélagos sobrevivan al invierno, sino también la elección de las cuevas que se convierten en sus refugios. Si no están adaptadas, las poblaciones no crecerán. Y a la inversa, incluso si al principio el número de murciélagos aumenta, cuando las condiciones dejan de ser favorables, disminuirá irremisiblemente.

Los quirópteros son animales longevos que aprenden de la experiencia y regresan año tras año a cuevas que han demostrado ser seguras, probablemente durante siglos. Pocas cosas habían perturbado el entorno constante y particular de sus refugios tradicionales hasta la llegada del ser humano. No es de extrañar, por tanto, que la intervención del hombre haya sido uno de los factores determinantes del declive de algunas especies de murciélagos. Merlin D. Tuttle del Museo Público de Milwaukee ha establecido una asociación entre la disminución de su población y la perturbación humana en algunas cuevas determinadas, concretamente las habitadas por el murciélago gris en peligro de extinción (*Myotis grisescens*).

Como otros quirópteros, los murciélagos grises eligen cuevas específicas. Llegan a agruparse más de 1.800 individuos por metro cuadrado. Para evaluar la población de una cueva, se presupone que la totalidad de la superficie del techo, estimado en metros cuadrados, está recubierta de murciélagos. Sus colonias solo ocupan el 5% de las grutas accesibles. En estas cavidades, lo que más les perturba es la intromisión humana, debida principalmente al tránsito de espeleólogos y al vandalismo, incluso a la intervención de las autoridades sanitarias, que en algún caso han prendido fuego a una cueva tras una denuncia errónea que acusaba a los murciélagos de propagar la rabia. Los dos cuevas más perturbadas de Alabama y Tennessee han perdido el 90% de sus murciélagos, mientras que la población de otros cinco refugios en los que no se ha intervenido se ha mantenido estable.

Para intentar frenar este declive, a veces catastrófico, se ha intentado restringir o limitar las intrusiones humanas modificando, en muchos casos, el acceso a determinadas cuevas. Paradójicamente, sin embargo, los resultados de estas medidas bien intencionadas no han sido siempre los deseados: en algunos casos, la población se ha recuperado, mientras que en otros los accesos mal construidos han provocado la pérdida de colonias enteras. Los murciélagos en peligro de extinción de Indiana, *Myotis sodalis*, ilustran a la perfección las posibles causas de este revés. Las hembras de esta subfamilia viven casi quince años y los machos algo menos (Humphrey y Cope, 1977). La reproducción es lenta. Las hembras tienen su primer hijo a los dos años, y luego solo tienen una cría por año.

El área de reproducción estival de este murciélago se extiende por la mayor parte del este de Estados Unidos, pero cerca del 85% de su población hiberna exclusivamente en siete cuevas; y la mitad se reagrupa solo en dos de ellas. Desde que obtuvieron el estatus de especie protegida en 1973, la población invernal de murciélagos de Indiana disminuyó en un 28% hasta 1980-1981, y un 36% más en la década siguiente. Un estudio reciente realizado por cuatro investigadores de cuatro museos diferentes (Richter *et al.*, 1993) sugiere que la sorprendente disminución de los murciélagos podría ser debida a la modificación de los accesos de las grutas. A modo de ejemplo, desde principios de los sesenta, cuando se modificó la entrada, hasta principios de los noventa, la población de la cueva Hundred Dome de Kentucky pasó de 100.000 a 50 individuos. Cuando la entrada de la gruta Wyandotte en Indiana se delimitó con un muro de piedra construido por el hombre, la población pasó de 15.000 a 1.400 en 1957, en veinticinco años. Entre 1.000 y 2.000 murciélagos siguieron hibernando allí hasta 1977, cuando se retiró el muro de piedra. Inmediatamente después la población repuntó y fue aumentando paulatinamente hasta recuperar su nivel inicial quince años después. Los investigadores llegaron a la conclusión de que la modificación del acceso a la cueva tuvo como principal efecto la restricción del flujo de aire, por lo que las temperaturas del interior habían aumentado. Las de la cueva Hundred Dome, donde se produjo el descenso más brusco, habían pasado de 4 °C a 11 °C. Como resultado, los murciélagos en hibernación, que normalmente están sometidos a temperaturas de 4 °C a 8 °C, no se enfriaban lo suficiente.

En esta especie, la temperatura corporal durante la hibernación es esencialmente idéntica a la del aire, de –3° C a 30 °C (Henshaw y Folk, 1966). En el extremo inferior de este rango de temperaturas, los animales se despiertan y tiemblan para entrar en calor, de modo que su temperatura corporal se sitúa ligeramente por encima de la temperatura del aire. (En una especie estrechamente emparentada, *Myotis lucifugus*, los individuos no pueden despertarse cuando las temperaturas son tan bajas y mueren congelados a cerca de –5 ºC.) No obstante, el principal peligro para los murciélagos de Indiana no es la congelación rápida sino la muerte lenta por inanición a temperaturas superiores a los 10 ºC cuando su elevado metabolismo en reposo agota finalmente sus reservas de grasa al final del invierno.

Para comprobar esta última hipótesis, el biólogo Andreas Richter del Earlham College de Indiana, y tres de sus colegas compararon la pérdida de peso de los murciélagos en dos cuevas con distinta temperatura. La pérdida de masa corporal fue un 42% más rápida en los murciélagos que hibernaban a temperaturas superiores. Además, los individuos que murieron estaban demacrados. La mortalidad provocada por las condiciones que se habían alterado en la cueva de Wyandotte, de 1953 a 1978, debería haber sido lo suficientemente alta como para eliminar a la totalidad de sus habitantes. Pero los murciélagos se atraen entre sí, y la aparente estabilización de la población de esta cueva —de 1.000 a 3.000 individuos— fue más una mala noticia que una buena. Este aumento había sido provocado por la llegada en masa de otros animales venidos de fuera. La gruta se había convertido en un sumidero, una trampa mortal. Los efectos nocivos de un aumento de solo 5 °C de temperatura se extendieron mucho más allá de la propia cueva. El destino de los murciélagos y las mariposas se equilibra en el mundo invernal al que están adaptados.

18

Reagruparse en invierno

Todo tipo de criaturas se agrupan en invierno para formar comunidades estrechamente unidas, incluso las que no se aprovechan del confort de una casa habitada o las que no se ven obligadas a buscar el calor. Hace unos años, un día de noviembre, me agaché sobre unas hojas recién caídas pero ya apelmazadas del bosque. En cuestión de segundos, detecté el olor inconfundible de una chinche hedionda. Al escarbar bajo las hojas, encontré docenas de ellas amontonadas, presumiblemente preparándose para hibernar. Las había molestado al descubrir su campamento y soltaron sus malolientes secreciones defensivas. No tenía necesidad de probarlas, sabía que tenían un sabor tan repulsivo como el de las monarcas (pero no tanto, según expertos gourmets, como el de una masa de huevos de araña en hibernación).

Las chinches hediondas no son las únicas que huelen o saben mal. Lo mismo ocurre con casi cualquier insecto de colores brillantes (excepto algunos imitadores). Las mariquitas que se juntan por miles tanto en mi cabaña de Maine como en mi casa de Vermont con la esperanza de pasar allí en invierno, cuando se las molesta indebidamente, despiden un olor nauseabundo a caucho quemado. Algunas especies de coleópteros de esta familia, los coccinélidos, se agrupan por millones. En California, y en otras zonas del oeste de Estados Unidos, se acumulan debajo de las rocas o al pie de los árboles en las montañas, y se recogen en cubos para venderlos a los jardineros para controlar los pulgones. Es posible que la agrupación de las chinches hediondas y de las mariquitas responda al propósito de concentrar el olor nauseabundo. Es decir, si quieres que se te asocie con el mal olor, luce como los animales que desprenden ese hedor y, aún mejor, únete a otros que huelen tan mal como tú.

El hecho de agruparse en invierno proporciona a los animales, por lo menos a algunas serpientes, otras ventajas. Una de las concentraciones más extraordinarias es la de una subespecie de serpiente de jarretera, la culebra rayada (*Thamnophis sirtalis parietalis*). Como las chinches hediondas, las *Thamnophis* desprenden un olor desagradable cuando las pisas o las molestas. Todos los otoños, estas culebras se retuercen y apiñan en masa, como si fueran espaguetis vivos, en unas grietas determinadas —diez mil en una sola depresión de unos pocos metros cúbicos— entre las rocas de una árida región cerca de Winnipeg. Las serpientes que pasan el invierno en estos lugares evitan congelarse y están protegidas. Cuando están juntas, realizan otra función primordial justo antes de dispersarse en primavera.

Los machos salen de las grietas rocosas antes que las hembras, y luego las esperan en los alrededores para interceptarlas. Tan pronto como una hembra sale de la guarida, se ve rodeada por una docena de pretendientes. Curiosamente, algunos de estos machos imitan a sus compañeras de sexo femenino y son tomados por hembras por otros machos (Shine y Mason, 2001). Este comportamiento no tiene (aún) ningún sentido para nosotros, pero espero que en algún momento entenderemos por qué actúan así.

El comportamiento de agregación tiene su parte de misterio. Hace algunos años recibí una carta de un hombre de Alaska. Me contaba que aquel invierno había descubierto un dormidero comunitario en el bosque en el que «el suelo estaba repleto de cuervos que se enfrentaban entre sí y se peleaban hasta morir». Nunca había visto un espectáculo semejante, ni yo tampoco. Fui incapaz de entender qué había sucedido, ni pude darle ninguna explicación, por mucho que intentara encontrar alguna lógica.

Los dormideros comunitarios de aves no son sociedades cerradas. En los bosques de Maine, mi colega John Marzluff (que trabajó conmigo en una investigación sobre los cuervos de tres años de duración) había introducido sistemáticamente unos cuervos cautivos en nidos comunitarios ya establecidos. Las nuevas aves no dudaron en unirse al grupo y fueron aceptadas de inmediato por el resto. A la mañana siguiente, seguían sin problemas a los ocupantes del dormidero hasta el lugar donde se alimentaban, ya fuera un cadáver de ciervo o de vaca. Nunca he asistido a la exclusión de unos recién llegados por parte del grupo. Los pájaros que se posan en masa en algún lugar concreto toleran incluso la presencia de otras especies. En los dormideros de cuervos del Viejo Mundo conviven a veces urracas, grajos y cuervos. Aunque, en general, los nidos colectivos de los córvidos en Norteamérica tienden a ser propios de una sola especie, en los grandes dormideros de ictéridos (mirlos) cerca de Burlington (Vermont) hay también sargentos alirrojos, zanates comunes y tordos. Casi no parece haber límite en el número de aves aceptadas. Algunos informes han documentado la presencia de varios millones de individuos en algunos nidos de cuervos al oeste de Estados Unidos.

No existe ningún documento científico que avale la existencia de altercados grupales en los dormideros. Las aves que se enfrentan entre sí son territoriales durante la temporada de cría y renuncian a sus antagonismos cuando se instalan en los dormideros. ¿Qué razón tendrían para pelearse si su unión responde, en última instancia, a una necesidad mutua? Además, cuando las aves sociales se pelean, no luchan a muerte. (¿Cómo explicar, pues, la carta del hombre de Alaska? Un poco de paciencia, intentaré justificarlo.) Algunas veces los cuervos se comportan con agresividad, pero por lo que sé, siempre es un grupo el que ataca a un único individuo; nunca he visto que atacaran a más de una víctima a la vez. Parecía extraño que los cuervos libraran el equivalente a una guerra en un nido colectivo, y que permanecieran allí, peleando, sin intentar escapar, hasta una sangrienta aniquilación mutua. En fin, no di ningún crédito a lo que había leído en la carta porque no encajaba ni con mis conocimientos previos ni con mis ideas preconcebidas o mi experiencia. Me parecía uno de esos extraños informes que me llegan a menudo y que casi siempre son fruto de identificaciones erróneas u observaciones inexactas. Lo normal hubiera sido olvidar completamente la imagen de los cuervos asesinos, si no fuera por unas observaciones que hice una noche en la ciudad de Burlington (Vermont).

A lo largo de los últimos veinte años, he observado a los cuervos llegar a la zona de Burlington todos los inviernos. Al anochecer, empiezan a reagruparse en sus dormideros colectivos, que se cuentan por miles. Llegan volando en interminables hileras o colas, formando difusas agrupaciones grises en forma de nube, contra el telón de fondo del lejano monte Mansfield cubierto de nieve. Justo cuando creo que ya han llegado los últimos, sigo viendo muchos más detrás en lo que parece un flujo interminable. Todos convergen en un punto oscuro en la ciudad o en sus alrededores.

A pesar de lo espectaculares que son estos vuelos hacia el dormidero nocturno, para mí lo más destacable es el lugar en el que se instalan las aves para pasar la noche. Los dormideros nunca están en el bosque donde anidan en verano, ni en los pinos que bordean los campos donde suelen habitar. Curiosamente, el centro de la ciudad parece ser su sitio preferido para instalarse en invierno, cerca del ajetreo, el bullicio, el tráfico y las luces urbanas. Una vez, los vi posarse en un bosquecillo de pinos junto a la autopista interestatal I-89, rodeados por las transitadas rampas de salida hacia Burlington.

Una tarde, volví a observarlos mientras llegaban al corazón del distrito comercial de la calle Church. Volaban dando vueltas y más vueltas arremolinándose en una nube sobre la multitud que paseaba por la ciudad yendo a cenar o al cine. Parecían buscar un lugar donde aterrizar. Los vi sobrevolar un grupo de árboles en las afueras de la ciudad que me pareció el lugar ideal para posarse, pero seguían regresando una y otra vez al centro. Finalmente, se instalaron en unos álamos jóvenes al lado del restaurante Bove. No tardaron en apiñarse sobre las ramas, mientras seguían llegando en masa. Fue entonces cuando comprendí de repente por qué estaban allí.

Durante décadas ha habido un acalorado debate sobre la razón por la que los pájaros se unen en bandadas. En los años cincuenta, el biólogo británico V. C. Wynne-Edwards planteó la hipótesis de que las aves establecían nidos comunitarios con el objetivo de determinar el tamaño de la colonia y así poder decidir si era conveniente reproducirse para mantener estable su población. A cualquier biólogo este planteamiento le sonaría hoy tan poco plausible como la idea del sol orbitando alrededor de la tierra para un astrónomo. La teoría de Wynne-Edwards sobre la formación de bandadas para el bien común en detrimento del individuo se denominó «selección de grupo». Los animales son susceptibles de actuar de forma cooperativa, pero el ejemplo concreto en el que se apoyaba la teoría de Wynne-Edwards parecía tan ridículo que su conjetura pronto fue desechada. Pero surgieron otras ideas. William D. Hamilton lanzó la hipótesis de la «manada egoísta», que postula que los animales forman grupos para su seguridad individual, utilizándose mutuamente como escudos. Al posarse en un dormidero comunitario, cada pájaro, a título personal, se beneficia de la presencia de otros ojos con los que avistar los peligros que le acechan. La hipótesis de Hamilton tenía sentido y encajaba con las observaciones empíricas.

El biólogo israelí Amotz Zahavi promovió entonces enérgicamente una tercera hipótesis que parecía verosímil para explicar otros comportamientos grupales. Sugirió que cuando las aves se posan en grupo obtienen información sobre dónde encontrar comida. Su idea de «centro de información» o CI provocó una gran controversia y generó cientos de artículos en revistas especializadas, quizá porque se parecía sospechosamente al concepto de «selección de grupo». Nuestros datos sobre los dormideros comunales de cuervos en Maine, principalmente la evidencia de que los pájaros recién llegados son conducidos a los cadáveres de ganado cuando acababan de ingresar en el grupo (Marzluff, Heinrich y Marzluff, 1996), ofreció quizá la primera prueba demostrada empíricamente de la hipótesis del CI de Zahavi. (Por supuesto, todavía hay quienes, cuestionando el mecanismo, afirman que el comportamiento de los cuervos obedece a la «selección de grupo», a menos que pueda definirse en términos de reciprocidad entre cada ave y no como una explotación de los individuos por la información que recaban dentro del grupo.) Ninguna de las dos hipótesis explica la tendencia de los reyezuelos sátrapas a congregarse de noche, porque al estar ocultos y posiblemente también en estado de letargo, no pueden responder instantáneamente ni huir de un depredador aunque uno de ellos diera la voz de alarma. Tampoco se benefician de los consejos de sus congéneres en materia de alimentación, puesto que su comida suele estar dispersa. La razón por la que se agrupan es el calor, ya que, a diferencia de los córvidos, buscan el contacto corporal.

Mientras observaba a los cuervos en la ciudad, preguntándome cuál de las hipótesis planteadas respecto a la agregación podían aplicarse en este caso, recordé haber visto otras grandes agrupaciones de cuervos en otras zonas de Norteamérica y Europa. Hace un tiempo se creía que los cuervos eran aves estrictamente rurales, pero en los últimos cincuenta años han empezado a posarse en ciudades de todo el mundo. Estaba claro que debía haber una razón de peso para que estos pájaros evitaran los bosques y prefirieran las luces y el bullicio de los centros urbanos. No era una observación baladí. Teniendo la posibilidad de anidar en bosques situados a menos de un kilómetro, habían optado por desplazarse varios kilómetros solo para llegar hasta aquí, luego se habían visto obligados a buscar el lugar adecuado donde posarse y finalmente habían escogido los pocos árboles disponibles en el centro.

En el último siglo, la población de cuervos ha aumentado considerablemente en América del Norte, y se han trasladado cada vez más a las ciudades. Para apoyar estas dos suposiciones, me remito a un informe de G. Gordon Hanson, biólogo de la Comisión de Caza y Pesca de Oklahoma, publicado en 1946 en la revista *Oklahoma Game and Fish News* (vol. 2, pp. 4–7, 18). Su informe incluye un mapa de los 47 principales dormideros de cuervos del estado, con unos 200.000 individuos en cada uno. «Todo empezó en 1933», escribe Hanson, «cuando la Comisión de Caza y Pesca de Oklahoma tuvo noticia de que el número de cuervos que invernaban en el estado había empezado a aumentar de forma alarmante, extendiéndose por la zona. Los cuervos, procedentes de las áreas de anidación del norte en las provincias de las praderas de Canadá, destrozaban los cultivos y asediaban los nidos de aves acuáticas en las granjas de patos». Dado que los dormideros de cuervos habían aumentado considerablemente en tamaño y número, la Comisión de Oklahoma confeccionó unas bombas cilíndricas de metal rellenas de perdigones de acero y dinamita y llevó a cabo una campaña anual de aniquilación de cuervos. En once años, el gobierno se jactó de haber matado aproximadamente a 3.763.000 ejemplares. Teniendo en cuenta estos datos —y la certeza de que los habitantes de centros urbanos hubieran rechazado el empleo de dinamita— doy por hecho que los dormideros estaban situados en el campo y no en la ciudad, como ocurre ahora.

Actualmente, los cuervos son una especie protegida por el gobierno federal, a salvo de los dinamiteros de la Comisión estatal y de cualquier persona que, a iniciativa propia, pretenda aniquilarlos a la mínima oportunidad. Sin embargo, también tienen enemigos naturales, principalmente los búhos americanos que anidan en invierno, época en la que necesitan mucha comida para alimentar a sus crías en pleno desarrollo. He encontrado dos de sus nidos y los he oído cantar por la noche en un radio de tres kilómetros del centro de Burlington. Los cuervos consideran a los búhos sus mayores enemigos. Si se tropiezan con uno, salta la alarma y decenas de cuervos convergen rápidamente para acosar el búho sin descanso, con el objetivo de alejarlo lo más posible del lugar en el que planean pasar la noche. Como han puesto de manifiesto mis observaciones de Bubo, un gran búho americano manso que vive en libertad, en *One Man's Owl*, durante el día los cuervos aventajan fácilmente a estos grandes y algo torpes depredadores. Pero por la noche es otra historia. A los cuervos les compensa formar un grupo egoísta, como vaticinaba Hamilton, del mismo modo que, al amanecer, les vale la pena reconstituir el centro de información de Zahavi. Una cosa no excluye la otra. Un dormidero comunitario puede servir para más de una función. Cuantos más beneficios aporte, más probabilidades de que evolucione y se mantenga.

Lo que me pareció ver en Burlington —cuervos intentando entrar en el centro de la ciudad— no era un caso aislado. En un estudio sobre los dormideros de cuervos en Woodland, una ciudad situada en el valle de Sacramento (California), los biólogos Paul W. Gorenzel y Terrell P. Salmon documentaron que, en invierno, los dormideros comunales de los cuervos estaban preferentemente ubicados en zonas comerciales (más que residenciales) de la ciudad, caracterizadas por un alto nivel de iluminación nocturna, estacionamientos asfaltados y áreas comerciales con gran tránsito de vehículos y personas y un nivel sonoro elevado. No hay ni un búho americano que merodee por el centro de Woodland ni de Burlington, ni en los barrios bien iluminados y ruidosos de otros centros urbanos.

Esto nos remite de nuevo a la inexplicable anécdota sobre los cuervos «enfrentándose entre sí» y «peleando hasta la muerte». Lo que vemos no es necesariamente lo que ocurre en realidad. La comprensión completa depende casi siempre de los detalles. El observador había mencionado que el episodio ocurrió en el bosque, por lo que podría ser que uno o dos búhos americanos hubieran accedido al dormidero. Si ocurrió durante la noche y el cielo estaba nublado, tras el ataque de los depredadores, puede que se desatara el caos. Con quizá miles de aves revoloteando ofuscadas, los depredadores debieron mutilar a numerosos cuervos, que luego habrían caído, heridos, al suelo. Yo mismo vi una vez a un cuervo abatido por un búho al que solo le había arrancado una pequeña porción de carne. Cuando el observador llegó a la mañana siguiente tras el ataque del búho, es posible que escuchara los chillidos de alarma de los cuervos heridos. Con tantos cuervos concentrados durante la noche, los depredadores no tienen necesidad de contenerse. La carnicería descrita en el dormidero me recordó una escena que me contó el ornitólogo Jeremy Hatch en qué un gran búho americano arrasó una colonia de charranes: «El lecho seco de un estanque estaba sembrado de cadáveres, unos cuarenta, la mayoría decapitados, casi todos con las alas arrancadas o por lo menos rotas. En algunos casos, las patas habían desaparecido. Sin eviscerarlos, ni desplumarlos».

Los cuervos, doloridos y asustados, y sin saber quién los había atacado, debieron pensar que eran sus semejantes y reaccionaron atacando con rabia y frustración a los que estaban a su lado. Es imposible reconstruir lo que realmente sucedió en este caso, pero hay algo de lo que podemos estar absolutamente seguros. Para muchos animales, el hecho de reagruparse en invierno comporta otras ventajas aparte de mantener el calor, pero pelearse no es una de ellas.

Un mito actualmente más extendido y más terrorífico que el de la presunta guerra entre cuervos es que la especie podría extinguirse debido al tan cacareado virus del Nilo occidental. Los cuervos mueren algunas veces por culpa de este virus (y por otras razones), y también hay casos de humanos que han muerto por el mismo motivo. Cuando se descubre a un cuervo muerto infectado por el virus, «todos» los cuervos desaparecen de la zona. Pero no existe ninguna razón para llegar a la conclusión de que «lo primero que ocurre cuando el virus del Nilo occidental invade una zona es que todos los cuervos mueren» («The Silence of the Crows», *Washington Post*, 30 de agosto de 2002), y mucho menos que «estamos siendo testigos de la desaparición del cuervo en el paisaje estadounidense». No hay ninguna evidencia de que estas aves estén desapareciendo ni ninguna prueba de que estén siendo diezmadas por una guerra fratricida ni por el virus. Si alguien encuentra un cuervo muerto a causa del virus, lo que ocurre es que en aquel lugar hay probablemente un gran número de estas aves instaladas en un dormidero colectivo, y dado que estos nidos son temporales y solo se utilizan durante el invierno, es lógico pensar que los cuervos desaparecen cuando algunos mueren. No necesitamos otra campaña gubernamental para matar a 200.000 cuervos por el solo hecho de que queramos deshacernos de unos cuantos individuos enfermos.

19

Las bandadas invernales

A finales de julio, el verano llega a su fin. La sinfonía otoñal de cigarras y saltamontes aún no ha dado comienzo, pero la mayoría de los pájaros ya han dejado de cantar. El silencio se cierne sobre el paisaje. Los insectos cantores están todavía en estado larvario y los polluelos han abandonado el nido. Los lazos familiares se han roto y los pájaros de muchas especies forjan alianzas con otros jóvenes para formar bandadas que viajan en compañía de sus padres. Estos grupos errantes cuentan con grandes poblaciones de sargentos alirrojos y zanates comunes procedentes de los pantanos. Me cruzo con ellos algunas veces entre los álamos de Virginia y los arces negundo que pueblan las orillas del río. Bandadas de decenas de miles de zanates, y a veces de sargentos alirrojos, se desplazan por el bosque, de finales de verano hasta el otoño, a la manera de una gigantesca apisonadora, aunque funcionalmente más bien parece un gran aspirador. Una avanzadilla aterriza de antemano rebuscando entre las hojas recién caídas, mientras el resto de la bandada sigue apresuradamente sus pasos. Las aves de la retaguardia siguen volando para evitar el terreno recién pisado, avanzando así en un movimiento continuo. De vez en cuando, unos ruidosos enjambres negros merodean entre los árboles, entrando y saliendo de la masa. Y así permanecen en bandada durante la mayor parte del otoño y el invierno, viajando cada vez más al sur. Al parecer, solo migran hasta donde necesitan para encontrar comida. A principios de la primavera, reaparecen las bandadas de mirlos. Estos pájaros solo abandonan el grupo durante un corto período de aproximadamente tres meses cuando regresan a principios de la primavera y algunos de ellos se vuelven semicoloniales para anidar.

Mientras que estas aves migran y pasa la mayor parte del tiempo en bandada en regiones más meridionales, otras especies llegan a Nueva Inglaterra desde sus zonas de reproducción, situadas en la tundra y la taiga del Escudo Canadiense, donde viven en pareja. Se vuelven gregarias y se desplazan en bandada solo cuando se acerca el invierno. Sus apariciones invernales son totalmente imprevisibles, porque dependen de los recursos alimentarios que les proporcionan las bayas y las semillas invernales, cuya cantidad y variedad varían enormemente de un año a otro.

La mayoría de los visitantes invernales que llegan del norte son fringílidos —pardillos norteños, jilgueros de los pinos, picogordos vespertinos, piquituertos aliblancos, camachuelos picogruesos— que dependen de las semillas de los árboles. Pero també hay al menos un frugívoro, el ampelis europeo, y un consumidor de hierba y hojas, el escribano nival, que también llega en bandadas compactas procedente del norte. Nuestros jilgueros —una especie solitaria en verano— también forman grupos en invierno, pero no migran. Los camachuelos purpúreos solo se quedan en algunas ocasiones, formando bandadas sueltas de menor tamaño. Los ampelis americanos que anidan aquí en verano también se agrupan en invierno, separados de sus parientes más cercanos, los ampelis europeos. Reagruparse en invierno es un fenómeno habitual. ¿A qué se debe?

Probablemente no hay una única explicación. Como en el caso de los dormideros nocturnos, hay muchas razones interrelacionadas, y su importancia relativa ha sido muy debatida en la literatura científica. Las ventajas de unirse a una manada son varias: entre otras, el efecto «ojos múltiples» para detectar el peligro y el ya mencionado efecto «manada egoísta», que disminuye el riesgo de depredación a la vez que aumenta la posibilidad de sacar provecho de lo que otros han experimentado antes. Agruparse durante el invierno refleja las diferencias de dieta entre el verano y el invierno o bien una menor oportunidad de volar en bandada durante la época de cría.

En verano, la mayoría de las aves del norte han de alimentar a sus polluelos con una dieta rica en proteínas para que alcancen rápidamente su talla adulta. Eso significa que tienen que atrapar presas ocultas o dispersas, principalmente insectos. En este caso, la iniciativa de cada miembro del grupo es de vital importancia. En invierno, pueden volver a recurrir a alimentos de alto valor energético, como fruta o semillas, que se encuentran diseminados en grandes extensiones de vegetación, por lo que resultan más fáciles de localizar cuando hay muchos ojos vigilantes. Compartir cuesta poco y alimentarse a solas es arriesgado, ya que las aves quedan expuestas a un medio abierto en pleno invierno. ¿Por qué, pues, los pájaros frugívoros o granívoros se separan en bandadas propias de su especie?

Probablemente la razón está ligada a la alimentación. La mayoría de los granívoros se especializan en un determinado tipo de semilla, y uniéndose a una bandada, comparten información de lo que más les conviene. Por ejemplo, los pardillos norteños y los jilgueros se alimentan de semillas de abedul, que son demasiado pequeñas para los picogordos vespertinos, por lo que estos tienen que buscarlas por su cuenta. Los escribanos nivales comen semillas de hierbas, juncos y otras plantas. Los picogordos vespertinos poseen unos picos gruesos y potentes especialmente adaptados para separar las brácteas de las piñas de abetos y pinos, algo de lo que carecen los pequeños pinzones. Los picos largos y delgados de los jilgueros de los pinos son adecuados para alcanzar las semillas bajo las brácteas de las piñas de tsuga. Teniendo en cuenta las preferencias por distintas variedades de granos y las herramientas necesarias para alcanzarlos, es rentable que los miembros de cada especie se agrupen y se desplacen con los de su propio grupo. Sin embargo, hay excepciones evidentes al tópico «Dios los cría y ellos se juntan». Son los pájaros que residen en los bosques invernales y que se alimentan de insectos. En todo el mundo, las aves insectívoras forman llamativas manadas *multiespecie*. En los últimos diez años, he llevado la cuenta y he hecho observaciones de estas bandadas en los bosques de Maine porque me parecía extraño que estas aves, tan solitarias en verano, cambiaran tan drásticamente su comportamiento durante el invierno. ¿Por qué razón aves muy diferentes entre sí, que se alimentan de distintos insectos y casi nunca de semillas o bayas agrupadas en arbustos, solo se unen en invierno?

Una bandada de jilgueros comiendo semillas de abedul.

Pardillo norteño

Jilguero de los pinos

Picogordo vespertino

Las bandadas de aves de varias especies no son exclusivas de los bosques de Maine. En los cálidos bosques de las tierras bajas de Tanzania, en África oriental, me acostumbré a buscar los ruidosos grupos de cierto pájaro tejedor y, al localizar una bandada, casi siempre encontraba varias especies de bulbules, barbudos y mosqueros volando a su lado. Una posible explicación para estas agrupaciones de pájaros insectívoros es que algunos individuos del grupo actúan como ojeadores que proporcionan presas al resto. Por ejemplo, los pájaros carpinteros ahuyentan a los insectos, que salen volando y luego son capturados por los especialistas en insectos *voladores* como los papamoscas. Es la misma idea que tienen las garcillas bueyeras cuando van detrás de un búfalo para atrapar los insectos que este espanta, o las libélulas cuando siguen a un gran mamífero por la hierba, como pude comprobar personalmente en Botsuana. (Las libélulas se dedicaron a perseguirme cuando me puse a correr.) Una segunda explicación es que la cantidad es sinónimo de seguridad. Contar con más ojos atentos a la llegada de ciertos depredadores, como serpientes o halcones, significa tener que prestar menos atención a la vigilancia y, en consecuencia, poder dedicar más tiempo a la búsqueda de alimentos.

Del mismo modo que en África buscaba tejedores anaranjados y negros para detectar agrupaciones de pájaros interesantes, ahora intento localizar carboneros en los bosques de Maine. Cerca de mi cabaña, las aves que habitualmente se unen a una bandada invernal de carboneros son dos o tres reyezuelos sátrapas, un par de trepadores canadienses, otro par de agateadores americanos y, en algunas ocasiones, dos picos pubescentes.

Las bandadas de carboneros son probablemente los grupos que más atraen a las otras cuatro especies, porque, cuando no hay carboneros, no suelen asociarse entre sí. No he encontrado nunca agateadores con picos, ni trepadores con agateadores, porque las tres especies no suelen mezclarse. O bien buscan la compañía de los carboneros, o los carboneros van detrás de ellas, aunque esta última hipótesis parece poco probable porque una bandada de carboneros no puede seguir a media docena de especies al mismo tiempo. Los carboneros son siempre, con diferencia, los más numerosos, los más ruidosos y los más llamativos de cualquier bandada de especies mixtas. Son el «objetivo» más claro. Es casi imposible pasar por alto una bandada de carboneros, mientras que muchas veces resulta difícil ver a los trepadores, agateadores, reyezuelos y a los escasos picos que los acompañan, ya que de ordinario son unos pájaros silenciosos y discretos.

Las aves insectívoras invernales compiten poco entre sí porque cada especie busca su alimentación en un árbol distinto, o en diferentes partes del mismo árbol, y sus presas no son las mismas. Sin embargo, dudo que el efecto de batida, que puede darse en verano o en las bandadas de bosques tropicales en períodos presumiblemente no reproductivos, pueda aplicarse a estos grupos invernales. Los insectos congelados permanecen inmóviles y no salen de su letargo para convertirse en presa de un miembro de la bandada. Queda pues una alternativa razonable, la de la hipótesis de los ojos múltiples para protegerse de los depredadores.

Reyezuelos en una bandada mixta en invierno (con picos pubescentes, agateadores americanos, trepadores canadienses y carboneros).

Sospecho que agruparse constituye una ventaja en cualquier época del año, pero se limita al verano cuando las aves están ligadas a un lugar de nidificación. En invierno, cuando la escasez de alimentos se convierte en un factor esencial para la supervivencia, el hecho de congregarse en una bandada puede ser incluso más ventajoso, siempre que no haya competencia por la comida. La razón es que las aves pueden así prestar más atención a la búsqueda de alimentos y menos a la vigilancia de los depredadores.

En invierno, en los bosques de Maine, los reyezuelos sátrapas casi siempre se desplazan en grupos de dos a cinco individuos. A pesar del bajo número de miembros que integran sus bandadas, la cohesión del grupo es notable. La ornitóloga Ellen Thaler, que estudió a unos reyezuelos en cautividad cerca de Innsbruck, llegó a la conclusión de que emiten unas llamadas particulares cuando se acercan a su lugar de descanso. Estas llamadas atraen a los miembros que están buscando comida. Una segunda llamada les invita a unirse al grupo. Cuando están juntos, los pájaros del centro repliegan la cabeza hacia los hombros con el pico apuntando hacia arriba. Los que permanecen en la periferia echan la cabeza hacia atrás y hacia un lado, colocándola debajo de las plumas de las alas. El grupo tarda unos veinte minutos en situarse en esa posición cuando hace calor, pero cuando hace frío solo necesitan cinco minutos para agruparse, aunque las parejas estables y sus hijos lo consiguen en solo unos segundos. Al parecer los reyezuelos identifican por la voz a los miembros de su familia, y se sienten menos cohibidos a la hora de acurrucarse con ellos que con extraños.

En invierno, en las inmediaciones de mi casa de Maine, el número medio de reyezuelos por grupo es demasiado bajo para poder aplicar las hipótesis de los múltiples ojos o la manada egoísta. Pero si acurrucarse es necesario para sobrevivir a las largas noches de invierno, como han determinado los estudios fisiológicos, que muestran un considerable ahorro de energía cuando dos aves se acurrucan una al lado de otra, entonces una pareja puede ser suficiente para conseguirlo. No obstante, es improbable que el recalentamiento de los cuerpos aparezca por arte de magia al anochecer, cuando los pájaros se han movido por el bosque a una velocidad vertiginosa buscando orugas prácticamente invisibles. Atraer a los demás miembros del grupo manteniendo el contacto por voz durante el día puede ser un factor esencial para su supervivencia invernal, especialmente en los densos bosques de coníferas en los que hay muy pocos reyezuelos y además son casi invisibles. La posibilidad de recalentarse al anochecer no puede dejarse al azar; perder solo un miembro de la tropa podría condenar al resto a morir de frío en algunas noches glaciales, especialmente si la recolecta de alimentos ha sido más bien escasa. Si mi hipótesis es cierta, entonces no es de extrañar que ningún grupo invernal de reyezuelos, aunque sea minúsculo, permanezca en silencio durante más de varios segundos. Los pájaros intentan mantener el contacto. Si se separan de un compañero de viaje, saben que, uniéndose a una ruidosa bandada de carboneros, pronto encontrarán a otro de su especie. Así es como yo, al menos, detecto la presencia de reyezuelos de forma fiable.

20

La conservación de las bayas

Para averiguar qué comían los cuervos que visitaban la ciudad en invierno, llené unas bolsas con las egagrópilas que habían regurgitado durante la noche y separé sus gránulos. Los restos no digeridos de lo que habían comido, y que no habían transitado por su aparato digestivo, contenían esencialmente semillas de bayas. Algunas de estas bolas estaban compuestas sobre todo por semillas de uva silvestre. Otras eran masas de semillas de una especie común de *Viburnum* o acebo silvestre. A principios de la primavera, la mayoría eran puros manojos de semillas de zumaque espinoso sin digerir. Casi todos los tipos de bayas de invierno estaban representados en las regurgitaciones de estos cuervos, cuya separación resulta tan curiosa como la de las egagrópilas de los búhos llenas de huesos y pieles.

Solo nueve de las treinta y ocho especies locales de bayas que conozco maduran y se descomponen rápidamente. Son las bayas de verano, como las fresas, las bayas de junio o de servicio (*Amelanchier*), las frambuesas, las moras, los arándanos y las cerezas silvestres. Maduran paulatinamente de mayo a agosto y se echan a perder en varios días. Quedan así veintinueve bayas de invierno que maduran entre principios y finales de otoño. No son dulces pero permanecen en las ramas durante todo el invierno.

Me interesé por las bayas de invierno como consecuencia de mi pasión por los pájaros. Las bayas y las aves han establecido una antigua y compleja relación mutua, tan intrincada e interesante como la de las flores y las abejas, aunque no siempre tan obvia y visible porque se desarrolla en intervalos de tiempo que se miden por estaciones y no por minutos.

Observar los diferentes tipos de bayas propias del invierno es una tarea lenta, a menos que uno tenga buena vista y lleve unos prismáticos de largo alcance. Tengo la suerte de que cerca de mi casa hay un estanque de castores que suelo visitar a menudo donde hay numerosas especies de bayas. El estanque está rodeado por un seto de viburno (*Viburnum dentatum*), una especie cuyas bayas azul oscuro son muy visibles porque están unidas a las ramas por unos tallos de color amarillo brillante.

En otoño, las bayas de viburno ofrecen a los pájaros una oportunidad inmejorable para darse un buen festín. En el otoño de 2000, conté y pesé las bayas de veinte arbustos de viburno, estimé el número de arbustos que rodeaban el estanque y calculé que la pequeña ciénaga de castores producía algo más de una tonelada de comida para las aves. Desde principios de septiembre hasta noviembre, cientos de petirrojos pasan por allí y reponen fuerzas durante varios días antes de seguir su camino. Azulejos, arrendajos azules, estorninos, urogallos y picamaderos norteamericanos también se alimentan de estas bayas, de las que no queda ni rastro a principios de marzo, cuando más las necesitarían los pájaros residentes que no migran en invierno. De hecho, en febrero, las bayas de viburno están secas y sus tallos, quebradizos y ajados, han perdido su brillante color amarillo. Las pocas que quedan tapizan el suelo. Por lo tanto, aunque muchos pájaros dependen de ellas para su alimentación, aparentemente están mejor adaptadas a los migrantes de *otoño*.

Alrededor del estanque de castores, aunque en menor cantidad, también podemos encontrar el viburno de hoja de arce (*Viburnum acerifolium*) y el viburno dulce (*Viburnum lentago*). Ambas especies poseen unas bayas azules y negras que recuerdan a las pasas, pero a diferencia de las de *V. dentatum* permanecen adheridas a unos tallos que no se tornan quebradizos. Pueden permanecer en los arbustos durante todo el invierno y son un buen forraje para las aves de invierno, como los urogallos, los camachuelos púrpura, los arrendajos azules y los cuervos. Si aún queda alguna, también alimentan a las aves que migran en primavera.

Las bayas de invierno o alisos negros, nombre común de un acebo (*Ilex verticillata*), también deberían alimentar a los pájaros de invierno. Este arbusto crece en pantanos y zonas húmedas y produce unas bayas de color carmesí. Cargado con sus frutos en las ramas desnudas, tras la caída de las hojas en otoño, brilla como un antorcha roja que parece indicar a los pájaros dónde deben dirigirse para comer y luego dispersar sus semillas. Sin embargo, he observado que aunque los pájaros residentes en invierno, como los pájaros carpinteros, los carboneros, los reyezuelos, los arrendajos azules y los urogallos, se posen en estos arbustos o a su alrededor, las bayas permanecen intactas durante meses.

Un día de principios de noviembre de hace unos años, vi una bandada de unas dos docenas de petirrojos en migración que se habían detenido en un enorme acebo cubierto por miles de bayas. Al marcharse no dejaron ni un solo fruto intacto. Tras lo sucedido, ahora suelo fijarme que solo son los petirrojos (y ningún otro pájaro) los que se alimentan de estas bayas en otoño. Los pocos frutos que no se han comido en otoño permanecen en las ramas hasta aproximadamente el mes de febrero, cuando pierden su color, se vuelven marrones amarillentas y empiezan a caer. Así incluso las «bayas de invierno» por excelencia abastecen a una clientela de aves migrantes de otoño y no a las que residen en la zona durante el invierno.

Una de las bayas que me parecen más enigmáticas son las del mundillo (*Viburnum opulus*). Su fruto es de color rojo brillante, como los del acebo a finales de otoño, pero las bayas de *V. opulus* decoran los arbustos hasta bien entrada la primavera, razón por la que a menudo se utilizan como plantas ornamentales. El color rojo vivo es una señal suficientemente llamativa para las aves, pero año tras año las bayas cuelgan de las ramas durante meses. En el huerto que cultivo junto a nuestra casa de Vermont, los pájaros suelen darse un festín con las bayas de viburno dentado y viburno dulce, pero rechazan siempre las de *V. opulus* que crecen en abundancia entre muchas otras bayas de invierno. No son venenosas y se describen como un manjar de lo más apetecible en las recetas de frutas silvestres. Crudas tienen un sabor agrio, pero si se hierven con azúcar no son desagradables, al menos para los humanos. Me sorprendió que una baya tan «típica» de las aves no fuera consumida por ninguno de los emigrantes de otoño ni por los pájaros que pasaban por delante de esta planta cada día, durante meses. Pensé que tal vez otros pájaros las debían encontrar deliciosas.

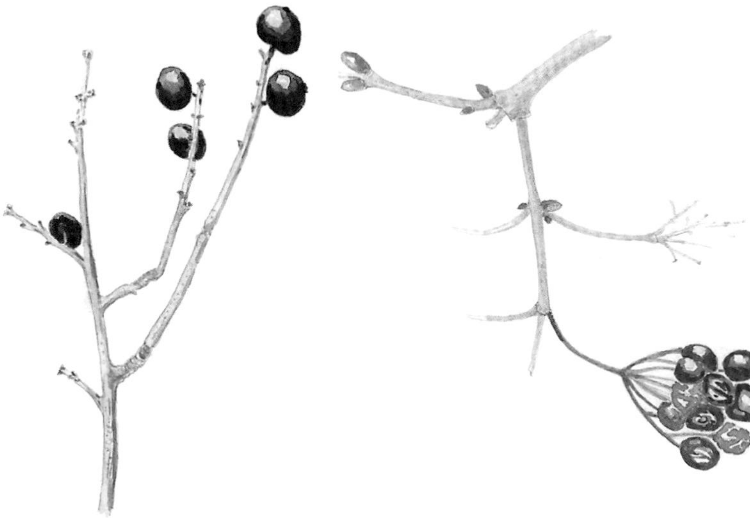

Baya de invierno (acebo) y Mundillo.

Más adelante, el 23 de febrero de 2000, el misterio quedó resuelto. Una bandada de entre ochenta y cien ampelis europeos (que solo se ven esporádicamente aquí en invierno) se posó sobre un arce azucarero situado frente al gran arbusto de mundillo en el límite del campo cerca de casa. Un pájaro se dirigió hacia las bayas y varios miembros del grupo lo siguieron; al cabo de un momento toda la bandada desembarcó en masa. En menos de media hora, los grandes arbustos cargados de bayas quedaron totalmente despojados de frutos.

Aquel invierno, las bandadas de ampelis europeos y americanos sobrevolaron a menudo la zona. Ambas especies también dieron buena cuenta, por separado, de las bayas de espino ornamental del campus de la Universidad de Vermont. Ambas especies de ampelis se alimentan exclusivamente de bayas en invierno, pero a diferencia de la mayoría de los pájaros, su dieta de verano también es frugívora. Por lo tanto, el mundillo es posiblemente el arbusto de elección para los especialistas más exigentes, ya que sus frutos permanecen brillantes y jugosos durante todo el invierno como si se conservaran expresamente para los migrantes de finales de invierno o principios de primavera.

Uva silvestre y Zumaque.

El verano siguiente, ninguno de los arbustos de viburno floreció, por lo que no hubo bayas en otoño. Sin embargo, en febrero volví a ver bandadas de ampelis europeos en las inmediaciones. Esta vez encontré una gran bandada en un bosquecillo de árboles jóvenes. Me sorprendió verlos allí, puesto que no había ninguna baya. Los pájaros parecían picotear los brotes, o eso supuse al principio. Al mirar más de cerca, descubrí de repente que estaban recogiendo los frutos de espino cerval (*Rhamnus cathartica*), unas bayas escasas, difíciles de ver, secas y arrugadas. Pero no fui yo quien las encontré. Las descubrí siguiendo al grupo, y probablemente los pájaros las habían localizado de la misma forma.

El zumaque espinoso también está disponible durante todo el invierno. Sus bayas son unos pequeños frutos secos, muy prietos, que casi no contienen carne visible. Los frutos son semillas desnudas cubiertas de pelusa, como si estuvieran diseñados para ser poco apetecibles al gusto. Como las bayas de mundillo, el zumaque espinoso madura a finales de verano y permanece en el arbusto, sin que nadie lo consuma, durante casi todo el invierno. Las bayas no solo se conservan por su acidez, como las del mundillo, sino porque son extremadamente secas. No obstante, a principios de la primavera, cuando muchas otras bayas ya han desaparecido y la elección es, por tanto, limitada, finalmente son consumidas por los petirrojos, los estorninos, los cuervos y una gran variedad de aves migratorias en su viaje de regreso, como los picos, los tordos y los pájaros gato. Aparentemente, el zumaque economiza energía al no ofrecer un fruto carnoso con azúcar, grasas y proteínas, y se sale con la suya ya que, a fin de cuentas, su larga vida sobrepasa de lejos la de sus competidores, mucho más perecederos. (Para el paladar humano, la fruta del zumaque posee un sabor a limón y, tomada en infusión, es una buena fuente de vitamina C.)

Muchos pájaros necesitan esos cultivos de bayas para acumular grasa antes de sus largos vuelos migratorios de otoño, cuando su masa corporal aumenta un 10% al día. Esas impresionante proeza de engorde implica un serie de ajustes en la longitud del intestino y otras adaptaciones digestivas para las bayas, que les permiten un procesamiento rápido de los alimentos (Karasov). El contenido nutricional de la fruta varía según la estación para la que esté ajustada su dispersión. Así, aunque las frutas de mejor calidad (mayor contenido energético) contienen grasas y azúcares, la grasa provoca un rápido deterioro de la fruta a causa de los microbios (Stiles). El bajo contenido de grasa y azúcar, así como el elevado grado de acidez y el bajo contenido de agua, contribuyen a prolongar la vida de las ramas. El zumaque espinoso constituye el súmmum de esta estrategia. Sus frutos pueden conservarse sin estropearse durante aproximadamente ocho meses después de su nacimiento. ¿Excepcional? Tal vez, pero no es un caso único. Los tomates que compramos en el supermercado también cuentan con un mecanismo parecido. Se seleccionan para emprender un largo viaje desde California para poder conservarse durante mucho tiempo, a diferencia de la variedad de huerto, que cultivamos por su buen sabor. Como ocurre con los frutos silvestres, los nutrientes que les dan buen sabor también provocan su rápido deterioro. Las variedades de fruta que se comercializan son seleccionadas, como numerosos frutos de invierno, por su longevidad.

Si la baya está adaptada al pájaro, es lógico que el pájaro se adapte a la baya. Pero además de la fisiología digestiva específica, existe una dificultad aún mayor para el pájaro, y es el de la localización de los arbustos, que suelen estar dispersos.

Contemplar a los petirrojos, los azulejos, los estorninos, los cuervos y los ampelis descender sobre esta abundancia de bayas sugiere una explicación del porqué estos frugívoros de invierno vuelan en grandes bandadas. La hipótesis de los «ojos múltiples» postula que los animales que se desplazan en grupo pueden detectar más fácilmente el peligro. ¿Podría también permitirles localizar con mayor facilidad sus filones alimenticios? Esta última hipótesis tiene un coste: cualquier individuo que encuentre un grupo de bayas deberá compartir su botín. De todos modos, no es un coste tan excesivo si el grupo es numeroso y la bandada está obligada a seguir moviéndose. Por lo tanto, unirse a otros cien pares de ojos puede dar sus frutos en varios sentidos, especialmente si todos tienen prisa y no están interesados en permanecer en la zona.

Muchas aves migratorias vuelan por etapas antes de llegar a su destino, deteniéndose en aquellas zonas donde previamente han encontrado comida y han podido engordar antes de emprender el largo viaje que les espera. Después de observar los grupos de aves que se alimentaban de bayas para preparar su migración, me propuse cultivar arbustos de bayas de invierno, a pesar de que la mayoría no sirven para alimentar a los pájaros residentes. Me gusta pensar que, incluso después de que los osos hayan dado buena cuenta de los arándanos, las cerezas y las manzanas silvestres, sigue habiendo muchas bayas de invierno no solo para alimentar a los cuervos, sino también a los viajeros de larga distancia que hacen escala en el norte.

21

Los osos en invierno

A mediados de diciembre de 2000, mientras yo y mis alumnos buscábamos reyezuelos en los bosques de Maine, encontramos el rastro de un oso negro en la nieve recién caída. Era la primera vez que veíamos una huella de oso en esa época del año. Cuando la comida escasea, los osos se refugian en su guarida a mediados de octubre. Sin embargo, ese otoño había un gran número de hayucos y bellotas. En las viejas granjas cubiertas de maleza de las colinas circundantes, abundaban los manzanos silvestres repletos de frutos.

El oso había pasado por allí solo unas horas antes, y fuimos detrás de sus pasos con la esperanza de encontrar su guarida de invierno. Había seguido su camino sin detenerse a descansar, pasando junto a un cadáver de ternero que habíamos dejado allí para alimentar a los cuervos. Por lo general, un ternero de tan buena calidad hubiera atraído a un oso a varios kilómetros a la redonda y lo normal es que no hubiera dejado pasar la oportunidad de saciarse. Pero que no se hubiera detenido para alimentarse antes de su largo ayuno invernal no nos sorprendió. En diciembre, probablemente había dejado de buscar comida y ahora estaba concentrado exclusivamente en buscar una guarida para pasar el invierno.

Los osos pasan de la fisiología de la prehibernación a la fisiología de la *hibernación*, un cambio desencadenado por una serie de señales químicas en la sangre. Una vez en hibernación, los osos permanecen en su guarida de invierno durante cinco meses seguidos, conservando los recursos energéticos (grasa) que tanto les ha costado acumular durante el frenesí alimenticio del otoño precedente. Ir de un lado para otro afanándose a buscar comida constituye un gasto energético deficitario. La lógica evolutiva dictamina que los osos dejan de tener hambre cuando están preparados para hibernar, porque si siguieran buscando comida y manteniendo un déficit energético, acabarían pereciendo.

Hay dos opciones para intentar paliar el déficit de energía que provoca el invierno. Una de ellas, utilizada tanto por los reyezuelos como por los seres humanos, es intentar mantener un margen de beneficio, aunque paguemos unos costes de calefacción cada vez más altos frente a la escasez de recursos. Hay un momento, sin embargo, en que más vale dejar de moverse para tratar de ahorrar la mayor cantidad de energía posible. Algunas veces, sobre todo en invierno, es más bien una cuestión de necesidad, e incluso puede ocurrir en los humanos, cuando se dan las circunstancias adecuadas. Aquí, en pleno invierno, en las altas montañas de Vermont y Maine, empiezo a tener sueño hacia las 5 de la tarde y suelo acostarme en cuanto oscurece. En verano, a esa misma hora, todavía quedan cuatro horas de luz diurna y por lo general estoy fuera de casa yendo de un lado para otro. Por supuesto, mi tendencia a la semihibernación se ve ligeramente atenuada por la presión social. En mi cultura, dormir catorce horas al día es simplemente un acto atribuible a la pereza. Así que, como resultado del condicionamiento social, alargo habitualmente mis jornadas invernales con luz artificial por la noche y cafeína por la mañana. Y lo que es más importante, evito mi tendencia natural porque no sigo la dieta astringente que impone normalmente el invierno. Mi consumo de calorías no disminuye y resulta suficiente para mantener mi nivel de energía. A diferencia de los osos que viven en el bosque, los habitantes de Nueva Inglaterra no estamos obligados a entrar en hibernación en octubre cuando se acaban las nueces.

Mis alumnos y yo no logramos seguir el rastro del oso hasta su guarida. Si lo hubiéramos conseguido, lo habríamos encontrado bajo un montón de maleza, en un árbol hueco, junto a unas raíces o sobre una pila de ramas en un denso rodal de píceas o abetos balsámicos jóvenes. Los osos pueden incluso hibernar a la intemperie, conscientes de que con el tiempo quedarán enterrados por la nieve. Los osos pardos excavan sus guaridas desplazando hasta una tonelada de nieve para construir un túnel en una ladera, en cuyo extremo sitúan su acogedora cámara de hibernación. Cubren el suelo con una capa de ramas, hierba o humus escarbado del suelo de las inmediaciones.

Los osos pueden preparar su guarida unos días o semanas antes de ocuparlas. Algunos aguardan a que caiga una fuerte tormenta de nieve antes de adentrarse en su santuario de invierno. Son animales flexibles y entre ellos abundan las diferencias individuales. Sin embargo, la mayoría son presos de un gran frenesí alimenticio a finales de verano y principios de otoño, momento en el que consumen cinco veces más de lo que representa su ingesta normal, acumulando una capa de grasa de hasta doce centímetros. A finales de otoño, van perdiendo gradualmente su apetito hasta que dejan de comer por completo, y cuando salen de su guarida en primavera, no están más hambrientos que antes de entrar. Por el contrario, si todavía tienen reservas de grasa, necesitan cierto tiempo para recuperar el apetito. La falta de ganas de comer durante la hibernación se debe probablemente al efecto de la leptina, una hormona secretada por las células adiposas que circula en la sangre y promueve la reducción de ingesta por medio de una señal de saciedad en el cerebro (Ormseth *et al.*, 1996). En primavera, los niveles de leptina disminuyen y el apetito aumenta.

¿Cuándo están en hibernación los osos, si es que realmente hibernan? Esta pregunta frecuente no es válida desde el punto de vista científico, porque la única respuesta posible es «depende». A menudo buscamos ser precisos encasillando definiciones, ya sea respecto a si algo es cierto o falso, vivo o muerto, o si un animal hiberna o no hiberna. El problema es que los animales no se circunscriben a unos simples límites. No obedecen a reglas, por lo que cualquier precisión obtenida artificialmente mediante una definición es susceptible de desaparecer en cualquier momento y en cualquier caso.

Los osos que hibernan poseen muchas características fisiológicas y de comportamiento en común, pero durante mucho tiempo no se consideraba que hibernaran, simplemente porque su temperatura corporal solo presentaba una ligera disminución, y en aquel momento la hibernación se definía exclusivamente en términos de temperatura corporal. Durante

Osezno no hibernante de tres meses de edad sobre su madre en hibernación.

la hibernación, la temperatura corporal de los osos se mantiene cerca de los 35 °C, solo algo superior a los 37 °C o 38 °C de cuando están activos. A una temperatura de 35 °C, pueden estar algo aletargados, pero no son en absoluto insensibles a las intromisiones humanas, especialmente de los científicos que osan entrar en sus guaridas para tomarles la temperatura con un termómetro rectal o pincharlos con una jeringuilla para sacarles sangre a fin de intentar comprender las maravillas de la fisiología de la hibernación. Resulta, sin embargo, que la clave de la hibernación no se halla en la temperatura del recto. Las características que permiten diagnosticarla se desprenden más bien de la fisiología del apetito del oso, el metabolismo de sus desechos, el equilibrio hídrico y la conservación ósea a pesar de la falta de ejercicio. De hecho, las maravillas de la hibernación están ligadas a numerosas cuestiones médicas de gran relevancia práctica para los humanos, especialmente en lo que respecta al envejecimiento, los vuelos espaciales y la osteoporosis.

Una de las primeras cuestiones a las que se intentó responder observando a los osos en hibernación fue cómo, a pesar de no tener necesidad de beber ni orinar en todo el invierno, podían mantener un alto nivel metabólico (una temperatura corporal elevada). Los seres humanos, como los osos, también podemos pasar mucho tiempo sin comer, siempre que dispongamos de grasa corporal. Pero no podemos vivir sin agua. Si tuviéramos que permanecer en la guarida de un oso durante un tiempo considerable, incluso sin sudar, nos deshidrataríamos rápidamente al vernos obligados a orinar. Pero si pudiéramos desconectar nuestros riñones, los residuos metabólicos, principalmente la urea, se nos acumularían en la sangre hasta envenenarnos. La urea es el vehículo que nos permite deshacernos del nitrógeno, que se convierte en un producto de desecho tras digerir proteínas o ácidos nucleicos. Un oso no orina durante todo el invierno. Entonces la pregunta es: ¿la urea no envenena a los osos o lo que ocurre es que estos animales no producen urea? Para averiguarlo, los médicos Ralph A. Nelson y Dianne L. Steiger del Carle Foundation Hospital de la Universidad de Illinois, con la colaboración del biólogo Thomas I. Beck de la División de Fauna de Colorado, examinaron el contenido de urea en la sangre de unos osos en hibernación. Pero, ¿cómo obtener la sangre? En sus guaridas invernales, los osos están lo suficientemente alerta para no tolerar la presencia de humanos con jeringas hipodérmicas. En parte para disponer de sujetos más dóciles para su proyecto, los investigadores hicieron lo más difícil: capturar a unos osos en otoño y colocarles unos radiotransmisores que permitirían seguir su rastro cuando ya estuvieran en su guarida. Allí, les administraron un tranquilizante (Rompun) con la ayuda de una escopeta de dardos que facilitó la tarea de sacarles sangre. Se recolectaron y analizaron un total de 76 muestras de sangre de 48 osos.

Dado que los osos que hibernan metabolizan sobre todo grasa, no acumulan grandes cantidades de urea en la sangre. Las pequeñas dosis que generan se convierten en creatina, que no es tóxica. Además, en vez de transformarse en residuos tóxicos, los restos de nitrógeno se reciclan bioquímicamente y se convierten en proteínas, por lo que los osos no pierden masa muscular aunque no hagan ejercicio. En consecuencia, un oso en hibernación no tiene necesidad de levantarse para beber u orinar en todo el invierno. El agua se conserva porque no se necesita para eliminar desechos tóxicos, y los animales se mantienen en forma. Pero no es solo eso lo que hace que el oso sea el perezoso profesional por excelencia que todos conocemos. Se siguen estudiando otros portentos fisiológicos de su capacidad para mantenerse en forma.

Los seres humanos necesitamos la tensión mecánica que genera el ejercicio en nuestro esqueleto para mantener la estructura y la función óseas, como ilustró a la perfección una experiencia de ingravidez en el espacio (Johnson, 1998). La pérdida de contenido mineral óseo, incluso si variaba según cada caso, se situó entre el 3,4% y el 13% en una misión espacial de 17 días de duración. El volumen muscular disminuyó a un ritmo similar, lo que hizo temer el efecto de los viajes especiales prolongados en la salud de los astronautas (White y Avener, 2001). Las personas que quedan parapléjicas después de un accidente sufren un pérdida similar de densidad ósea, con un disminución del 30% de la masa ósea de la parte inferior del cuerpo a los seis meses de perder el uso de las piernas. Ni el espacio ni la ingravidez como tales son, por tanto, la verdadera causa del debilitamiento. El verdadero culpable de la osteoporosis y la pérdida de masa muscular es la inactividad física. Para contrarrestar esos efectos, el programa espacial soviético, que incluyó una misión récord de 366 días, hizo hincapié en el ejercicio intensivo. Los osos prescinden del ejercicio y no sufren ningún efecto adverso. En su larga historia evolutiva, los que no pudieron tolerar los rigores de la inactividad prolongada fueron eliminados.

Los científicos del Centro de Investigación Ames de la NASA han estudiado los efectos de la inactividad en voluntarios jóvenes y sanos a los que se les pagaba una remuneración para permanecer tumbados en la cama durante unos días o unas semanas (Miller, 1995). Desde 1971 más de 500 participantes han demostrado las consecuencias dramáticas de la vida sedentaria en los seres humanos. No solo se produce una pérdida de masa ósea y un debilitamiento muscular, sino también una absorción intestinal más lenta y una resistencia prediabética a la insulina. Los científicos han llegado a la conclusión de que las tensiones físicas a las que se somete el cuerpo durante un vuelo espacial son prácticamente idénticas a las del reposo prolongado en cama o a las de un oso en hibernación. De ahí que se plantee de nuevo otra pregunta: ¿por qué el cuerpo del oso no sufre una pérdida ósea?

La mayor parte de la población estadounidense está sujeta al estrés físico provocado por la falta de actividad. Uno de cada tres estadounidenses de más de cincuenta años es completamente sedentario. Por lo tanto, nuestros músculos, privados de ejercicio, se vuelven resistentes a la insulina, que normalmente favorece la absorción de glucosa, y el azúcar en sangre alcanza niveles peligrosamente altos cada vez que consumimos productos que contienen azúcar, por lo que corremos el riesgo de desarrollar diabetes del adulto (tipo II). Nuestro cuerpo no está adaptado a la inactividad. A diferencia de los osos, en nuestra historia evolutiva, el ejercicio era una constante; no estamos hechos para tolerar la inactividad durante mucho tiempo. Estamos adaptados a la resistencia de los depredadores de larga distancia, tal como ya he explicado en *Why We Run: A Natural History*. La falta de ejercicio afecta negativamente a todos los sistemas orgánicos del cuerpo, por lo menos mientras sigamos comiendo. Sin embargo, sospecho que un excedente de calorías podría ser una variable relevante, ya que a menudo es el resultado de la inactividad.

Ralf Paffenbarger, médico de la Universidad de Stanford que ha estudiado los efectos del estilo de vida de 17.000 estudiantes de Harvard durante veinticinco años después de su graduación, llegó a la conclusión de que el ejercicio es una variable fundamental para la salud y la longevidad. Es decir, el estrés de la inactividad reproduce las reacciones del envejecimiento. Cada hora de ejercicio enérgico en la edad adulta genera dos horas más de vida. Evidentemente, los beneficios del ejercicio humano tienen un límite, pues de lo contrario seríamos inmortales. Por el contrario, el exceso de ejercicio acelera el proceso de envejecimiento. Sospecho que el debate sobre la dosis óptima de ejercicio para una longevidad máxima está menos relacionado con la cantidad de ejercicio que hacemos que con el número de calorías que ingerimos frente a las que quemamos. Existe una correlación entre comer menos y disfrutar de una vida más longeva. La diferencia reside en el rango de ingesta de alimentos frente a la cantidad de ejercicio.

Por regla general, el descanso no suele acelerar los efectos destructores del envejecimiento, ya que los animales que hibernan y entran en letargo tienen una vida más larga que los que no lo hacen. No debería extrañarnos, ya que, al parecer, durante la hibernación quedan en suspenso todas las funciones fisiológicas, tanto las que provocan una degradación como las que regeneran el organismo. Así pues, el largo periodo de baja temperatura corporal característico de la hibernación equivale a la muerte para el animal, de modo que su vida puede alargarse, incluso si pasa menos horas *viviendo* (es decir, comiendo, defecando, moviéndose y durmiendo). Sería interesante saber si, restando el tiempo de hibernación, los animales hibernantes viven más o menos que sus congéneres no hibernantes.

La proeza metabólica de los osos es tal que, si desentrañáramos todos sus secretos, probablemente podríamos curar muchas enfermedades humanas. Poseen la fórmula que les permite sobrevivir a la falta de ejercicio y luego, tras cinco meses de descanso, despertarse y subir una montaña. Durante todos esos meses, en lo que equivale a estar en cama, no sufren úlceras de decúbito. Su pérdida de masa muscular es insignificante y no experimentan ningún cambio en el tipo de fibra muscular. A pesar de su postura sin carga de peso durante meses, no presentan pérdida ósea ni osteoporosis. Tras quemar grasa durante meses, en los que su nivel de colesterol llega a duplicar el de los humanos y el que ellos mismos tienen en verano, siguen sin sufrir endurecimiento de las arterias o cálculos biliares, afecciones que solemos presentar los humanos en presencia de colesterol. La mayoría de los enigmas que nos han revelado los osos en hibernación no se han resuelto, quizá porque los osos no pueden estudiarse tan cómodamente como las ratas de laboratorio. Sin embargo, podemos estar razonablemente seguros de que cuando entendamos mejor cómo hibernan los osos, dispondremos de mayores certezas sobre nosotros mismos. La sociedad contemporánea ha propiciado un estado de inactividad parecido al de la hibernación, un nuevo estado natural al que no estamos adaptados.

22

La conservación de los alimentos

El verde intenso de la vegetación en Nueva Inglaterra alcanza su punto álgido hacia mediados de agosto. Sin embargo, las mariposas azul celeste ya no están aquí desde mediados de mayo y las mariposas cola de golondrina desaparecen a mediados de junio. Cada especie nace y muere en una franja de tiempo determinada. En esta época del año, las pupas de la mayor parte de los insectos han dejado de desarrollarse desde hace uno o dos meses, y no despertarán de la hibernación para convertirse en adultas hasta un momento preciso de la próxima primavera o el próximo verano. Mientras tanto, las monarcas han llegado finalmente procedentes del sur y algunas de sus orugas de rápido desarrollo ya se están metamorfoseando en ninfas y luego, una semana después, en adultas que emprenderán su viaje de vuelta al sur, cuando su principal alimento, el algodoncillo, empiece a marchitarse. Las hormigas siguen cuidando de los áfidos para obtener su melaza, pero pronto empezarán a trasladarlos a los refugios subterráneos donde pasarán el invierno. Los osos y las marmotas se están engordando. Las cigarras cantan durante todo el día, mientras que el *cric-cric* de los grillos, los saltamontes y otros tetigónidos no cesa ni de noche ni de día. En dos meses, estos cantores habrán muerto de frío, quizá incluso antes de las primeras heladas de otoño. Todo indica que se avecina un profundo cambio, ya que se están gestando los ajustes fisiológicos y de comportamiento necesarios para el próximo invierno. En las ardillas estriadas, ciertas aves, las abejas y nosotros mismos, el almacenamiento de comida es el preparativo más importante para el invierno.

En nuestro huerto, las manzanas, las calabazas y los calabacines siguen madurando, pero las cebollas, los ajos, las zanahorias, las patatas y las judías verdes están listas para la recolecta. Hemos empezado a congelar, enlatar y secar los alimentos para el invierno, y yo he estado cortando madera y apilándola en el sótano. Los establos hace tiempo que rebosan de heno para que las vacas aguanten sin salir hasta el mes de mayo, y los campos sin segar abundan de solidagos y ásteres azules repletos de abejas llenando sus depósitos de combustible en las colmenas.

En mi familia, estos rituales de almacenamiento de alimentos y leña responden a una especie de impulso básico, pero no son una obligación debido al sistema monetario y a la red de transportes del siglo XXI. Sin embargo, hace apenas cien años, el trabajo de recolección y almacenamiento de alimentos era una necesidad de supervivencia para quienes no dependían únicamente de la caza.

Entre los mamíferos, el acopio de alimentos puede ser una alternativa a la hibernación o la migración, pero solo un pequeño porcentaje del total de especies que habitan en el planeta almacena alimentos. Y aunque lo hagamos a gran escala, los humanos no somos ni mucho menos los que más comida acaparamos. A finales de verano, las picas americanas (*Ochotona princeps*), parientes más pequeñas de las libres que viven en las altas montañas del Oeste, recogen pasto, lo secan al sol y luego lo depositan en cavidades secas bajo las rocas para alimentarse durante el invierno. Cuando las hojas cambian de color en otoño, los castores de toda Norteamérica empiezan a abatir arbustos y árboles jóvenes y a arrastrarlos hacia el agua para construir enormes alijos de comida cerca de sus refugios. El agua helada mantiene la corteza fresca a lo largo de todo el invierno y los castores se alimentan de ella durante unos seis meses. Algunas ardillas y muchos otros roedores, incluidos los ratones ciervo, los ratones de bolsillo, las ratas canguro y los hámsteres, acumulan semillas que reducen o eliminan su necesidad de letargo.

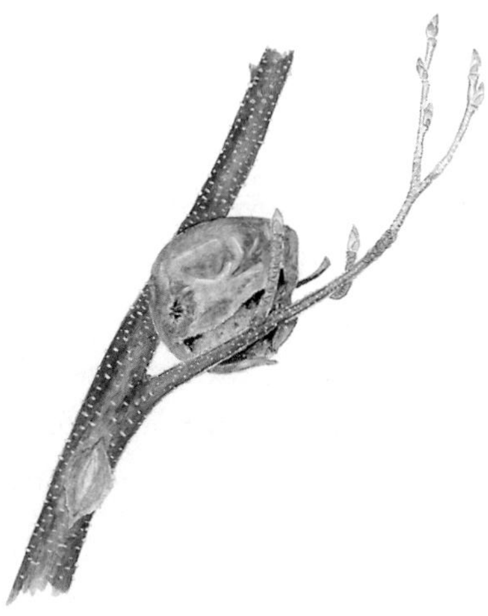

Manzana congelada en una rama de abedul blanco escondida por una ardilla roja.

Entre las aves, el acopio de alimentos a largo plazo es una característica de las especies que viven en el norte (Källender y Smith, 1990) y de las que no presentan letargo nocturno o solo de forma moderada. La costumbre de almacenar alimentos de forma evidente solo se da en dos familias: ciertos páridos (carboneros y afines) y la mayoría de los córvidos (cuervos, arrendajos, urracas, cascanueces y cornejas), aunque existe mucha variación dentro de un mismo grupo. A un extremo del espectro, están los carboneros, que cuando encuentran gran abundancia de alimentos que no pueden consumir de una vez, almacenan parte del botín escondiéndolo en hendiduras y grietas y vuelven más tarde a por él. Sin embargo, no existe ninguna prueba de que almacenen reservas en vista a su uso a largo plazo. Por su parte, los carboneros palustres europeos y los trepadores dependen de los hayucos almacenados para subsistir buena parte del invierno.

En el seno de la familia de los córvidos existe también una gradación de comportamiento, que va desde el almacenamiento temporal de los excedentes hasta los depósitos de comida a largo plazo que alimentan a estos animales durante el invierno y hasta bien entrada la temporada de reproducción. Al igual que los ratones de bolsillo, las ratas canguro, los hámsteres y las ardillas estriadas, que están adaptadas para llevar las sobras de comida en las mejillas, los córvidos poseen una bolsa expandible debajo de la lengua que les permite transportar alimentos para llevarlos a su escondite.

Probablemente los córvidos que más acaparan son los cascanueces euroasiáticos y los cascanueces de Clark de las regiones montañosas del Oeste norteamericano. Los primeros almacenan principalmente avellanas. Los segundos se alimentan principalmente de semillas de varias especies de pinos, como el pino piñonero, el pino flexible y el pino de corteza blanca, que maduran en otoño (Vander Wall y Hutchins, 1983). Un único cascanueces recolecta sistemáticamente decenas de miles (hasta 30.000) semillas de pino y las almacena en 2.500 escondrijos, por lo general sobre salientes rocosos orientados al sur y barridos por el viento, que pueden estar hasta a quince kilómetros de donde han sido recogidas. Meses después, las aves recuerdan la ubicación exacta de aproximadamente el 80% de estos alijos y regresan para recuperar su comida. La capacidad de los cascanueces para vivir de la recolecta estacional de semillas (Vander Wall y Balda, 1981) depende de su asombrosa memoria (Vander Wall y Balda, 1983) para recordar lugares precisos que los humanos seríamos incapaces de encontrar. Los alijos de semillas que no recuperan no se desperdician a largo plazo, ya que diseminan la fuente alimenticia de la que dependen estas aves.

Los cuervos comunes, cuando se alimentan de carroña en invierno, esconden la carne. Sin embargo, las reservas de comida duran relativamente poco tiempo, porque los escondites quedan enterrados en la nieve. Además, la carne es perecedera y puede ser fácilmente localizada por otros carnívoros con un afilado sentido del olfato, como musarañas, coyotes y zorros, por lo que sus escondrijos son más para un uso inmediato que a largo plazo.

Solo tenemos una vaga idea de cómo los cuervos mantienen el equilibrio energético durante el invierno, pero es un tema interesante. Los cuervos empiezan a anidar a finales del invierno y todas las crías son expulsadas del territorio de sus progenitores a finales de verano, si es que no lo han abandonado antes por su cuenta (Heinrich, 1999). Los pequeños siguen entonces cualquier rastro de comida, preferiblemente un suministro constante de carne fresca como la que puede proporcionales una manada de lobos (Stahler, Heinrich y Smith, 2002). En las zonas de los bosques del norte donde ya no hay lobos, los cuervos cazan pequeñas presas y recuperan los cadáveres abatidos por otros carnívoros. Las parejas adultas permanecen todo el año en su territorio y defienden los cadáveres que encuentran allí. Los jóvenes errantes están excluidos de estos festines, a menos que se unan entre sí para neutralizar a los adultos. Estos «reúnen a sus tropas» uniéndose a los dormideros comunitarios durante la noche, y los pájaros hambrientos con poca experiencia pueden encontrar algo que comer aprovechando información sobre recursos alimenticios, siguiendo a los que emprenden el vuelo antes del amanecer para ir en busca de una presa, como el cadáver de un alce o de un ciervo descubierto previamente. El problema es que hay una competencia feroz cuando se encuentra un cadáver, y no hay tantos puntos de alimentación disponibles para dar de comer a centenares de aves. Pero hay una solución: los individuos dominantes que pueden acceder a la carne se llevan toda la que pueden y la esconden para recuperarla más tarde, cuando la bandada se ha dispersado. ¿Y los que no han podido abrirse paso entre la multitud? También tienen una estrategia: observan atentamente a los pájaros dominantes para saber dónde esconden «su» botín, esperan a que se hayan alejado y recuperan entonces su contenido, sea para consumirlo allí mismo o bien para esconderlo en otro lugar. A su vez, los pájaros que intentan esconder comida evitan los posibles ladrones intentando permanecer fuera de su vista. En las intensas interacciones sociales que se establecen entre las aves cuando se alimentan de un cadáver en invierno, los que mejor anticipan las intenciones de sus competidores (así como las de los carnívoros potencialmente peligrosos) tienen más probabilidades de alimentarse. Este escenario, en el que uno o pocos individuos intentan controlar un recurso frente al grupo, es actualmente uno de los principales ejemplos de capacidad de conciencia o lo que se conoce entre los conductistas y biólogos como «teoría de la mente»: un tipo de capacidad mental muy diferente a la de la memoria. Aunque posiblemente estén entre los pájaros más inteligentes, los cuervos, por ejemplo, no poseen una memoria a largo plazo fuera de lo normal para encontrar sus escondrijos. Los recuerdan durante dos semanas, como máximo un mes (Heinrich, 1999). Pero dado su estilo de vida y su alimentación, posiblemente ya sea suficiente.

Cada animal tiene su estilo de vida, que responde a sus propias oportunidades, requisitos y limitaciones. El comportamiento del arrendajo canadiense (*Perisoreus canadensis*) ofrece marcados contrastes con el del cuervo. Estos minúsculos y esponjosos miembros de la familia de los córvidos me hacen pensar en carboneros a mayor escala. Son todo lo que no son las cornejas o los cuervos: mansos hasta el punto de parecer amigables, comedidos, de voz apagada, silenciosos voladores cuyas alas, cuando planean, recuerdan a las de las mariposas. Nunca se agrupan en grandes bandadas, no suelen alimentarse de carroña y poseen una mirada suave sin la agudeza visual de la corneja o el cuervo. En vez de volar rasgando el aire con aleteos rápidos, se deslizan silenciosamente. Los arrendajos canadienses, también llamados arrendajos grises, son los simpáticos ladrones del norte y a veces reciben el nombre de «ladrones de campamentos» porque siempre intentan arrebatar todo lo que encuentran. Son unas aves muy intrigantes. Parece que no dispongan de ningún medio visible de subsistencia y viven en lo que parecen estériles bosques de píceas, lejos de cualquier recurso humano. Habitan a solo varios kilómetros de mi cabaña en Maine y los he visto revolotear en los bosquecillos de sauces en la vertiente norte del río Noatak en Alaska. Son una de las pocas especies de aves que sobreviven todo el año en la taiga más septentrional, y se reproducen ya en marzo, a menudo dos meses antes de que se funda la nieve. ¿Cómo lo consiguen? La respuesta a este enigma probablemente tiene menos que ver con una memoria o inteligencia superiores y más con su saliva.

William Barnard, un ornitólogo de la Universidad de Norwich que ha estudiado una pequeña población de estos pájaros en Victory Bog (Vermont), me ha confirmado que su saliva es algo asombroso. En la mayor parte de los casos, la saliva sirve para facilitar que la comida baje por el esófago. Debe ser resbaladiza y antiadhesiva. La saliva de estas aves se coagula en contacto con el aire para volverse viscosa y pegajosa. En resumen, una vez expulsada, se transforma en pegamento, una materia muy importante para los arrendajos canadienses. Estas aves viven en entornos donde la nieve está presente durante todo el invierno, en los que los escondrijos de comida en el suelo o en la nieve dejan de estar disponibles de un día para otro. Los arrendajos canadienses son los únicos córvidos que entierran sistemáticamente su comida bajo el suelo. Por eso su saliva es tan importante. Es el pegamento que utilizan para adherir sus alijos a los árboles. Esta capacidad les permite buscar comida a finales de verano y en otoño y almacenarla de forma segura para el invierno. Mantiene su alimentación alejada de numerosos merodeadores terrestres y al mismo tiempo les evita la obligación de tener escarbar en la nieve.

Los arrendajos canadienses empiezan a anidar en marzo, unos dos meses antes que sus parientes, los arrendajos azules. En esa época, a finales de invierno en el hemisferio norte y en las altas montañas, es de esperar que haya numerosas tormentas de nieve y algunos días de temperaturas bajo cero, e incluso semanas enteras de hielo nocturno. Así pues, aparte de la saliva pegajosa, otro elemento esencial de su estrategia energética será la construcción del nido. A diferencia de los endebles nidos de los arrendajos azules, tan transparentes que pueden verse a través de las raíces y las ramas sin hojas, los nidos del arrendajo canadiense son voluminosos, profundos y están bien aislados, forrados de pelo y plumas que acunan y mantienen caliente la nidada de tres o cuatro huevos grisáceos con manchas de color marrón oliváceo.

La nidificación precoz de los arrendajos debe ofrecer alguna ventaja. No sabemos a ciencia cierta cuál es, pero un estudio de Dan Strickland realizado en Quebec y Ontario da algunas pistas. Los arrendajos canadienses parecen animales muy amigables porque se acercan fácilmente a los humanos. Strickland (1991) logró encontrar sus nidos suministrándoles los materiales que necesitaban para construir su nido, esencialmente algodón, pañuelos faciales y plumas de urogallo, y luego siguiéndoles la pista. A partir de un estudio de 470 polluelos en 179 nidos descubrió una estructura social sorprendente, centrada en el almacenamiento de comida.

Arrendajo canadiense «pegando» comida a un árbol.

En Quebec, las parejas residentes de arrendajos canadienses empiezan a almacenar reservas para el invierno a finales de verano, en el momento en que la comida es más abundante. Con una gran cantidad de alimentos disponibles y poca o ninguna competencia por la comida, la mayoría de los córvidos son tolerantes entre sí, especialmente con los miembros de su familia. No ocurre así en el caso de los arrendajos canadienses. A Strickland le sorprendió descubrir constantes agresiones y persecuciones entre los jóvenes en el seno del grupo familiar. La consecuencia de esta lucha fratricida era que casi siempre los más dominantes de la nidada permanecían en el territorio de sus padres. (Los que se marchaban se juntaban con otras parejas cuyos intentos de reproducción habían fracasado.) No estaba claro por qué los padres toleraban una descendencia parásita durante todo el invierno, pero algunos indicios (Waite y Strickland, 1997) sugieren que los que se quedan en el hogar paterno acaban pagando su deuda ayudando a construir el nido en el próximo intento de anidación de los padres. Además, la *educación* de los hijos siempre es costosa. Y los padres tienen que hacer todo lo posible para que su progenie sobreviva. Pero ¿por qué un pájaro joven se pelea a muerte con sus hermanos para poder quedarse con sus padres?

Para sobrevivir al invierno que se avecina, los jóvenes necesitan hacer acopio de alimentos. Sin embargo, los córvidos jóvenes, como la mayoría de las crías de otras aves, están obligados a adquirir experiencia para convertirse en buenos recolectores y cazadores, especialmente aquellos que, como los arrendajos canadienses y los cuervos, tienen la posibilidad de aprender a recolectar alimentos más bien «exóticos», como las garrapatas que ingieren sangre de alce en invierno (Addison, Strickland y Fraser, 1989). Posiblemente, los arrendajos canadienses jóvenes son demasiado inexpertos y no pueden encontrar y almacenar suficiente comida para pasar el invierno, por lo que su única posibilidad de sobrevivir es contar con una ayuda parcial de sus padres más competentes. En este caso, los padres están obligados a mantenerlos so pena de perder su inversión genética.

Los progenitores, sin embargo, también disponen de unas reservas alimenticias limitadas y no pueden echar a perder su reproducción futura. Tal vez puedan mantener a un joven que viva a su costa, pero no a los tres o cuatro supervivientes de una nidada completa. Si toda la nidada sobreviviera y la totalidad de las crías permanecieran en el hogar paterno, toda la familia podría morir de hambre. Por lo tanto, si la reducción de la nidada es inevitable, es preferible obligarles a pelear y que este enfrentamiento tenga lugar antes de la escasez de alimentos. La ventaja de expulsar a los más débiles radica en que abandonan el nido cuando todavía tienen la oportunidad de encontrar un par de adultos cuyo intento de reproducción haya sido infructuoso y que estén dispuestos a acoger a un joven tenaz y hambriento. Es decir, los jóvenes expulsados parasitan efectivamente el instinto paternal de los pájaros que han fracasado en su intento de tener descendencia.

A continuación compararé el comportamiento del arrendajo canadiense con el de otro animal que también sobrevive al invierno gracias a los recursos energéticos que logra recolectar durante los meses de verano. El sistema social de este animal es crucial para permitir el almacenamiento de reservas de comida. Sin embargo, hay una gran diferencia entre este y el arrendajo canadiense. En esta especie, solo la madre sobrevive al invierno, junto con sus decenas de miles de hijas. Las crías de sexo masculino, incapaces de alimentarse por sí mismas, son expulsadas del nido o mueren de hambre en otoño al no haber sido alimentadas con regularidad. En este caso, a diferencia de los arrendajos canadienses, todas las hijas ayudan a la madre a criar a las siguientes nidadas. Me refiero, por supuesto, a la abeja europea, también llamada abeja doméstica o abeja melífera (*Apis mellifera*).

Las abejas melíferas fabrican una sustancia especial con un alto contenido energético, que puede conservarse casi indefinidamente en el microclima bien regulado de la colmena. La materia prima de la miel, el néctar de las flores, se transporta en un estómago único extensible que hace la función de un gran balde. El polen o «pan de abeja» que se utiliza para alimentar a las larvas se empaqueta en una estructura peluda en cada pata trasera. Las abejas fabrican cera y la usan para construir recipientes finamente elaborados con las indicaciones más precisas posibles para almacenar la miel y el polen por separado. Una colonia de abejas melíferas es capaz de almacenar más de cuarenta y cinco kilos de miel (y muchos kilos de polen) para el invierno. Se emplean unos mecanismos especiales que garantizan el control climático para mantener los receptáculos de cera que contienen la miel y/o el polen a la temperatura adecuada y evitar que se derritan pero aún así mantengan una estructura lo bastante suave y maleable para darles forma. La ventilación y el control adecuado de la humedad sirve para concentrar la miel y eliminar el moho. Gracias a unas técnicas especiales de orientación, que indican un increíble sentido interno del tiempo, las abejas utilizan el sol como punto de referencia para desplazarse rápida y eficazmente entre el lugar de búsqueda de alimento y el lugar de almacenamiento. Como resultado de sus excelentes mecanismos de almacenamiento de energía, las abejas son los únicos insectos del norte que no hibernan y mantienen una temperatura corporal elevada durante todo el invierno. Los abejorros, que también recolectan miel y polen, y que individualmente trabajan durante más tiempo y con mayor rapidez que las abejas, no hacen acopio de alimentos para el invierno. No lo necesitan. Solo almacenan comida para los días lluviosos, convirtiendo sus recursos en descendencia. En otoño, la colonia se desintegra, y solo las hembras fecundadas (las nuevas reinas) siguen vivas para hibernar en una cámara fría bajo el suelo.

Cuando, a mediados de agosto, me siento en mi casa de Vermont junto a mis cuatro colmenas, los solidagos de los campos vecinos están en plena floración y mis abejas recolectan ávidamente su néctar para fabricar la miel que luego alimentará su metabolismo energético durante el invierno. A menudo recolectan el polen simultáneamente con el néctar, que será utilizado a principios de marzo cuando la reina empezará a poner huevos. Alimentará a las larvas, que se desarrollarán mucho antes de que las abejas recolectoras puedan salir de la colmena para buscar comida. Los solidagos son, junto a los ásteres, los últimos recursos del año para las abejas. Algunos ásteres salvajes tardíos completarán su despensa invernal, pero luego las abejas que viven aquí, en Nueva Inglaterra, estarán obligadas a esperar casi medio año antes de ver otra flor.

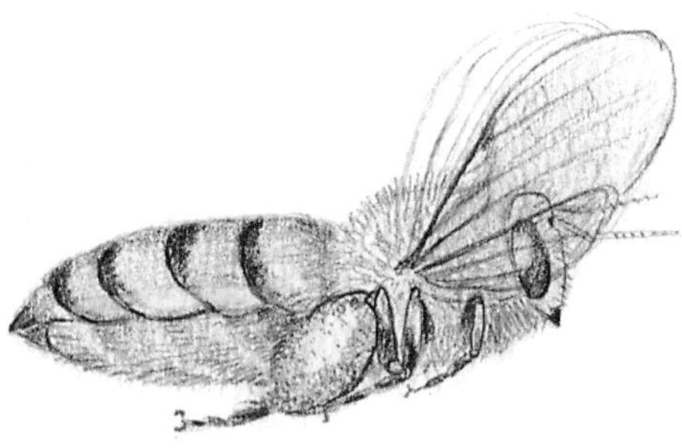

Una abeja transportando polen.

Es en este periodo intermedio, en el que las abejas están confinadas en sus colmenas o nidos y los abejorros hibernan aletargados bajo tierra, cuando los reyezuelos, de un tamaño no muy superior a las reinas de abejorros, están ocupados alimentándose en los bosques de píceas. Hasta donde sabemos, no utilizan ninguna despensa de alimentos ni dependen de ella. Nunca se ha observado a ningún reyezuelo almacenando comida, lo que no excluye totalmente la posibilidad de que así sea. Tal vez nunca han sido observados en las circunstancias adecuadas. En teoría, los reyezuelos son al menos tan inteligentes y capaces de almacenar comida como las abejas, pero no viven en una colmena que les permita fabricar y almacenar miel. Los reyezuelos diversifican sus alternativas siendo migrantes parciales, y no tienen ningún interés en hacer acopio de alimentos porque pueden verse obligados a abandonar su cuartel general de verano. Por último, al viajar en bandada con otras aves que también se alimentan de insectos, esconder comida constituiría una pérdida de energía, ya que sus reservas podrían ser arrebatadas por las otras aves del grupo. En general, el almacenamiento de alimentos es una explicación poco verosímil para la supervivencia de los reyezuelos en las largas noches de invierno. La respuesta a este misterio debe buscarse en otra parte.

23

La apuesta invernal de las abejas

Las abejas obreras que entran y salen de la colmena extendiéndose por un territorio de unos 130 kilómetros cuadrados dan toda la impresión de ser unas criaturas independientes. Sin embargo, están vinculadas entre sí como si estuvieran unidas físicamente. Las abejas melíferas (*Apis mellifera*) son animales sociales, y la colonia constituye un todo que actúa como un organismo único, ya que los individuos que la componen están al servicio del bienestar de todo el grupo. Individualmente es la mejor solución para su interés genético.

De las muchas sorpresas que nos han deparado estos insectos en el último siglo, una que se da casi por sentada es la respuesta de la colonia para regular la temperatura. Incluso en invierno, la temperatura en el centro de la colmena se mantiene a 36 °C, grado más grado menos. Tanto si en el exterior el termómetro marca –40 °C como 40 °C, las abejas regulan la misma temperatura interior. Las abejas son los únicos insectos del hemisferio norte que permanecen activos y calientes durante todo el invierno. En esta estación, son capaces de regular su microclima protegiéndose a sí mismas y a las larvas en desarrollo. Si una abeja abandonara el grupo en invierno, moriría casi al instante por congelación, como una célula extraída del cuerpo de un animal. Y si miraculosamente sobreviviera al frío, moriría por inanición. Sin embargo, si un fisiólogo aislara una sola abeja melífera y la comparara con cualquier individuo perteneciente a otras miles de especies de abejas, no detectaría nada destacable. Solo en el contexto de la colonia se revela el maravilloso comportamiento de estos insectos.

Empezaré examinando los principales factores que explican de qué modo las abejas regulan la temperatura de su comunidad, que a principios del invierno y principios de la primavera contiene huevos y larvas. Como ocurre en el caso de la hibernación de las ardillas voladoras, los reyezuelos sátrapas y la mayoría de los organismos (incluidos nosotros mismos), la elección de un refugio o nido adecuado es un requisito previo de vital importancia. En las abejas melíferas, el espacio del nido no solo debe adecuarse a una multitud de decenas de miles de abejas, sino que ha de ser lo suficientemente amplio para albergar los viveros de huevos, larvas y pupas, así como para disponer de una despensa lo suficientemente grande para almacenar una gran cantidad de provisiones energéticas. La selección de un lugar adecuado para el nido es importante cuando la colonia se divide: es una elección que no se deja al azar.

La colonia se divide en primavera o principios de verano, cuando la vieja reina abandona el grupo o es expulsada por sus hijas si no se marcha por voluntad propia. La antigua reina se lleva consigo entre 10.000 y 20.000 de sus hijas; juntas constituyen un enjambre que, tras abandonar la colonia madre, no tiene aún un lugar donde instalarse. Al principio, la colonia se agrupa temporalmente en una rama y, desde allí, las abejas exploradoras vuelan en busca de un nuevo hogar. Las abejas, de forma parecida a cómo los humanos buscamos nuestra futura casa, miden las dimensiones del lugar y evalúan otros parámetros significativos. Las exploradoras regresan al lugar potencial una y otra vez para volver a verificar su idoneidad. Poco a poco, cada abeja toma una decisión, y si considera que el sitio es el adecuado, deja una marca de olor y luego presenta sus conclusiones al enjambre.

«Presentar sus conclusiones» puede parecer una expresión algo antropomórfica o exagerada. Pero es precisamente lo que hacen las abejas. Mediante una serie de movimientos corporales llamados *danza de la abeja* (un ritual de vuelo hacia un nuevo hogar o una buena fuente de alimentación), la abeja indica al enjambre no solo la distancia y la dirección del lugar, sino también la idoneidad de la zona de nidificación que ha examinado cuidadosamente. Las abejas que vuelan de inmediato al sitio escogido para examinarlo pueden «leer» su mensaje porque siguen sus instrucciones bailando con ella, imitando su lenguaje corporal y descifrando con precisión sus movimientos con los suyos propios. Su información es tan precisa que sus semejantes, que nunca han estado en el lugar indicado, son capaces de volar hasta allí y comprobarlo por sí mismas, aunque esté a kilómetros de distancia.

En cualquier hallazgo de un lugar para anidar participan numerosas abejas exploradoras, y en general, esta búsqueda se prolonga hasta que varias de ellas han encontrado distintos refugios potenciales. Dado que toda la colonia debe permanecer unida y, por tanto, solo puede instalarse en un *único* sitio, lo más difícil es llegar a un consenso sobre el mejor lugar cuando existen distintas propuestas. No es la reina la que toma la decisión. No tiene nada que ver; ella es una simple seguidora. Las abejas llegan a un acuerdo unánime en primer lugar porque las diferentes exploradoras comprueban las propuestas de las demás y, en segundo lugar, porque en seguida llegan a un acuerdo cuando se percatan de que la propuesta de otra es mejor que la suya. Sin embargo, el consenso, sin la ayuda de la inteligencia individual, se alcanza principalmente porque las exploradoras que han encontrado un lugar menos propicio dejan de bailar, mientras que los mejores sitios suscitan reacciones más evidentes. Cada sitio de anidación potencial se anuncia honestamente según su valor relativo.

Un enjambre que ha abandonado la colmena puede permanecer suspendido en un refugio temporal sobre una rama durante horas o días mientras las abejas exploradoras buscan el lugar idóneo para anidar. Durante este período, la colonia mantiene el núcleo del enjambre a una temperatura que oscila entre 34 °C y 36 °C, mientras que la de la periferia apenas supera los 15 °C (Heinrich, 1981). Todas las abejas del manto tienen demasiado frío para poder volar, de modo que se calientan temblando, lo que implica un gran gasto de energía. La baja temperatura del manto ayuda a conservar las reservas de energía del enjambre, lo que resulta fundamental especialmente durante todo el tiempo que están buscando alojamiento. Pero ¿cómo saben las abejas del manto el momento en el que han de temblar y prepararse para volar? Un estudio reciente nos da la respuesta.

Las colmenas de las abejas melíferas eran antaño la única fuente de azúcar para el hombre, y los humanos hemos mantenido un interés activo por estos insectos solo por esta razón durante miles de años, a juzgar por las pinturas rupestres, y quizá desde hace millones de años si pensamos en nuestro gusto por lo dulce y nuestro ingenio para satisfacerlo. Desde principios del siglo XIX, el valor inestimable de las abejas como polinizadoras, tanto en los ecosistemas naturales como en los agrícolas, ha aumentado aún más si cabe nuestra percepción de su vida y sus costumbres. Debido a este interés y a las continuas investigaciones sobre las abejas melíferas realizadas desde hace más de un siglo, particularmente los extraordinarios descubrimientos sobre el lenguaje de la danza del Premio Nobel Karl von Frish y de sus numerosos alumnos y estudiantes asociados, cabría pensar que la fuente de conocimiento en esta materia estaría agotada.

Pero no ha sido así. Cada nuevo hallazgo prepara el terreno para el siguiente. Mientras Von Frisch nos revelaba el asombroso baile de las abejas, así como su mundo sensorial, el neurobiólogo Randolf Menzel de la Universidad Libre de Berlín descifraba las conexiones de los sentidos de las abejas y su memoria a corto y largo plazo. En las últimas décadas, hemos descubierto los mecanismos de cómo regulan su temperatura corporal individual y cómo mantienen colectivamente la temperatura del enjambre. El biólogo Thomas D. Seeley de la Universidad de Cornell ha descubierto cómo las abejas exploradoras evalúan la idoneidad de un lugar potencial para anidar, tema al que ya me he referido anteriormente, y poco antes de escribir este libro, en 2001, junto con Jürgen Tautz, uno de sus colegas del Instituto Theodor-Boveri de Alemania, descubrió y documentó la señal acústica (zumbido) que emiten las abejas al contraer los músculos de vuelo y que mecánicamente es muy parecida a los movimientos que realizan cuando tiemblan. Las abejas exploradoras que dan la señal de alerta estimulan a las abejas frías de las capas más periféricas del grupo para que tiemblen y entren en calor. Al igual que la danza de las abejas, que puede interpretarse como una representación abstracta o muy abreviada de un vuelo hacia el lugar previsto, el zumbido simboliza el calentamiento previo al vuelo. Y como ocurre durante el calentamiento, la frecuencia del sonido (vibración) en cualquier secuencia de zumbido es primero baja (a una temperatura corporal baja) y luego alta (a una temperatura corporal alta). Este zumbido se diferencia de las vibraciones de calentamiento en que las abejas, por lo general, amortiguan las vibraciones o temblores de calentamiento de modo que el sonido sea casi inapreciable o nulo, como un motor que funciona al ralentí.

Una vez que las abejas frías del enjambre han entrado en calor y están preparadas para volar, otra señal, llamada «zumbido de marcha», que también emiten las exploradoras, inicia la carrera de una nube de abejas hacia su nuevo hogar. Cuanto más sincronizadas estén entre ellas, menos miembros de la colonia se quedarán atrás. Luego tendrán que enfrentarse a otro problema: hay abejas que pueden perderse entre la enorme multitud que vuela hacia su nuevo lugar de anidación, que solo ha sido visto por un pequeño número de abejas del enjambre.

Solo algunas de las abejas que forman el enjambre saben realmente hacia dónde se dirigen. Pero la masa que constituye la colonia es guiada por lo que los científicos anglosajones han denominado *streakers* (presumiblemente, abejas exploradoras) que recorren el grupo llamando la atención sobre sí mismas y orientando el enjambre en la buena dirección. Las demás, y la reina, las siguen. Sin embargo, las abejas siguen volando solo si la reina las acompaña; detectan su presencia por el olor.

Cuando el grupo se ha instalado confortablemente en su nuevo nido, que en la naturaleza es por lo general un árbol hueco, su siguiente tarea es buscar néctar y polen y construir unos receptáculos (fabricados con la cera producida por unas glándulas especiales situadas en el abdomen) que servirán para almacenar el polen y la miel. La miel es el combustible energético de las abejas para la producción de calor, y el polen o «pan de abeja» es el principal alimento proteico que asegura el crecimiento de las larvas. La miel es un concentrado de azúcar casi puro, que se recoge en forma de néctar en el estómago de las obreras y luego se regurgita en las celdillas de almacenamiento de cera.

Una colonia de abejas melíferas en la zona templada del norte, con un entorno de extensos campos a su alrededor, puede producir casi 91 kilos de miel en un solo verano. Es combustible suficiente para mantener la colmena caliente durante todo el invierno, de modo que podemos tener la conciencia tranquila si recolectamos y consumimos sus excedentes sin destruir la colonia. Dos o tres colmenas son suficientes para satisfacer las necesidades de azúcar de toda mi familia durante un año.

La miel como tal no emite calor hasta que se quema o se metaboliza. En ambos casos, la recuperación de energía de los enlaces carbono-carbono de las moléculas de azúcar requiere oxígeno y produce dióxido de carbono y agua. Las abejas melíferas metabolizan la miel (es decir, el azúcar que contiene) durante el vuelo mientras recolectan polen y más miel exclusivamente para obtener calor cuando tiemblan. En el temblor intervienen los mismos músculos que en el vuelo, solo que las alas no se mueven porque los músculos de las alas, al subir y bajar, se ven sometidos a una contracción tetánica lenta, uno tirando del otro hasta que ambos se tensan.

En la medida de lo posible, las abejas reducen al máximo los temblores ya que para ello utilizan sus valiosas reservas de miel. En cambio, su primera respuesta colectiva al invierno, que corresponde al enjambre, es la conservación de energía. A medida que baja la temperatura de fuera y dentro de la colmena, las abejas empiezan a acercarse unas a otras para formar un grupo cada vez más pequeño y compacto.

El efecto general de la regulación de temperatura en el grupo puede explicarse distinguiendo las abejas de la periferia —abejas del manto— de las que están en el centro —abejas del núcleo—. Cuanto más bajas sean las temperaturas del exterior, más intentarán las abejas del manto arrastrarse hacia el interior del grupo. Cuando el enjambre se ha reducido a su tamaño mínimo, las abejas del manto situadas más al exterior introducen la parte frontal de su cuerpo hacia dentro. Taponan todos los agujeros y el calor producido por su metabolismo queda atrapado. Por supuesto, parte del calor sigue filtrándose por convección y conducción, y durante un tiempo las abejas del manto siguen calentándose lo suficiente. Pero, cuando el manto se enfría, las abejas se ven obligadas a temblar y a depender del calor producido por ellas mismas. En cambio, cuando la temperatura exterior aumenta, el gradiente térmico entre el interior y el exterior del grupo es menor. Entonces, se escapa menos calor, por lo que las abejas del interior pueden empezar a calentarse. Cuando hace demasiado calor, se arrastran hacia fuera, sobre el manto, donde hace más frío, creando cavidades y agujeros a través del enjambre. Las abejas que han disipado el calor favorecen la expansión del grupo, lo que a su vez crea más canales de aire y menos pérdidas de temperatura.

No se requiere ningún control central para organizar esta respuesta colectiva que estabiliza automáticamente el microclima del grupo. La reina, en el centro, no emite ninguna señal química para gestionar la termorregulación, ya que los grupos de abejas reaccionan de la misma forma tanto si hay reina como si no. Las abejas tampoco van de un lado para otro transmitiendo mensajes de afuera hacia adentro, porque cuando, en el laboratorio, las abejas del núcleo son separadas de las del manto por medio de una gasa fina, no se produce ningún cambio de temperatura. Es decir, incluso cuando se impide que las abejas del núcleo tomen muestras de la temperatura limítrofe del grupo, el núcleo sigue manteniendo la misma temperatura. Tampoco he observado ningún cambio de temperatura al reproducir grabaciones de zumbidos generados por abejas tanto del núcleo como del manto a temperatura alta o baja a través de un pequeño altavoz colocado en el centro del grupo o en su periferia. Ni tan solo aumentando el intercambio de oxígeno mediante el bombeo de aire del núcleo al manto, y viceversa, he documentado efecto alguno. Aparentemente, las abejas del núcleo y del manto no intercambian información sobre la temperatura ambiente para coordinar la respuesta de la colonia. Las temperaturas altas y relativamente estables del núcleo y las más bajas y variables del manto pueden explicarse por la acción de las abejas *individuales* que regulan su propia temperatura. La suma de respuestas les sirve a todas en términos de economía energética.

A veces, sin embargo, el *sacrificio* individual es lo mejor para la colonia y dado que las abejas son animales comunitarios y que las obreras estériles (todas hembras) solo tienen descendencia indirectamente a través de sus hermanas (las nuevas reinas), este sacrificio ha sido seleccionado por la evolución. El sacrificio más evidente de las obreras es atacar picando a los depredadores de los nidos. (Cuando una abeja obrera pica a su víctima ni que sea una sola vez, el aguijón se separa del cuerpo junto con el saco de veneno que lleva adherido, lo que la mata rápidamente.)

Las obreras también sacrifican su vida de otra manera. Mueren no solo por la pérdida de algunas partes de su cuerpo, sino también a causa del frío. Por lo menos es la conclusión a la que llegué observando mis colmenas durante el invierno de 2000-2001. Como es de esperar cuando se examina algo que tiene suficiente complejidad e interés, empecé dando pasos en falso pero fui aprendiendo a medida que avanzaba. Al estilo de la CIA.

Durante la guerra de Vietnam, los soldados descubrieron unas misteriosas manchas amarillas en el follaje de la selva. Se recurrió a la CIA para que investigara la enigmática «lluvia amarilla», que en principio se sospechó que era una nueva arma química fabricada por el Vietcong. Más tarde, los entomólogos descubrieron que las malolientes gotitas amarillas procedían de... las abejas.

Las manchas amarillas son mucho más visibles sobre la nieve blanca que sobre el follaje de la selva, y, en los climas septentrionales, pueden verse junto a las colmenas en invierno. También se ven abejas volando alrededor de la colmena cada vez que la nieve se derrite. La opinión generalizada era que salían para defecar. La hipótesis tenía sentido, exactamente igual que en el caso de la lluvia amarilla. Pero sin embargo no era cierta.

Cerca de cuarenta mil abejas físicamente activas, haciendo ejercicio durante todo el invierno para mantenerse calientes mientras están hacinadas en un pequeño espacio con una temperatura exterior mortalmente baja, se enfrentan a un problema de higiene, igual que los osos cuando permanecen en su guarida de invierno. Pero tanto unos como otras han dado con la solución. Las abejas no defecan nunca dentro de la colmena, lo mismo que los osos. Pero existe una importante diferencia de tamaño. A diferencia de los osos en invierno, las abejas comen mucho y regurgitan el mismo manjar que los osos encuentran irresistible: miel y polen. Dado que en invierno la colmena está siempre limpia de defecaciones (aunque a veces esté llena de cadáveres), podríamos llegar a pensar que no hay ningún problema simplemente porque las abejas lo han resuelto a la perfección. ¿Pero cuánto tiempo pueden esperar? ¿Hasta la primavera? ¿Prefieren morir antes que aliviarse? En enero de 2001 tuve una oportunidad única de realizar una serie de observaciones que arrojaran algo de luz sobre este problema, ya que nevó casi a diario, o al menos cada semana, con periodos intermitentes de sol y temperaturas próximas a los 2 °C.

A finales de la primera semana de enero tuvimos la primera tregua. El hombre del tiempo se refirió a un «deshielo de enero». Hacía suficiente calor para que los niños salieran y jugaran con la nieve sin tener que volver corriendo al interior al cabo de dos minutos, llorando de frío. Los niños no fueron las únicas criaturas de sangre caliente que se aventuraron a salir ni que fuera por un breve lapso de tiempo. Algunas de mis abejas hicieron lo mismo, y eso que las melíferas son más vulnerables al frío que los niños, ya que su tamaño es una desventaja para retener el calor.

En aquella época, las abejas ya habían estado confinadas en la colmena durante dos meses, alimentándose con miel, un combustible relativamente limpio. Pese a ello, la miel contiene pequeñas impurezas (por ejemplo, aminoácidos) que provocan la acumulación de residuos de ácido úrico en el intestino. El deshielo llegó justo a tiempo, pensé, para que las abejas pudieran realizar algunos vuelos de depuración.

Al primer indicio de un clima más cálido, mis abejas volaron rápidamente y algunas de ellas dejaron unas manchas amarillas sobre la nieve. También quedaron algunos cadáveres sobre el hielo; no todas las abejas sobrevivieron a las peligrosas aventuras al aire libre para vaciar su intestino: la nieve frente a mis tres colmenas, situadas debajo del tejado junto al corral de las gallinas, estaba salpicada de cincuenta y tres abejas aparentemente inertes.

A diferencia de otros insectos que viven en las regiones septentrionales, las abejas melíferas no sobreviven a la congelación. Deben mantener su temperatura corporal por encima de los 15 °C en todo momento para permanecer activas (o arrastrarse), y su temperatura muscular tiene que alcanzar por lo menos 30 °C para que los músculos de sus alas generen la potencia suficiente para un vuelo sostenido. En invierno, dentro de la colmena, muchas abejas toleran que su temperatura corporal baje entre 12 °C y 15 °C. Estas temperaturas son el límite inferior tolerado para desplazarse, y constituyen también el punto de ruptura de su temperatura corporal. Ellas la «defienden» cuando están en el enjambre o en el manto del grupo, porque si su temperatura desciende están condenadas a permanecer inmóviles. Por debajo de los 12 °C empiezan a perder el control fisiológico. No pueden temblar para volver a entrar en calor con su propio metabolismo y tampoco arrastrarse para regresar a la agrupación social y entrar en calor con el metabolismo colectivo de la colonia. Así, si una abeja se separa del enjambre de la colonia en invierno, muere cuando la temperatura exterior (por ejemplo, la de la nieve) está tres o cuatro grados por debajo de cero. A una temperatura corporal de –2° C la formación interna de cristales de hielo la mataría. Por lo tanto, cuando las abejas vuelan para evacuar a una temperatura cercana a los 0 °C, su temperatura corporal no puede disminuir de forma apreciable antes de volver al calor del grupo en la colmena.

Las abejas melíferas solo son capaces de mantener una diferencia mínima (de unos 15 °C) entre su temperatura corporal y la temperatura del aire mediante temblores y/o el metabolismo del vuelo; en consecuencia, si salen de la colmena a una temperatura de 0 °C corren un peligro mortal. Los cadáveres que salpicaban la nieve delante de mis colmenas pertenecía a aquellas abejas cuya temperatura corporal había bajado primero por debajo de los 30 °C y luego se había desplomado hasta alcanzar una temperatura mortal frente a la que habían sido incapaces de reaccionar fisiológicamente. Dicho de otro modo, eran las abejas que habían perdido potencia, habían caído sobre la nieve y habían muerto de frío, congeladas a –2 °C o menos.

¿Experimentan las abejas una reticencia similar a la que yo siento cuando tengo que salir de mi cabaña en las noches bajo cero? Y cuando vuelan ¿intentan ser lo más rápidas posible porque demorarse ni siquiera un minuto significa tentar a la muerte? ¿Emprenden el vuelo lo más calientes posible para así aumentar la velocidad de vuelo y retrasar el inevitablemente enfriamiento a temperaturas letales?

Debido al pequeño tamaño del cuerpo de las abejas, el enfriamiento se produce en segundos. Ser prudentes a la hora de salir de la colmena es probablemente una variable importante para la selección natural, y esta precaución varía según las poblaciones. Hace años, descubrí que las abejas africanas (las llamadas abejas «asesinas»), por ejemplo, son tan capaces como nuestras abejas nativas (europeas) de regular su temperatura corporal mediante el temblor. Sin embargo, cuando las abejas africanas llegan a latitudes septentrionales, sufren una gran mortalidad porque sus obreras no están lo suficientemente inhibidas y abandonan la colonia pese al aire frío que circula sobre el gélido y peligroso manto de nieve, que no han conocido en el curso de su evolución. Contrariamente a las melíferas del hemisferio norte, estas abejas se precipitan incautamente hacia el frío, mientras que las del norte proceden con mucha más prudencia. Sin embargo, pienso que mis abejas no fueron demasiado cautas, ni siquiera a temperaturas entre 1 °C y 2 °C.

Dos días más tarde, las temperaturas habían bajado a –7 ºC y ni una sola abeja se aventuró a salir espontáneamente, lo que me brindó la oportunidad de poner a prueba sus límites fisiológicos. Introduciendo una ramita en la colmena, generé la congregación de una multitud de abejas que se precipitaron y agregaron en la entrada. Tras hurgar un poco más, conseguí incitar a algunas a volar hacia mí y a mi alrededor. Cronometré la duración del vuelo de diez de ellas. La mayoría se desplomó sobre la nieve en solo dos segundos. Ninguna resistió más de seis segundos (con una media de 3,6 segundos) antes de tocar la nieve, emitir un breve zumbido, dejar de moverse y congelarse. Entre el momento de emprender el vuelo y aterrizar sobre la nieve, la temperatura torácica inicial de las abejas pasó de 38 ºC-33 ºC (con una media de 30,9 ºC) a 20 ºC-33 ºC (con una media de 30,9 ºC) justo después de estrellarse en el suelo, cuando las cogí y determiné su temperatura torácica con un termómetro electrónico. (La temperatura de la cabeza hubiera sido varios grados centígrados más baja.). Ninguna abeja había logrado alejarse más de cuatro metros y medio de la colmena. Tras esas mediciones, incité a otras treinta y tres abejas a salir de la colmena para ver si alguna conseguía volver. No regresó ninguna. Las cincuenta y cinco abejas que examiné contenían la maloliente pasta amarilla en su recto. Mi rudimentario experimento demostró que si salían al exterior a una temperatura de –7 ºC —algo que solo estaban dispuestas a hacer para defender a la colmena— se arriesgaban a una muerte segura. ¿A qué temperatura se arriesgarían a salir volando por su cuenta?

El 20 de enero salió el sol al mediodía, aunque la temperatura exterior seguía siendo baja, cercana a los –9 °C. Pero a eso de las 14.30 h el sol dio de lleno en las colmenas y las abejas empezaron a salir espontáneamente. En la media hora que estuve observando, salieron volando 125 abejas. Todas ellas, sin excepción, se lanzaron (involuntariamente) en picado sobre la nieve, como kamikazes, tras unos segundos de enfriamiento rápido en pleno vuelo. Ni una sola de estas 125 fugitivas consiguió regresar a la colmena. Todas se solidificaron por la formación interna de hielo. La mayoría (112) no habían vaciado el recto, como pude verificar fácilmente al abrir su abdomen. Me quedé desconcertado: ¿por qué no habían defecado cuando tenían la oportunidad de hacerlo? ¿Habían salido de la colmena para suicidarse? ¿Por qué se habían arriesgado a morir? Estaba decidido a llegar hasta el fondo del asunto.

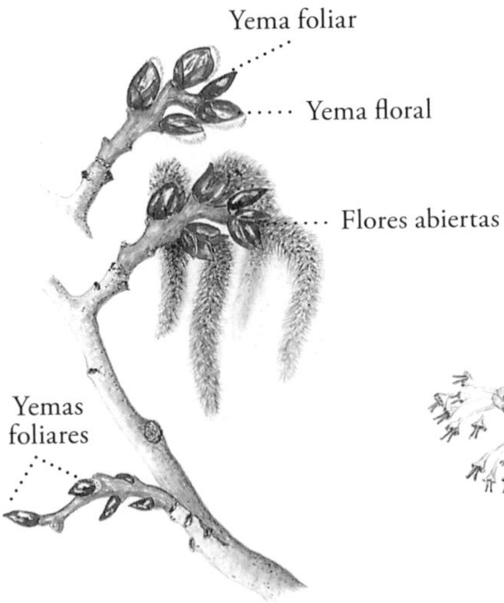

Álamo temblón.

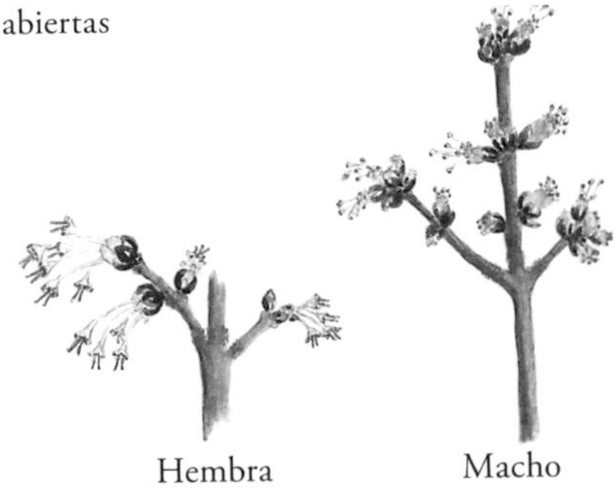

Arce rojo.

Al día siguiente, cuando hacía más calor, obtuve otra pista. Volvió a haber un corto periodo de insolación a primera hora de la tarde. Esta vez salieron de la colmena más de trescientas abejas; las encontré muertas y esparcidas por la nieve delante de las colmenas. Todas habían muerto allí, como antes, ya que la nieve estaba a una temperatura cercana a los –6 ºC y, por tanto, se habían congelado. Igual que el día anterior, había pocas heces diseminadas, no las manchas que cabría esperar si centenares de abejas se hubieran precipitado fuera de la colmena para defecar. ¿Esas abejas de la entrada, las que habían salido precipitadamente, era la subpoblación que tenía que hacer sus necesidades con mayor urgencia pero que había muerto de frío antes de poder evacuar? Con esta pregunta en mente, levante la tapa de una colmena (el punto más alejado de la entrada) y cogí cincuenta abejas del grupo que se encontraba justo debajo. Todas ellas tenían heces en el recto, y no pude detectar ninguna diferencia de volumen en comparación con las abejas que se habían arriesgado a volar en el frío. Tampoco parecía que la temperatura abdominal de las que estaban al aire libre fuera demasiado baja para que pudieran cumplir su propósito; la temperatura abdominal de las que habían chocado contra el suelo seguía siendo relativamente alta (entre 11 ºC y 19 ºC, con una media entre 12 ºC y 15 ºC).

Al parecer las abejas no habían salido *únicamente para defecar*. También dudaba de que no hubieran podido regresar a la colmena *solo* a causa del frío, ya que muchas de ellas habían aterrizado en el suelo a toda potencia. ¿Era posible que las abejas (que, por supuesto, no habían visto nunca antes la nieve) se hubieran desorientado al no ver el suelo oscuro debajo de ellas y por tanto se hubieran sumergido accidentalmente en la nieve blanca y sin ningún rasgo distintivo? Para averiguarlo esparcí unas virutas de madera alrededor de las colmenas y luego provoqué la salida de otras abejas. La temperatura del aire era de –8,3 °C. ¡*Voilà*! Aunque muchas abejas se estrellaron contra el suelo como antes, dieciséis de cuarenta lograron regresar a salvo al interior, cuando ninguna lo había conseguido previamente, incluso a temperaturas considerablemente más elevadas. Por lo tanto, era probable que algunas de las muertes anteriores fueran debidas a la desorientación provocada por la nieve ligera y sin relieve que ralentizó su capacidad para regresar.

El 22 de enero de ese año se produjo otro deshielo y las temperaturas alcanzaron por fin unos grados centígrados por encima del punto de congelación. Las virutas seguían esparcidas en la nieve. Esta vez había menos de una docena de nuevas abejas muertas junto a la colmena, pero por lo menos otras setenta esparcidas por las inmediaciones, a una distancia de 30 a 60 metros. Muchas de ellas habían logrado alejarse a 30 metros de distancia de la colmena antes de caer en picado sobre la nieve. ¿Por qué habían volado *tan lejos*? Recogí todas las que pude y de nuevo examiné su intestino. Esta vez, veinticinco abejas habían evacuado, pero el resto seguía conservando su carga fecal. Por lo tanto, pese a que algunas habían defecado, parecía cada vez más improbable que la evacuación intestinal fuera la razón principal por la que las abejas corren el riesgo de salir de la colmena.

El viernes 26, la temperatura del aire volvió a situarse apenas por encima del punto de congelación y la nieve recién caída cubrió las numerosas abejas muertas, por lo que pude hacer un recuento de los nuevos cadáveres. Conté 225 individuos diseminados por la nieve. A primera hora de la tarde, me dediqué a observar las colmenas durante cuarenta minutos. Seguían saliendo muchas abejas espontáneamente. Intenté no perderlas de vista, fijándome atentamente en sus típicos vuelos de orientación hacia delante y hacia atrás, dando vueltas en círculo y luego siguiéndolas hasta que se perdían de vista o chocaban contra el suelo. De las 171 abejas que seguí visualmente, 96 se estrellaron contra la nieve, mientras que 52 se perdieron de vista a lo lejos. Solo vi tres defecaciones, lo que finalmente me convenció de que aunque las abejas se «vacían» en algunos de sus llamados «vuelos de depuración», la razón última tenía que ser otra cosa. ¿Podría ser que las abejas exploradoras salieran en busca de flores donde obtener comida o agua?

El día de Año Nuevo había recogido unas ramitas de sauce y las había entrado en casa. En dos semanas, los amentos masculinos desprendieron su polen. La yemas de álamo temblón que había recogido hacia finales de enero se abrieron solo en cuatro días. Aún no era primavera, pero las plantas ya estaban listas. Las abejas no pueden saber si los arces rojos, los sauces y los álamos de los pantanos y los bosques circundantes florecerán con sus brevísimas ofrendas únicas. La colonia no puede saberlo por inspiración divina ni puede darse el lujo de perder la recolecta de principios de primavera. Pero puede permitirse perder algunas obreras para obtener información.

Los enjambres que abandonan la colonia a principios de la primavera tienen una gran ventaja, ya que disponen de tiempo suficiente para encontrar un nuevo sitio de anidación, construir panales, criar a las larvas y acumular grandes reservas de miel para pasar el invierno. La única forma de que las abejas sepan cuándo estarán disponibles las primeras flores, de modo que los enjambres estén preparados para salir, es aventurarse fuera y buscar. Unos centenares, o miles de bajas entre las obreras es un pequeño precio que debe pagarse para aprovechar la primera floración (o ser las primeras en hacerlo). Al fin y al cabo, la colonia es un superorganismo cuyo éxito se mide por la eficacia reproductiva de la reina, y la producción de la reina depende del aporte de miel y polen.

El 15 de marzo fue por fin un día «cálido» (de 8 °C a 10 °C) y soleado. Ese día, vi por primera vez un vuelo que era a todas luces de depuración: el aire estaba en plena efervescencia, con miles de abejas zumbando en todo momento y expandiendo sin cesar sus pequeñas gotas amarillas. Retiré la nieve de cinco zonas de noventa centímetros cuadrados y encontré 80, 95, 94, 102, y 160 gotas frescas que se habían acumulado, respectivamente, en solo treinta minutos. Casi no había ninguna abeja muerta sobre la nieve. Las abejas se posaban una y otra vez sobre el suelo, pero todas se levantaban para volver a emprender el vuelo. La mayoría de las abejas desaparecieron de mi vista antes de regresar nuevamente. Estaban buscando comida. Buscaban flores y árboles polinizados por el viento, de los que recolectarían una importante cosecha de polen. Las yemas de los álamos y los arces rojos se abren a finales de marzo. No había otra fuente de polen disponible en aquella época, pero conté hasta 154 abejas cargadas de polen de álamo que regresaban cada minuto el día después de que los álamos florecieran por primera vez, cuando el invierno aún no había llegado a su fin. (Seguía habiendo frecuentes heladas nocturnas, y al año siguiente, 2002, el 22 de abril, una tormenta dejó más de quince centímetros de nieve, tres semanas *después* de la floración de los álamos.) El sacrificio de las abejas había valido la pena. Todas las colonias habían sobrevivido al invierno, habían formado enjambres y produjeron cantidades casi récord de miel esa primavera y verano.

24

Brotes de invierno

A finales de enero, los que vivimos en las regiones del noreste llevamos tres meses viendo los árboles desnudos, sin hojas. «Solo quedan cuatro meses», pensamos, para que florezcan los brotes y los árboles recuperen su verde resplandeciente. La espera se hace aún más larga cuando nos damos cuenta de que los brotes han estado ahí todo el invierno, esperando su momento. De hecho, ya estaban completamente formados en los árboles en el verano anterior, mucho antes de que apareciera el brillante follaje otoñal.

Un brote puede estar compuesto por racimos desnudos de hojas en miniatura que contienen una nueva yema (como en el nogal americano y el nogal blanco), por una flor o inflorescencia embrionaria (como en el aliso, el avellano o el abedul), o ambas cosas, hojas y flores incipientes encerradas a la vez bajo unas escamas protectoras (manzano, cerezo, carrasquilla). Los grandes brotes de los fresnos de montaña y los álamos poseen una cubierta resinosa y pegajosa que ayuda a protegerlos de los animales hambrientos. Todos los brotes de hojas y flores tienen un alto valor nutritivo y son un preciado bocado invernal para muchos herbívoros del norte. El grévol engolado se alimenta durante todo el invierno de brotes de álamos y abedules, y he observado a camachuelos púrpura devorando capullos de flores de arces azucareros. He visto a ardillas rojas descabezar casi todos los abetos balsámicos jóvenes en ciertas parcelas para consumir los grandes brotes de algunas ramas. En la copas de los abetos maduros cortan de una sola vez cientos de ramitas terminales para comerse una veintena de flores de los conos, como quien desmenuza el maíz de una mazorca. Luego desechan la ramita, que cae sobre la nieve. Los alces arrancan las ramas de álamos jóvenes y arces rojos y rayados para alimentarse de las yemas. En algunas zonas de los bosques de Maine, apenas encuentro un árbol joven que no haya sido manoseado por alces, ciervos o liebres americanas.

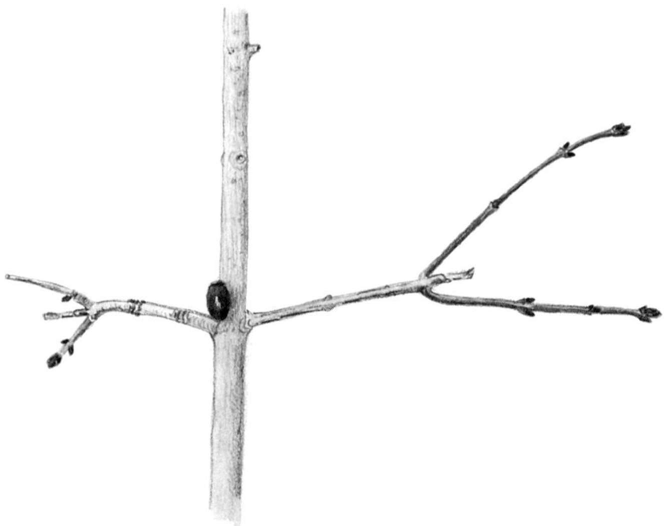

Brote de arce rojo con ramoneo de ciervo
y capullo vacío de falso gusano.

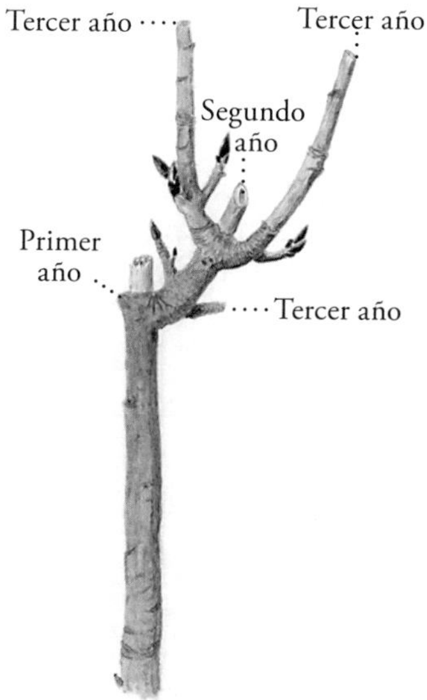

Ramita de fresno de montaña que ha sido ramoneada
por las liebres durante tres años seguidos.

El tamaño de los brotes es muy variable, pero son principalmente los árboles de las regiones más septentrionales los que tienen los cogollos de mayores dimensiones. Los árboles del sur trasplantados al norte, como la robinia (*Robinia pseudoacacia*), poseen unos brotes minúsculos.

Para los árboles del norte con grandes brotes, el acondicionamiento de hojas y flores en el interior de los cogollos debe suponer ciertas ventajas que compensan el considerable coste de conservarlos mucho antes de que empiecen a activarse. Sospecho que el principal beneficio de tener hojas y flores preformadas durante todo el invierno es favorecer su crecimiento rápido en primavera: los brotes están preparados para abrirse rápidamente a la primera señal, lo que permite que el árbol disfrute de una corta temporada de desarrollo. En Nueva Inglaterra, los árboles cuentan apenas con tres meses para producir hojas —su maquinaria para realizar la fotosíntesis— y luego utilizarlas para obtener un beneficio energético. Cuando la tan esperada primavera llega por fin al norte, lo hace de repente. En una o dos semanas, el hielo y la nieve se derriten y el sol empieza a absorber el calor. En solo tres o cuatro días, a finales de mayo, un hayedo desnudo se corona con un dosel de hojas verde manzana que absorben la luz del sol.

Cerezo rojo con flores y hojas de los mismos brotes.

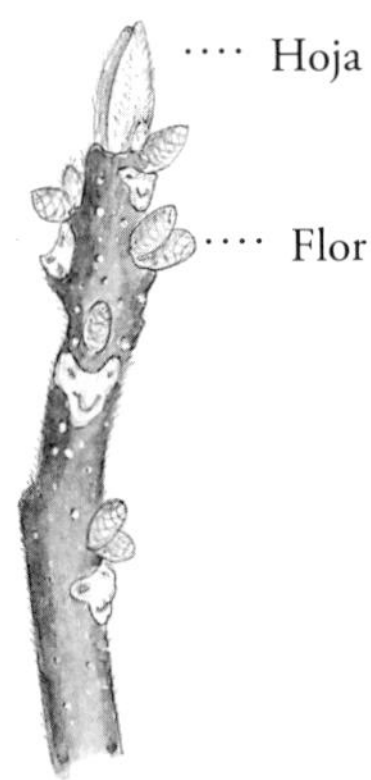

Nogal blanco americano con brotes separados de hojas y flores.

Sin embargo, existe una amenaza importante en la carrera de los árboles para captar la luz solar: las hojas nuevas son vulnerables al daño producido por las heladas. A la manera de los insectos en hibernación, los brotes pueden sobrevivir en invierno a temperaturas bajo cero mientras permanecen inactivos. Pero en cuanto despiertan y empiezan a absorber agua en sus tejidos, están en peligro. Al mismo tiempo, pueden arriesgar el desarrollo del árbol, porque las hojas que acumulan nieve húmeda pueden llegar a romper las ramas. Es un dilema. Las yemas deben abrirse lo antes posible, pero no demasiado pronto. Los árboles, al ser longevos, quizá pueden permitirse perder flores a causa del hielo, porque la energía que ahorran el año que no producen frutos puede significar una mayor producción al año siguiente. La pérdida de hojas a causa de las heladas, sin embargo, es más grave; si el árbol no consigue aprovechar la luz solar o pierde sus ramas a causa de la sobrecarga de nieve, tanto su crecimiento como su reproducción se verán afectados. A veces pueden volver a echar hojas, pero es algo que resulta costoso desde el punto de vista energético. Aun así, los árboles rara vez se dejan engañar por un falso comienzo, como un deshielo en pleno invierno. ¿Cómo saben en qué momento deben reanudar su actividad y brotar?

Los brotes siguen el calendario local, dictado por una interacción de señales relacionadas con las horas de luz diurna o la duración estacional de exposición al frío y al calor. El calor por sí solo no basta. Por ejemplo, los arces azucareros del norte no brotan cuando son trasplantados a Georgia porqué necesitan un largo periodo de frío, que les sirve de recordatorio de que el invierno ha quedado atrás. La estrategia es parecida a la de las pupas de la polilla cecropia de América del Norte, que no eclosionan a menos que primero se enfríen durante un tiempo suficientemente largo.

Sauce con botones florales, pero no foliares, en respuesta al calor.

En la zona donde paso la mayor parte del tiempo, en el oeste de Maine y el centro de Vermont, las hojas recientes de todas las especies de árboles caducifolios suelen surgir de forma relativamente sincronizada a mediados de mayo, en un breve lapso de unas dos semanas. Las primeras en aparecer son las hojas de álamo temblón y de abedul; y las últimas las de roble y fresno. Entremedio, eclosionan, entre otras, las de hayas y arces. Sin embargo, los botones florales de los árboles autóctonos se abren progresivamente y a lo largo de un período de aproximadamente seis meses. En marzo y abril empiezan a florecer los álamos, los alisos, los arces rojos y los avellanos picudos; luego les siguen el tilo en junio y el castaño americano a finales de julio; cierra la secuencia el hamamelis en octubre. (Es significativo que las especies cuyos botones no están encerrados en un capullo en invierno son las últimas en florecer.) En algunos árboles, como los manzanos, los cerezos y las carrasquillas, cuyas hojas y flores están contenidas en un mismo brote, generalmente las flores eclosionan en un breve estallido; las hojas les siguen casi de inmediato.

La separación de los botones y de las hojas y las flores —como en los sauces, los álamos y los alisos— permite que el árbol abra sus yemas florales un mes antes que el de las hojas o hasta cinco meses después, como en el caso del hamamelis. Los árboles polinizados por el viento pueden producir sus flores un mes antes que las hojas, o incluso más, lo que tiende a bloquear el flujo del viento. Por el contrario, un tilo polinizado por abejas puede florecer un mes o más después de que se hayan abierto los brotes de las hojas, cuando la población de abejas alcanza su pico a finales de verano. El hamamelis aprovecha las actividades de polinización de las polillas invernales del género *Eupsilia*, que permanecen activas en otoño e invierno (véase el capítulo 14).

La eclosión de los brotes es una maravilla que solemos dar por sentada. Me gusta recordar el milagro de la primavera, especialmente en pleno invierno, cuando los árboles luego tan vibrantes parecen inertes. Todos los años, en enero, febrero y marzo, salgo al bosque, cojo algunas ramitas de árboles y arbustos, y las entro en casa donde las pongo en un jarrón con agua. En el interior, algunos cogollos se aclimatan (o se «obligan» según la práctica botánica) y se abren al menos tres meses antes de su calendario habitual. Las pequeñas ramas de álamos temblones, sauces, avellanos picudos, alisos y arces rojos recogidas en invierno e instaladas en el interior florecen antes de desprender su polen. (Las flores de estos árboles y arbustos también son las primeras en abrirse en el bosque, a principios de marzo o abril, cuando el suelo aún está cubierto de nieve.) En cambio, la mayoría de los brotes de hojas, así como los capullos de las flores de los árboles de floración tardía, como el tilo, no responden al calor de mi oficina hasta el mes de marzo.

Viburno dulce. Baya de alce. Arándano. Haya.

Cuando las tormentas de nieve arrecian en el exterior y la temperatura puede bajar de los 0 ºF (–16 ºC), el jarrón de ramitas me recuerda la apasionante vida de los árboles en invierno. Los brotes de los árboles en la naturaleza parecen corredores preparándose para una gran carrera durante seis meses, esperando la señal de salida.

A finales de abril o principios de mayo, la subida de la temperatura provoca una explosión que da el pistoletazo de salida para iniciar la carrera de las ramas y las hojas hacia la luz del sol y el verano. En 2002, este impulso —dos días a 34 °C (90 °F) el 19 y el 20 de abril— tuvo lugar inusualmente temprano. Obligó a los álamos, cerezos, arándanos y arces azucareros a empezar a desplegar sus hojas, a lo que siguió, dos días más tarde, la floración de los arándanos y arces azucareros. En los diez días siguientes, se sucedieron dos heladas y tormentas de nieve. Una semana más tarde, cayeron unos copos de nieve viscosa del tamaño de una bola en miniatura, pegándose a las hojas y las flores. Parecía que los árboles habían dado un paso en falso, como si se hubieran adelantado a la señal. De ser así, habían sido ellos mismos los que habían recibido una sanción. Esta vez lograron salir adelante, pero el riesgo había estado muy cerca. El precio fueron algunas ramas rotas, algunas hojas perdidas. Pero como en el caso de las salidas tempranas de las abejas de su colmena para buscar comida, la apuesta había valido la pena.

25

La clave de los reyezuelos

Los reyezuelos son pequeños, hermosos y perfectos en su simplicidad. Me recuerdan a los cristales de nieve. Cada cristal de nieve es una estrella de seis puntas formada según las leyes invariables de la física y la química. Todos son perfectos. Sin embargo, su diversidad de formas es asombrosa, en parte porque cualquier pequeño evento aleatorio en su formación determina su futuro desarrollo.

Del mismo modo, en la evolución de los organismos y los ecosistemas, se producen innumerables acontecimientos fortuitos que determinan el resultado. El final no está decidido de antemano. No existen factores de corrección ni leyes superiores que *especifiquen* la forma del resultado final, ni tan siquiera en los esquemas adaptativos de los reyezuelos, que se ajustan necesariamente al ahorro energético, al igual que la forma de los cristales de nieve se adaptan a la ciega economía energética de la física. En última instancia, el reyezuelo es para una tortuga mordedora, un piquituerto o una ardilla terrestre del Ártico, o incluso para nosotros, lo que un cristal de nieve es para otro. Pero para apreciarlos mejor, hay que observarlos de cerca.

Hice mi primer intento de atrapar a un reyezuelo con la mano cuando tenía unos nueve años, y recuerdo con nitidez el momento. Fue a finales de otoño y yo iba andando solo por un camino forestal de regreso de la escuela cuando tropecé con un grupo de reyezuelos buscando comida en el suelo entre unos abetos jóvenes. Me acerqué lo suficiente para tocarlos. Parecían no prestar atención a mi presencia y alargué la mano para capturar uno. No lo conseguí, pero habían cautivado mi imaginación, como la de muchos otros.

En la introducción al capítulo dedicado al reyezuelo sátrapa de su ya clásico libro *Life Histories*, un texto de referencia de varios volúmenes sobre las aves de Norteamérica, Arthur Cleveland Bent escribió: «Hace muchos años, un niño encontró en el umbral de la puerta de su casa el cuerpo de una pequeña joya con plumas. Quizá el gato lo había dejado allí, pero hacía una mañana oscura y glacial en pleno invierno, y lo más probable es que hubiera muerto de frío y hambre. Lo recogió y quedó fascinado por la delicada belleza de sus suaves colores oliváceos y su resplandeciente corona de color naranja y dorado, que brillaba como una bola de fuego. En su afán por conservarlo, intentó disecar a su primer pájaro. El resultado —un espécimen de aspecto algo lamentable— fue el inicio de un interés por los pájaros que le duró toda la vida y se prolongó durante medio siglo».

Los reyezuelos reciben el nombre de *Regulus* («pequeño rey») por su brillante corona de color amarillo limón, naranja y rojo. En el reyezuelo sátrapa (*Regulus satrapa*), la corona de las hembras es amarilla, mientras que los machos ostentan una cresta de plumas de color rojo anaranjado dentro de la corona amarilla, que generalmente permanece oculta a la vista, pero se alza como una llama parpadeante para demostrar excitación.

Desde un punto de vista taxonómico, los reyezuelos han sido un enigma durante mucho tiempo. Bent los sitúa entre los túrdidos y sus parientes. También han sido asignados a la familia de los páridos. En cierto momento, se pensó que estaban estrechamente relacionados con la subfamilia de los sílvidos, que reagrupaba varias familias del Viejo Mundo (en oposición a las del Nuevo Mundo, los parúlidos). Sin embargo, los estudios de ADN (Sibley y Ahlquist, 1985) sugieren que pertenecen a otra dinastía (Ingold y Galati, 1997); ahora se sabe que no tienen relación ni con los túrdidos, los páridos o los parúlidos (Sheldon y Gill, 1996). Son diferentes y únicos.

Existen dos especies de reyezuelos en Europa, el reyezuelo sencillo (*Regulus regulus*) y el reyezuelo listado (*Regulus ignicapillus*). Ambas especies son relativamente sedentarias, pero no del todo, ya que tienden a migrar hacia el norte y el sur de Europa. En América del Norte también hay dos especies de reyezuelos: el reyezuelo rubí (*Regulus calendula*), que se reproduce en Alaska y en todo Canadá y migra en invierno hacia México y el sur de Estados Unidos; y el reyezuelo sátrapa (*Regulus satrapa*) que se distribuye por Estados Unidos y el sur de Canadá en invierno y en verano, aunque una parte de su población migra también hacia el norte de Canadá para reproducirse.

A pesar de las descripciones que aparecen en la mayoría de los libros de aves, estudios recientes sobre las proteínas del reyezuelo (Ingold, Weight y Guttman, 1988) indican que existen sustanciales diferencias genéticas entre ambas especies americanas. Estas diferencias son lo suficientemente significativas para justificar su clasificación en dos géneros distintos. Por otro lado los reyezuelos sátrapas norteamericanos son casi imposibles de distinguir de los reyezuelos europeos y asiáticos. Incluso sus cantos son casi idénticos (Desfayes, 1965). Podrían agruparse fácilmente en la misma especie, aunque a efectos prácticos no sea así hoy en día. Por esa misma razón limitaré mi análisis al reyezuelo sátrapa norteamericano.

La capacidad del reyezuelo para quedarse en el norte, donde hay abundancia de insectos en verano pero muy pocos en invierno, depende en gran medida de su comportamiento de anidación. Los reyezuelos tienen muchos polluelos, lo que no solo compensa la gran mortalidad de las nidadas como en la mayoría de los pájaros cantores del norte, sino sobre todo la elevada mortalidad que tiene lugar en invierno. Su comportamiento de anidación es digno de mención en varios aspectos. En primer lugar, incluso en Maine y Nueva Escocia, donde las hojas de los árboles caducifolios no brotan hasta mediados de mayo, los reyezuelos empiezan a construir sus nidos a mediados de abril. Las tormentas de nieve son aún frecuentes en esa época del año, y si los reyezuelos construyeran sus nidos como muchas otras aves, sus nidos quedarían cubiertos de nieve. Sin embargo, a diferencia de los piquituertos, los reyezuelos construyen sus nidos suspendidos bajo las ramas de píceas, cubiertos desde arriba por un espeso entramado de pequeñas ramas y agujas. De este modo, el nido es prácticamente invisible desde arriba, y por lo tanto, queda bien protegido de la mayoría de los depredadores. Si las ramas se cubren con una espesa capa de nieve, tanto mejor porque el nido se ubica en una especie de cueva, aislado y protegido por la nieve.

Reyezuelo sátrapa empezando a construir un nido.

El frío sigue siendo una amenaza potencial a principios de año, pero el nido de un reyezuelo se construye para dar calor. Pocas personas han observado —ni descrito— el proceso de construcción de un nido. Citaré aquí las prolijas observaciones de Cordelia J. Stanwood, de Ellsworth (Maine), cuyas notas fueron publicadas por Bent (1964, p. 386):

> *Los reyezuelos eligen para el techo de su cuna una pesada rama de abeto con un extremo denso; y la hembra, saltando de ramita en ramita, fija su nido al árbol.*
> *Teje un estructura esférica sobre sí misma, del mismo modo que la oruga de la mariposa luna o la cecropia entrelazan un capullo a su alrededor, con la diferencia de que el reyezuelo debe reunir previamente los materiales necesarios. Se posa so-*

bre una pequeña rama a un extremo del espacio elegido para el nido, y del que ha medido la longitud, uniendo trozos de seda de araña y musgo. Luego une los puntos del círculo en la parte superior del nido. Cubre entonces el espacio partiendo del centro, aproximadamente de norte a sur, con tela de araña y musgo, formando una especie de cable, que más tarde más bien tiene el aspecto de una hamaca. Al cabo de un tiempo, cuando ya ha depositado musgo y tela de araña, se posa sobre la hamaca como si quisiera probar su resistencia. En todo momento, sin embargo, trabaja de izquierda a derecha, moviendo el pico de un lado para otro mientras asegura la seda y el musgo y estira la telaraña de un punto de unión al siguiente. Cuando comprueba que la hamaca es capaz de sostenerla, se instala en el centro y se desplaza de izquierda a derecha. Cuando la hamaca es lo suficientemente ancha para permitirle sentarse en ella, modela el centro de la banda suspendida frotando su pecho contra esta y dando golpecitos con las patas. Gradualmente, va incorporando algunas ramas en la estructura, como si fueran costillas, y de vez en cuando corta una ramita de abeto para dar forma al nido esférico. Por último, el fondo, o la parte en forma de cesta, se eleva para unirse a la parte superior del nido, y nuestro laborioso reyezuelo queda oculto la vista mientras trabaja.

Construir esta especie de capullo de seda, con paredes revestidas de suficiente musgo, pelo y plumas para evitar el calor, el frío y la humedad, constituye un verdadero portento. Esta incubadora primitiva está realizada con el mismo musgo fino, de color verde oscuro (Hypnum uncinatum), *que parece característico de los nidos de los reyezuelos sátrapas de esta región, un liquen largo y filamentoso* (Usnea longissima) *y seda animal. Ha utilizado más liquen gris verdoso en la franja central en forma de hamaca que en otras partes más sólidas de la estructura. El forro está hecho de pelo de conejo, creo, y plumas de perdiz. La pared del habitáculo tiene poco más de cuatro centímetros de espesor, igual que el diámetro de la abertura del techo.*

Al parecer, la hembra es la responsable de construir el nido. El macho la acompaña y no deja de cantar mientras ella recolecta el material para anidar y construye el habitáculo. Bent (1964) describe otros nidos de reyezuelos sátrapas del noreste y documenta la costumbre de las aves de forrar los nidos con plumas. Las plumas de grévol engolado (llamado algunas veces «perdiz») parece que se utilizan en casi todos los nidos. Las plumas del pecho y el cuerpo de los grévoles son seguramente

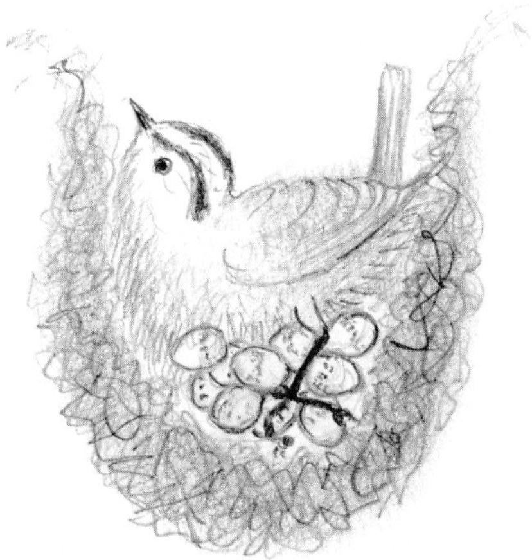

Reyezuelo incubando todos sus huevos con la ayuda del calor que le proporcionan sus patas.

demasiado grandes para un pequeño nido de reyezuelos, pero las aves insertan estas plumas en el revestimiento del nido de modo que las púas apunten hacia el fondo del nido y la curva natural de la pluma se extienda sobre la parte superior, formando una suave cubierta flexible a la manera de una cortina.

La mayoría de los pájaros cantores que se reproducen en Nueva Inglaterra ponen de ocho a once huevos por nidada. Los reyezuelos ponen la friolera de ocho a once huevos en una sola puesta. Son tantos y sus nidos tan pequeños que, a diferencia de otras aves, los huevos se disponen en dos capas, por lo general cinco en la parte inferior y cuatro en la parte superior. Las crías de reyezuelos, del tamaño de una abeja, son rosadas, ciegas y sin plumas Stanwood (en Bent 1964, p. 388), las describe así:

> *Cuando sus padres se acercan, los polluelos alzan sus diminutos cuerpos palpitantes y abren sus pequeñas bocas rojas de par en par para pedirles comida. La boca tiene un color parecido a la carne del melocotón alrededor del hueso. Las venas que se perciben a través de su fina piel dan a su cuerpo casi el mismo tono. Al principio, los polluelos se nutren mediante la regurgitación de los alimentos parcialmente digeridos por sus padres; más tarde, su dieta se compone de polillas, orugas y otros insectos. Son muy aficionados a las orugas de las píceas y a las polillas. Una magnífica pícea fue infestada por esta plaga y quedó casi despojada de todo su follaje. Observé que los reyezuelos se posaban a menudo en este árbol. En una temporada o dos, recuperó su antigua exuberancia. Estos son los buenos servicios que realizan los reyezuelos sátrapas y sus crías. Las patas de los pequeños son grandes y fuertes en comparación*

con el tamaño de su cuerpo. Si alguien intenta sacar a un polluelo del nido, este arrancará todo el revestimiento antes de soltarse. Justo antes de que les salgan las plumas, los polluelos empiezan a acicalarse y luego pasan gran parte del tiempo en el nido alisando y engrasando su plumaje. Los progenitores retiran todos los desechos, depositándolos lejos de su pequeño hogar, que mantienen limpio y ordenado.

Y prosigue:

He visto a reyezuelos alimentando a sus crías en el nido hasta finales de junio, pero, en general, entre el dieciocho y el veinte de ese mes, las familias de reyezuelos suelen buscar su sustento en los árboles. Incluso una vez, a mediados de diciembre de 1912, vi a unos reyezuelos adultos alimentando asiduamente a una gran familia de jóvenes polluelos en una plantación.

En la época en que Cordelia Stanwood anotó estas observaciones, nadie había descubierto ningún otro aspecto del ya asombroso comportamiento de anidación de los reyezuelos. Este hallazgo fue simplemente el resultado de los precisos estudios llevados a cabo por otra pareja de ornitólogos aficionados, Robert y Carlyn Galati, que también quedaron cautivados por estas aves. Sus observaciones, realizadas en el norte de Minnesota, demostraron que los reyezuelos no solo crían con éxito a una familia de nueve a diez polluelos en un nido, sino que simultáneamente se hacen cargo de un segundo nido con la misma cantidad de hijos (Thaler, 1990; Galati, 1991). El fenómeno se denomina doble puesta.

Como ya he mencionado, aparentemente es la hembra sola la que construye el nido. Y solo ella incuba los huevos (Thaler,

1990; Galati, 1991). El macho es el proveedor de alimentos. Cuando los huevos eclosionan, la hembras tiene que permanecer en el nido para calentar a las crías. El macho abastece a toda la familia. Sin embargo, poco después de que las crías ya no tengan que ser incubadas (que es una de las razones por las que la hembra construye un nido tan bien aislado), la madre abandona a sus pequeños y empieza a construir un segundo nido en las inmediaciones; pronto estará incubando a una segunda nidada de ocho a diez huevos mientras su compañero se hace cargo de las necesidades de la primera. Es una pareja que se compenetra bien: a pesar de todas las eventualidades, el porcentaje de éxito supera el 80%, una cifra excepcionalmente elevada para cualquier ave (Ingold y Galati, 1997).

El hecho de vivir al límite de sus posibilidades energéticas explica la tasa de mortalidad inevitablemente alta de los reyezuelos, teniendo en cuenta su elevada fecundidad, durante el período invernal, a lo que cabe añadir que son poco hábiles en el vuelo debido a la pesada capa de plumas aislantes que llevan consigo. Los que migran son víctimas de una gran mortalidad (Kania, 1983; Hogstad, 1984). Pero cabe suponer que sufrirían pérdidas tan o más elevadas si no migraran, pues de lo contrario la migración cesaría rápidamente. Los que se quedan durante el invierno no se detienen nunca más de dos segundos en búsqueda de alimentos. Desde que sale el sol hasta el anochecer saltan sin parar en una frenética cacería de insectos. Aunque pueden sobrevivir a noches a cuarenta grados bajo cero, el mal tiempo y la escasez de comida para pueden causarles una mortalidad del 100% en caso de fuertes tormentas y heladas (Lepthien y Bock, 1976; Larrison y Sonnenberg, 1968; Graber y Graber, 1979; Sabo, 1980).

El reyezuelo sátrapa es una de las tres aves que aparecen en la portada del libro *Birds in Jeopardy* (de Ehrlich *et al.*), publicado en 1992, en el que se enumeran y describen las aves en peligro de extinción y las especies ya extinguidas de Estados Unidos y Canadá. No obstante, el reyezuelo más que un pájaro raro es un ave que no llama demasiado la atención. Son difíciles de ver, pero además es cierto que sufrieron un severo declive a principios de los años ochenta en algunas zonas. A finales de la década su población se había recuperado. Dada la tasa de éxito de los reyezuelos respecto a la nidificación y que son pájaros demasiado pequeños para convertirse en la presa preferida de la mayoría de los depredadores, el fuerte descenso de su población se debió probablemente a un empeoramiento de las condiciones climáticas. La recuperación puede ser rápida para una especie con una tasa de reproducción tan elevada siempre que las condiciones medioambientales mejoren. Los reyezuelos en cautividad tienen una esperanza de vida máxima cercana a los diez años (Thaler, 1990), pero, en la naturaleza, cualquier adversidad es susceptible de afectarlos: el 87% de su población suele desaparecer cada año. Los reyezuelos son lo que podríamos llamar aves anuales (por analogía a las plantas anuales que se regeneran cada año gracias a sus semillas).

Para estos pequeños insectívoros, con unos picos demasiado débiles e inadecuados para hurgar bajo la corteza o en la madera, el invierno no parece ser un problema lo suficientemente grave como para que prefieran la alternativa de volar miles de kilómetros sobre mar abierto. Dado que millones de aves mueren cada año en esos peligrosos viajes, debe existir una fuerte presión selectiva sobre muchos pájaros para que desarrollen la sofisticada capacidad de navegación y los atributos físicos y mentales que crean y mantienen el comportamiento migratorio. Ciertas aves migratorias, por lo menos, han evolucionado para ser capaces de detectar las líneas de orientación magnética de la tierra, un sentido del que carecemos los seres humanos. Muchos de ellos pueden leer los patrones de las estrellas y viajar de noche siguiendo la luz de la estrella polar. Durante el día, pueden usar el sol como brújula. Siguen su movimiento en el cielo y calculan su desplazamiento utilizando un reloj interno que posee una precisión de unos quince minutos; por lo tanto, son capaces de determinar su orientación con una exactitud de unos cuatro grados angulares. Fisiológicamente, las aves han desarrollado unos ciclos de engorde rápido a fin de prepararse para unas jornadas de vuelo ininterrumpidas. La mayor parte de estas capacidades evolucionaron gracias al invierno, sin el cual ninguna de las facultades casi insondables del reyezuelo habría llegado a existir. No sabemos con precisión cómo migran los reyezuelos sátrapas, pero dado que muestran inquietud nocturna antes de migrar (Thaler, 1990), es probable que viajen de noche para poder repostar de día.

La historia evolutiva de los reyezuelos, y por tanto su biología, está asociada a la Edad del Hielo. Hace tan solo diez mil años, cuando se derritieron las nieves invernales sobre una parte relativamente deshabitada de la Tierra, una cantidad casi ilimitada de insectos, en un intervalo de quince a veinticuatro horas al día, constituyeron un maná para todo aquel que estuviera dispuesto a aprovechar su abundancia. En otoño, cuando ya no había insectos y desaparecía la luz del día, las aves reculaban hacia el sur. Gradualmente, a medida que se fueron derritiendo los glaciares, los desplazamientos anuales de ida y vuelta a las ricas zonas de alimentos del norte, donde los días eran más largos, se fueron alargando. Los individuos que aguantaban más el frío o volaban más lejos eran los que recolectaban mayor cantidad de comida en primavera. Y en general, eran ellos los que tenían más descendencia. Algunas partes de esta población quedaron aisladas por los glaciares de la última Edad de Hielo y no pudieron reproducirse. Se crearon entonces variaciones, que hoy llamamos arbitrariamente especies. Uno de los grupos que prosperó fue el de los reyezuelos que hoy ocupan los bosques de taiga del norte.

Pocas personas llegan a ver un reyezuelo sátrapa, aunque está claro que la mayoría de la población no se dedica a buscarlos. Son difíciles de encontrar, incluso sin la densa cubierta vegetal de los bosques de coníferas en los que habitan. Dado que su avistamiento es difícil, la mejor manera de detectar su presencia es escuchar sus reclamos. Me complace informar que, al menos de momento, este «pequeño rey» del bosque se desenvuelve bien en las densas regiones de coníferas del norte de Nueva Inglaterra. De hecho, es raro no escuchar sus entrañables *tsees* en los bosques cercanos a mi cabaña. Cómo sobreviven a una noche de invierno es un verdadero prodigio.

Cada vez que regreso a mi cabaña en un día de invierno, tengo la certeza de que no voy a morir de frío gracias a la calefacción. Nuestra especie ha inventado una técnica mágica para sobrevivir al invierno. La solución, como cuenta la historia de

Jack London, es el fuego. Otras especies humanas, como los neandertales, también contaron con esa respuesta durante probablemente cientos de miles de años. Sin ella, los humanos no habrían colonizado el hemisferio norte a través de Europa, Asia y Norteamérica hasta el límite de los glaciares. El fuego no solo nos ha ayudado a mantenernos calientes y vivos por la noche, sino que también nos ha permitido ser mejores depredadores porque, al cocer nuestra carne, hemos utilizado la alimentación de forma más eficaz. Y en la época en la que aún éramos presas de otros animales, el fuego también nos sirvió como arma defensiva.

El reyezuelo ha ocupado el mismo territorio circumpolar que nosotros y probablemente lo ha hecho durante períodos de tiempo incomparablemente más largos. Tiene la misma necesidad de calor, pero a un nivel mucho más elevado. A causa de su diminuto peso, 5 o 6 gramos, el equivalente a dos peniques, que pueda sobrevivir a tal escasez de energía en una fría y larga noche de dieciséis horas es una maravilla inimaginable desde la perspectiva humana: desafía tanto las propiedades físicas como fisiológicas. No sabemos a ciencia cierta cómo lo consiguen, así que buscamos explicaciones a través de otros animales y especialmente de otras aves. Su ejemplo sugiere que la supervivencia del reyezuelo en invierno no puede explicarse mediante un nuevo fenómeno biológico o nuevas leyes físicas y fisiológicas; sospecho, más bien, que depende de un equilibrio particular de la especie que ha sido creado haciendo malabarismos precisos con un conjunto de beneficios y desventajas contradictorios, en los que cada elemento encuentra su lugar pero con muy poco margen de error. No es una cuestión de magia, sino de detalles precisos, de conseguir que todo salga bien.

Me interesé por ellos porque no acababa de entenderlos y, hasta cierto punto, no me importa que siga siendo así para preservar el misterio. Mi búsqueda de hechos concretos no es por el bien de los hechos, sino sobre todo para lograr entender la historia que hay detrás de ellos.

Thaler (1990) supuso que los reyezuelos europeos sobreviven en invierno acurrucándose por la noche para ahorrar energía, alimentándose con un base energética de colémbolos (*Collembola*) y gracias a su habilidad para encontrar microclimas como los que están presentes bajo los montículos de nieve polvo y otros lugares. Sin embargo, no existe un balance energético para determinar los límites de estas estrategias, y aunque otras aves nos indican dónde buscar, lo que hacen no se aplica necesariamente a los reyezuelos sátrapas que, debido a los lugares que frecuentan en América del Norte, se enfrentan a temperaturas incluso más bajas que sus parientes europeos. Nuestros estudios sobre el comportamiento de búsqueda de alimentos de los reyezuelos en los bosques de Maine (presentados en el capítulo 9) han demostrado, sorprendentemente, que no disponían ni utilizaban colémbolos como principal fuente de energía. En cambio, el contenido de su estómago demostró que subsistían a base de unas diminutas orugas congeladas llamadas geómetras. A diferencia de las semillas, las orugas no poseen un alto contenido calórico, por lo que estos pequeños pájaros insectívoros, como muchas otras aves, necesitan consumir grandes cantidades para bajar su temperatura corporal y entrar en letargo. Sin embargo, algunos autores dieron por sentado que la reducción de la temperatura corporal durante la noche no era un factor necesario para la supervivencia invernal de los reyezuelos sátrapas (Reinetsen y Thaler, 1988). Esta suposición se basaba en una pérdida de peso de 1,3 a 1,5 gramos, correspondiente probablemente a la grasa. No obstante, los pájaros podían tener un cojín de grasa muy inferior a esas cantidades, puesto que gran parte de la pérdida de peso durante la noche podía atribuirse al contenido intestinal. Charles R. Blem y J. F. Pagels examinaron concretamente la materia grasa y demostraron que en pleno invierno los tejidos adiposos acumulados por los reyezuelos de América del Norte durante el día eran cinco veces menores. Estos investigadores calcularon que el volumen de grasa (0,3 gramos) contenía calorías *insuficientes* para que un reyezuelo mantuviera una temperatura corporal elevada durante toda la noche.

Creo que subestimamos enormemente a estas aves, y a muchas otras, cuando esperamos que sigan reglas simples. Probablemente, los reyezuelos no entran en letargo a menos que sea necesario. Es lo que cabe deducir de innumerables estudios sobre otros animales. Lo que ocurre en cautividad (cuando los animales están bien alimentados y no estresados) es solo un pálido reflejo de lo que se ven obligados a afrontar y realizar en condiciones reales.

Las principales adaptaciones de los reyezuelos para mantener el calor (y conservar la energía) son las mismas que se observan en la mayor parte de los pájaros. Ahuecan su plumaje para capturar el aire, creando a su alrededor una capa aislante cada vez mayor. Las principales vías de pérdida de calor son el pico, los ojos y las patas, no provistas de aislamiento. Mientras duermen, las dos primeras vías se reducen considerablemente porque las aves meten la cabeza bajo sus plumas traseras. Para amortiguar la pérdida de calor en las patas, utilizan el sistema de intercambio térmico a contracorriente y/o la reducción del flujo sanguíneo para que las temperaturas de las patas y los pies permanezcan lo más bajas posibles, probablemente justo por encima del punto de congelación del agua, cerca de 0 °C. A la inversa, las patas y los pies también pueden servir para desviar el calor del cuerpo. Por ejemplo, Thaler (1990) observó que por lo general los reyezuelos tienen las patas de color marrón claro, pero cuando las hembras incuban sus huevos, adoptan un tono más parecido al rosa y el rojo, momento en que la sangre las irriga y alcanzan una temperatura de 39 °C. (El parche de cría de los reyezuelos, situado en el pecho y el vientre, solo permite incubar a la vez dos o tres de los once huevos de una puesta, mientras que el calor de las patas sirve para desplazar constantemente los huevos e incubarlos.)

En el relato de Jack London «Encender una hoguera», el veterano del arroyo Sulphur anuncia al chechaquo que «ningún hombre debe viajar solo por la región del Klondike por debajo de cincuenta grados bajo cero», o como reza un dicho de los habitantes de Alaska cuando hace mucho frío, «Hace una noche de perros... o de dos o tres perros». Del mismo modo, debido al peligro que representa el frío, lo reyezuelos sátrapas de los bosques invernales de Maine viajan en grupos de dos o tres y, al igual que los reyezuelos euroasiáticos, se reagrupan apiñándose durante la noche. Agruparse permite ahorrar energía. Que yo sepa no se ha medido con precisión lo que economiza un alasqueño al acurrucarse con un husky, pero un reyezuelo sátrapa arropado contra otro reduce su pérdida de calor en un 23%, mientras que si se trata de un trío, la cifra aumenta al 37%, igual que los sastrecillos (*Psaltriparus minimus*), que también ahorran la misma cantidad de energía agrupándose en parejas o tríos durante la noche. Sea como sea, aunque es una técnica conocida, tampoco acaba de explicar completamente el misterio de los reyezuelos, porque el gran ahorro de energía que consiguen acurrucándose no basta para compensar la diferencia entre las reservas y las demandas de energía. Incluso ahuecando sus plumas, la hipotermia (reducción de la temperatura corporal) es probablemente inevitable en el caso de estas aves.

El letargo profundo durante la noche proporciona un gran ahorro de energía. Pero es poco probable que la temperatura corporal descienda por debajo de 10 °C, porque las aves no pueden arriesgarse a perder su capacidad de temblar para no congelarse si la temperatura nocturna llega a –30 °C o –40 °C. La supervivencia, incluso a una temperatura corporal situada entre 5 °C y 10 °C, sería probablemente imposible sin otro elemento que, en mi opinión, es el que más cuenta y del que no sabemos gran cosa: el refugio. En una ocasión, unos reyezuelos euroasiáticos, que en su migración se detienen en una isla de Escocia donde no hay nieve y poca vegetación donde ocultarse, fueron hallados durmiendo al aire libre, a menudo en grupos, aunque muchos de ellos habían muerto durante la noche (Brockie, 1984).

Pagels y Blem han documentado haber visto a un reyezuelo sátrapa entrando en el nido de una ardilla. Si los reyezuelos pernoctaran habitualmente en los nidos de las ardillas, esto podría resolver su problema. En términos de eficacia, equivaldría a la invención del fuego, porque les ayudaría a conservar el calor corporal reduciendo la pérdida de calor por convección. Sin embargo, las ardillas son depredadoras notorias de aves (jóvenes) que aún no saben volar, y las ardillas rojas incluso cazan liebres americanas. Un minúsculo reyezuelo sería un sabroso tentempié para una ardilla. ¿Cómo puede saber un reyezuelo si un nido de ardillas está deshabitado y vale la pena arriesgarse a entrar?

En el invierno de 2000-2001, examiné docenas de nidos de ardillas rojas y voladoras en los bosques de Maine. Empecé a dudar de que estos nidos tan confortables (véase el capítulo 5) fueran utilizados por los reyezuelos que en aquel momento habitaban en los mismos bosques de coníferas. En primer lugar, aunque cada nido tenía dos entradas, eran difíciles de encontrar. Para introducir la mano en el nido de una ardilla tenía que forcejear a través del denso y grueso material de revestimiento; era como intentar pasar la mano por un guante elástico cuyo extremo permanece cerrado. ¿Cómo podía introducirse allí un pájaro? No encontré excrementos de ave en ningún nido. En todas las cuevas en las que había pernoctado un grupo de grévoles engolados, encontré docenas de bolitas fecales. Supongo que si algún reyezuelo hubiera dormido allí, con el estómago lleno, también hubiera tenido que vaciar el intestino durante la noche. Por ello pedí a Blem más detalles. Me respondió por mail: «Mi única observación de nidos de reyezuelos y ardillas fue muy breve, pero tuve la impresión de que los pájaros habían desaparecido del nido. No puedo asegurar que hubieran accedido por la entrada principal. Se diría que habían entrado a través de las hojas sueltas del exterior de la estructura».

Desde que leí el interesante y provocador estudio de Pagels y Blem, decidí permanecer atento y tratar de averiguar dónde pasaban los reyezuelos las noches de invierno, porque todo hacía pensar que sus refugios nocturnos eran esenciales para su supervivencia. Desde entonces, los he seguido al atardecer, una y otra vez, pero siempre les perdía la pista mientras buscaban alimento y finalmente desaparecían entre el follaje cada vez más oscuro de las coníferas, normalmente sin ningún nido de ardillas a la vista.

A principios de enero de 1995, tuve la sensación de que por fin estaba a punto de descubrir dónde dormían. Había estado observando a un grupo de tres en las píceas cerca de mi cabaña, y el 5 de enero volví a verlos y les seguí durante ochenta minutos. Al final, cuando ya oscurecía, oí algunos de sus suaves y persistentes *tseees*, seguidos de otros más fuertes. A las 16.20 h enmudecieron de repente y desaparecieron de mi vista. Pero era demasiado tarde para poderlos ver. La tarde siguiente esperé en la misma zona hasta las 16.30 h, pero no vi nada. Un estudiante, Jeremy Cohen, tomó el relevo cerca del mismo lugar durante las tres siguientes tardes, y una tarde consiguió seguir al grupo de tres reyezuelos, de nuevo hasta las 16.30 h cuando casi ya era de noche. Ninguno de ellos entró en los tres nidos que había localizado previamente. Al día siguiente, al amanecer, volví con Cohen y otros rastreadores al lugar donde los habían visto por última vez la tarde anterior, y efectivamente vimos a tres pájaros en el preciso momento en que salía el sol. Pero no estaban cerca de un nido de ardillas.

En aquel momento, que la clave de la supervivencia invernal de los reyezuelos en los bosques de Maine dependiera de los nidos de ardilla me pareció cada vez más improbable.

Tampoco creía que los reyezuelos permanecieran enterrados bajo la nieve y cavaran túneles en el hielo como los grévoles. Con frecuencia, tras una lluvia torrencial se forma hielo y una gruesa capa sobre la nieve. Solo un pájaro grande y fuerte puede escapar al aprisionamiento del hielo o subsistir hasta que la nieve se derrita. Parecía posible, sin embargo, que los reyezuelos permanecieran enterrados en la parte inferior de los montículos de nieve sobre las ramas, en cuyo caso podrían escapar desde abajo, porque la capa de hielo solo se forma en la parte superior.

En el invierno de 2000-2001, uno de los proyectos que llevamos a cabo con mis alumnos de Ecología invernal fue intentar seguir a los reyezuelos hasta su lugar de pernocta.

Dos reyezuelos con el plumaje ahuecado, acurrucados bajo la nieve sobre una rama.

Tampoco en este caso pudimos localizar ni a un solo pájaro en un nido de ardilla. Pero esta vez tuvimos la impresión de que estábamos a punto de descubrir su táctica. Y todo gracias a un accidente.

El 19 de diciembre, uno de mis estudiantes, Willard Morgan, salió antes del amanecer para instalarse en un refugio oculto a la vista que habíamos construido para observar a unos cuervos mientras se acercaban a una presa. De camino hacia ese refugio, andando en la penumbra, divisó a dos reyezuelos en el suelo, a sus pies, debajo de un montón de maleza. La vegetación estaba cubierta por un montículo de nieve recién caída. La noche anterior había sido ventosa, con aguanieve y nieve. Al estar cerca del suelo y protegidos por un cojín de nieve en la maleza, los reyezuelos habían podido sortear las inclemencias del tiempo. Morgan volvió al mismo sitio para observarlos las dos noches siguientes, pero los reyezuelos no regresaron. Esta observación reforzó mis sospechas de que los reyezuelos, a fin de alimentarse hasta el último minuto del día, se ven obligados a recurrir a una gran variedad de refugios, y no solo dentro o debajo de un nido de ardillas. De ser así, deben enfrentarse a dificultades de comportamiento aún mayores, obligados a la vez al letargo nocturno y a la necesidad de temblar durante toda la noche.

El chechaquo del relato de Jack London muere de frío en Alaska, pero no por haber cometido un gran error. Simplemente tiene mala suerte y sus pequeños fallos se van acumulando y amplificando hasta que llega el momento en que marcan la diferencia. Así, yo he llegado a la conclusión de que el reyezuelo tampoco posee una receta mágica para sobrevivir al frío en un mundo invadido por la nieve y el hielo. Los que viven en el norte tienen su parte de suerte, pero todo debe realizarse con exactitud. Las probabilidades de sobrevivir al invierno son escasas, pero vale la pena correr el riesgo. Pensemos en la eclosión de los brotes o las salidas de las abejas de las colmenas durante el invierno. Las tiradas desafortunadas de dados se traducen en muertes individuales pero quedan compensada por una alta tasa de reproducción.

Por suerte, los reyezuelos ignoran las probabilidades que amenazan su supervivencia. Cabe suponer que no pueden pensar en su destino, ni lamentarse de sus errores o quejarse por las injusticias o las oportunidades perdidas. No les preocupa el futuro, ni la vida o la muerte. ¿Por qué lo suponemos? Porque sus capacidades mentales se centran exclusivamente en la supervivencia. No les incitan a realizar una acción eficaz, porque pueden hacer muy poco o nada para cambiar las cosas en un entorno —las tormentas de hielo, las noches bajo cero, el viento, la escasez de alimentos— en el que el azar maneja los principales acontecimientos. El entusiasmo incondicional y el dinamismo natural son importantes. No sé ni nunca conoceré con exactitud la combinación de felicidad, hambre y emociones que estimulan a un pájaro. Pero cada vez que observo a los reyezuelos en sus incesantes saltos, revoloteos y búsquedas, cuando descubro sus más íntimas expresiones y escucho su incesante parloteo, sus *tsees*, sus cantos y sus reclamos, siento un contagioso flujo de entusiasmo y percibo unas intensas e ilimitadas ganas de vivir. No podrían sobrevivir sin ese anhelo vital en un mundo tan poco hospitalario. Como nosotros, están programados para el optimismo.

Me alegra saber que la población de estos espectros del bosque está prosperando. Cuando me cobije en mi cabaña buscando el calor y oiga las ráfagas de viento gimiendo en el exterior y sacudiendo las paredes, seguiré maravillándome y preguntándome cómo se las ingenian estas pequeñas bolas de plumas. Desafían las probabilidades de las leyes de la física y demuestran que lo extraordinario también existe.

Referencias

1. El fuego y el hielo

Imbrie J., and K.P. Imbrie, 1979. *Ice Ages: Solving the Mystery.* Cambridge, Mass.: Harvard University Press.

Madigan, M. T., and B. L. Marrs. 1997. Extremophiles. *Scientific American* 276(4):82-87.

Margulis, L. 1982. *Early Life.* Boston: Science Books International.

2. La nieve y el espacio subniviano

Bentley, W. A., and W. J. Humphreys. 1931. *Snow Crystals.* New York: McGraw-Hill.

Blanchard, D. C. 1998. *The Snowflake Man.* Blacksburg, Va.: McDonald and Woodward Publishers.

Borland, Hal. 1971. A lifetime of *snowflakes. Audubon* 73:59-65.

Burlington Free Press. Bentley's contribution. *Burlington Free Press.* December 24, 1931.

Court, G. 1998. Winter grays. *Natural History* (February): 50-54.

Marchand, P. J. 1993. The underside of winter. *Natural History* (February): 51-56.

Pruitt, W.O., Jr. 1960. *Animals of the North.* New York: Harper and Row.

Thaler, E. 1982. *Ornithologisches in Schnee.* Die Gefiederte Welt (March): 90-92.

3. Un último paseo invernal

Benkman, C.W. 1987. Food profitability and the foraging ecology of crossbills. *Ecological Monographs* 57(3):251-267.

— 1989. *On the evolution and ecology of island populations of crossbills. Evolution* 43:1324-1330.

— 1990. Intake rates and the timing of crossbill reproduction. *Auk* 197:376-386.

Bent, A.C. 1968. *Life Histories of North American Cardinals, Grosbeaks, Buntings, Towhees, Finches, Sparrows, and Allies.* Part l. New York: Dover Publications.

Grinnell, J. 1900. Birds of the Kotzebue Sound region. *Pacific Coast Avifauna,* No. 1.

Macoun, J. 1909. *Catalogue of Canadian Birds,* 2nd edition.

Palmer, R. S. 1949. Maine birds. *Bull. Mus. Camp. Zool.* Vol. 102.

Porter, E. 1966. *Summer Island.* New York: Balentine Books. P. 78.

Smith, B. E. 1949. White-winged crossbills nesting in Maine. *Maine Audubon Soc. Bull.* 5:12-13.

Stone, W. 1937. *Bird Studies at Old Cape May.* Vol. II. New York: Dover Publications.

Tufts, H. F. 1906. Nesting of crossbills in Nova Scotia. *Auk* 23:339-340.

4. Tras la pista de una comadreja

Sandell, M. 1988. Stop-and-go stoats. *Natural History* (June): 55-64.

Snyder, D. P. 1982. *Tamias striatus.* In *Mammalian Species,* No. 168:1-8. The American Society of Mammalogists.

5. Nidos y guaridas

Frazier, A., and V. Nolan. 1959. Communal roosting by the Eastern Bluebird in winter. *Bird Banding* 30:219-226.

Ghalambor, C. K., and T. E. Martin. 1999. Red-breasted Nuthatch *(Sitta canadensis).* In *The Birds of North America,* edited by A. Poole and F. Gill. No. 459. Philadephia: The Birds of North America, Inc.

Guntert, M., D. Hay, and R. P. Balda. 1988. Communal roosting in the Pygmy Nuthatch: A winter survival strategy. *Proc. Intern. Ornthol. Congr.* 19:1964-1972.

Headstrom, R. 1970. *A Complete Field Guide to Nests in the United States.* New York: Ives Washburn, Inc.

Heinrich, B. 1994. Bald-faced hunters. In *In a Patch of Fireweed.* Cambridge, Mass.: Harvard University Press. Pp. 152-162.

Ingold, J. L., and R. Galati. 1997. Golden-crowned kinglet *(Regulus satrapa).* In *The Birds of North America,* edited by A. Poole and F. Gill. No. 301. Philadelphia: The Birds of North America, Inc.

Knorr, O. A. 1957. Communal roosting of the Pygmy Nuthatch. *Condor* 59:398.

Pitts, T. D. 1976. Fall and winter roosting habits of Carolina chickadees. *Wilson Bull.* 88:603-610.

Rogers, L. 1981. A bear in its lair. *Natural History* 90 (October): 64-70.

Thaler, E. 1990. *Die Goldhähnchen.* Wittenberg Lutherstadt: A. Ziemsen Verlag.

Walsberg, G. E. 1990. Communal roosting in a very small bird: Consequences for the thermal and respiratory gas environments. *Condor* 92:795-798.

White, F.N., G. A. Bartholomew, and J. L. Kinney. 1975. The thermal significance of the nest of the sociable weaver, *Philetairus socius:* winter observations. *Ibis* 117:171-179.

6. La agrupación invernal de las ardillas voladoras

Cowan, I. McT. 1936. Nesting habits of the flying squirrel. *Canadian Field Naturalist* 46:58-60.

DeCoursey, P. J. 1961. Effect of light on the circadian activity rhythms of the flying squirrel, *Glaucomys volans. Z. Vergl. Physiol.* 44:331-354.

Dunlap, J. C. 1999. Molecular bases for circadian clocks. *Cell* 96:271-290.

French, A. R. 1977. Circannual rhythmicity and entrainment of surface activity in the hibernator, P*erognathus longimembris. J. Mammal.* 58:37-43.

Heinrichs, J. 1983. The winged snail darter. J. *Forestry* 81:212-215,262.

Maser, C., R. Anderson, and E. N. Bull. 1981. Aggregation and sex segregation in northern flying squirrels in northeastern Oregon, an observation. *Murrelet* 62:54-55.

Maser, C., J. M. Trappe, and R. A. Nausebaum. 1978. Fungal-small mammal interrelationships with emphasis on Oregon coniferous forests. *Ecology* 59:799-809.

McShea, W. J., and D. M. Madison. 1984. Communal nesting between reproductively active females in a spring population of *Microtus pennsylvanicus. Can. J. Zool.* 62:344-346.

Muul, I. 1968. Behavioral and physiological influences on the distributions of the flying squirrels, Glaucomys volans. *Misc. Publ. Mus. Zool., Univ. Michigan* 134:1-66.

Osgood, F.L. 1935. Apparent segregation of sexes in flying squirrels. *J. Mammal.* 16:236.

Rust, H.J. 1946. Mammals of northern Idaho. *J. Mammal.* 27:308-327.

Weigl, P. D., and D. W. Osgood. 1974. Study of northern flying squirrel, *Glaucomys sabrinus*, by temperature telemetry. *Amer. Midland Naturalist.* 92:482-486.

Wells-Gosling, N., and L. R. Heaney. 1984. *Glaucomys sabrinus. In Mammalian Species*, No. 229:1-8.

Young, M. W. 2000. The tick-tock of the biological clock. *Scientific American* (March): 64-77.

7. La hibernación de las ardillas (calentarse para poder soñar)

Adolph, E. F. 1951. Responses to hypothermia in several species of infant mammals. *Am. J. Physiol.* 166:75-91.

Barnes, B. M. 1989. Freeze avoidance in a mammal: body temperatures below O° C in an Arctic Hibernator. *Science* 244:1593-1595.

— 1996. Sang froid. *The Sciences* (September/October): 12-14. Barnes, B. M., Omtzigt, C., and Daan, S. 1993. Hibernators periodically arouse in order to sleep. In *Life in the Cold: Ecological, Physiological, and Molecular Mechanisms,* edited by C. Carey et al. Boulder, Colo.: Westview Press. Pp. 555-558.

Barnes, B. M., and Ritter, D. 1993. Patterns of body temperature change in hibernating arctic ground squirrels. In *Life in the Cold: Ecological, Physiological, and Molecular Mechanisms,* edited by C. Carey et al. Boulder, Colo.: Westview Press. Pp. 119-130.

Bartholomew, G.A., and T. J. Cade. 1957. Temperature regulation, hibernation, and aestivation in the little pocket mouse, *Perognathus longimembris. J. Mammal.* 38:60-72.

Bartholomew, G. A., and J. W. Hudson. 1960. Aestivation in the Mojave ground squirrel, *Citellus mohavensis. Bull. Mus. Comp. Zool. Harvard* 124:193-208.

Bartholomew, G. A., and R. MacMillen. 1961. Oxygen consumption, estivation and hibernation in the kangaroo mouse, *Microdipodops pallidus. Physiol. Zool.* 34:177-183.

Blumer, W.F.C., and L. Cole. 1959. Various degrees of hypothermia in mice. *J. Applied Physiol.* 14:987-989.

Boyer, B. B., and B. M. Barnes. 1999. Molecular and metabolic aspects of mammalian hibernation. *BioScience.* 49(9):713-724.

Buck, C. L., and B. M. Barnes. 1999. Temperature of hibernacula and changes in body composition of Arctic ground squirrels. J. *Mammal.* 80(4):1264-1276.

Cade, T.J. 1963. Observations on torpidity in captive chipmunks of the genus *Eutamias. Ecology* 44:255-261.

— 1964. The evolution of torpidity in rodents. *Annales Academiae Scientiarum Fennicae.* Series A. IV. *Biologica* 71(6):79-112.

Daan, S., B.M. Barnes, and A.M. Strijkstra. 1991. Warming up to sleep? Ground squirrels sleep during arousal from hibernation. *Neurosci. Lett.* 1238:265-268.

Dubois, R. 1896. *Physiologie Compare de la Marmotte.* Paris: Masson.

Folk, E., Jr. 1967. Physiological observations of subarctic bears under winter den conditions. In *Hibernation and Torpor in Mammals and Birds,* edited by C. P. Lyman et al. New York: Academic Press.

Hayward, J. S., and C. P. Lyman. 1967. Nonshivering heat production during arousal from hibernation and evidence for the contribution of brown fat. In *Hibernation and Torpor in Mammals and Birds,* edited by C. P. Lyman *et al.* New York: Academic Press.

Irving, L., H. Krough, and M. Monson. 1955. The metabolism of some Alaskan animals in winter and summer. *Physiol. Zool.* 28:173-185.

Luyet, B. J. 1964. On the state of water in the tissues of hibernators. *Annales Academiae Scientiarum Fennicae.* Series A. IV. *Biologica* 71(21):298-309.

Lyman, C. P. 1958. Oxygen consumption, body temperature and heart rate of woodchucks entering hibernation. *Amer. J. Physiol.* 194:83-91.

Lyman, C. P. 1982a. Hibernation: Responses to external challenges. In *Hibernation and Torpor in Mammals and Birds,* edited by C. P. Lyman et al. New York: Academic Press. Pp. 176-205.

Lyman, C. P. 1982b. Recent theories of Hibernation. In *Hibernation and Torpor in Mammals and Birds,* edited by C. P. Lyman et al. New York: Academic Press. Pp. 283-301.

Lyman, C. P., and P. O. Chatfield. 1953. Hibernation and cortical electrical activity in the Woodchuck (*Marmota monax*). Science 117:533-534.

Lyman, C. P., R. C. O›Brien, G. C. Greene, and E. D. Papafrango. 1981. Hibernation and longevity in the Turkish hamster, *Mesocricetus bradti. Science* 212:668-670.

Lyman, C. P., J. S. Willis, A. Malan, and L. C. H. Wang. 1982. *Hibernation and Torpor in Mammals and Birds*. New York: Academic Press.

Malan, A. 1980. Enzyme regulation, metabolic rate and acid-base state in hibernation. In *Animals and Environmental Fitness*, edited by R. Gilles. Oxford, U.K.: Pergamon. Pp. 487-501.

Newman, R. 1967. Metabolism in the eastern chipmunk (*Tamias striatus*) and the Southern flying squirrel (*Glaucomys volans)* during winter and summer. In Mammalian Hibernation III. Edinburgh and London: Oliver and Boyd. Pp. 64-67.

Panuska, J. A. 1959. Weight patterns and hibernation in *Tamias striatus. J. Mammal.* 40:554-566.

Pauls, W. P. 1978. Behavioural strategies relevant to the energy economy of the red squirrel (*Tamiasciurus hudsonicus*). Can. J. Zool. 56:1518-1525.

Pengelley, E. T. 1967. The relation of external conditions to the onset and termination of hibernation and estivation. *In Hibernation and Torpor in Mammals and Birds*, edited by C. P. Lyman et al. New York: Academic Press. Pp. 1-29.

Pengelley, E. T., and K. C. Fisher. 1957. Onset and cessation of hibernation under constant temperature and light in the golden-mantled ground squirrels (*Citellus lateralis*). *Nature* (London) 180:1371-1372.

— 1963. The effect of temperature and photoperiod on the early hibernation behavior of captive golden-mantled ground squirrels, *Citellus lateralis tescorum. Can. J. Zool.* 41:1103-1120.

Smalley, R. L., and R. L. Dryer. 1963. Brown fat: Thermogenic effect during arousal from hibernation in the bat. *Science* 140:1333-1334.

Smith, A.U., J. E. Lovelock, and A. S. Parkers. 1954. Resuscitation of hamsters after supercooling or partial crystallization at body temperatures below O° C. *Nature* (London) 173:1136-1137.

Smith, A. V. 1959. Survival of mammals at body temperatures above and below O°C. *Proc. XXI Intern. Congr. Physiol. Sci.* Symposia. Pp. 81-87, Buenos Aires.

Stones, R. C., and J. E. Wiebers. 1965. A review of temperature regulation in bats (*Chiroptera*). *Am. Midl. Natur.* 74:155-167.

— 1967. Temperature regulation in the little brown bat, *Myotis lucifugus.* In *Hibernation and Torpor in Mammals and Birds,* edited by C. P. Lyman et al. New York: Academic Press.

Storey, K. B. 1997. Metabolic regulation in mammalian hibernation: enzyme and protein adaptations. *Comp. Biochem. Physiol. A Physiol.* 118:1115-1124.

Strumwasser, F., J. J. Gilliam, and J. L. Smith. 1964. Long term studies on individual hibernating animals. *Annales Academiae Scientiarum Fennicae.* Series A. IV. *Biologica* 71(29):401-420.

Travis, J. 1997. Chilled brains. *Science News* 152:364-365.

Tucker, V. A. 1962. Diurnal torpidity in the California pocket mouse. *Science* 136:380-381.

Tucker, V. A. 1966. Diurnal torpor and its relation to food consumption and weight changes in the California pocket mouse, *Perognathus californicus.* *Ecology* 47:245-252.

8. Las plumas de los reyezuelos

Ackerman, J. 1998. Dinosaurs take wing: The Origin of Birds. *National Georgraphic* 194(1):74-99.

Dalton, R. 2000. Feathers fly in Beijing. *Nature* 405:992.

Heinrich, B. 1973. *The Hot-Blooded Insects: Mechanisms and Evolution of Thermoregulation.* Cambridge, Mass.: Harvard University Press.

Ji, Q., P. J. Currie, M. A. Novell, and S. A. Ji. 1998. Two feathered dinosaurs from northeastern China. *Nature* 393:753-761.

Norell, M. 2001. The proof is in the plumage. *Natural History* 7(01):58-63.

Perkins, S. 2001. Ticklish debate: How might the feather have evolved? *Science News* 160:106-108.

Prum, R. O. 2002. Why ornithologists should care about the theropod origin of birds. *Auk* 119(1):1-17.

Schmidt-Nielsen, K. 1972. *How Animals Work*. London: Cambridge University Press.

Xu, X., Z. Zhou, and R. O. Prum. 2001. Branched integumentary structures in sinornithosaurus and the origin of feathers. *Nature* 410:200-204.

9. El combustible invernal de los reyezuelos

Bent, A.C. 1964. *Life histories of North American thrushes, kinglets, and their allies. U. S. National Museum Bulletin,* No. 196, New York: Dover Publications.

Galati, R. 1991. *Golden-crowned Kinglets: Treetop Nesters of the North Woods.* Ames, Iowa: Iowa State University Press.

Harrison, J. 1996. In *The Nature Reader*, edited by D. Halpern and D. Frank. Hopewell, N. J.: Ecco Press.

Heinrich, B., and R. Bell. 1995. Winter food of a small insectivorous bird, the Golden-crowned Kinglet. *Wilson Bull.* 107:558-561.

Thaler, E. 1990. *Die Goldhähnchen*. Wittenberg Lutherstadt: A. Ziemsen Verlag.

10. Aves que hibernan

Austin, G. T., and W. G. Bradley. 1969. Additional responses of the poorwill to low temperatures. *Auk* 86:717-725.

Bartholomew, G. A., T. R. Howell, and T. J. Cade. 1957. Torpidity in the white-throated swift, Anna hummingbird and Poor-will. *Condor* 59:145-155.

Bartholomew, G. A., J. W. Hudson, and T. R. Howell. 1962. Body temperature, oxygen consumption, evaporative water loss, and heart rate in the Poor-will. *Condor* 64:117-125.

Beuchat, C. A., S. B. Chaplin, and M. L. Morton. 1979. Ambient temperature and the daily energetics of two species of hummingbirds, *Calypte anna and Selasphorus rufus. Physiol. Zool.* 52:280-295.

Blem, C. R. 1975. Geographic variation in wind-loading of the House sparrow. *Wilson Bull.* 87:543-549.

— 1990. Avian energy storage. *Curr. Ornithol.* 7:59-114.

Blem, C. R., and J. F. Pagels. 1984. Mid-winter lipid reserves of the Golden-crowned kinglet. *Condor* 86:461-492.

Boswell, J. 1927. *Life of Samuel Johnson*. Vol 1. London and New York: Oxford University Press. Pp. 371-372.

Buttemer, W. A., L. B. Astheimer, W. W. Weathers, and A. H. Hay-worth. 1987. Energy savings attending winter-nest use by Verdin (*Auriparus flaviceps*). Auk 104:531-535.

Calder, W. A., and J. Booser. 1973. Hypothermia of broad-tailed hummingbirds during incubation in nature with ecological correlations. *Science* 180:751-753.

Calder, W. A., and J. R. King. 1974. Thermal and caloric relations of birds. In *Avian Biology*, edited by D. S. Farner and J. R. King. Vol. 4. New York: Academic Press. Pp. 259-413.

Carpenter, F. L. 1974. Torpor in an Andean hummingbird: its ecological significance. *Science* 183:545-547.

Carpenter, F. L., and M. A. Hixon. 1988. A new function fer torpor: Fat conservation in a wild migrant hummingbird. *Condor* 90:373-378.

Chaplin, S. B. 1974. Daily energetics of the Black-capped chickadee, *Parus atricapillus*, in winter. *J. Comp. Physiol.* 89:321-330.

— 1976. The physiology of hypothermia in the Black-capped chickadee, *Parus atricapillus. J. Comp. Physiol.* B 112:335-344.

— 1982. The energetic significance of huddling behavior in Common Bushtits *(Psaltriparus minimus). Auk* 99:424-430.

Dawson, W. R., and J. W. Hudson. 1970. Birds. In *Comparative Physiology of Thermoregulation,* edited by G. C. W hittow. Vol. 1.New York: Academic Press. Pp. 223-310.

Dawson, W. R., R. L. Marsh, and M. E. Yacoe. 1993. Metabolic adjustments of small passerine birds fer migration and cold. *Am. J. Physiol.* 245:R755-R767.

Ghalambor, C. K., and T. E. Martin. 1999. Red-breasted Nuthatch *(Sitta canadensis).* In *The Birds of North America,* edited by A. Poole and F. Gill. No. 459. Philadelphia: The Birds of North America, Inc.

Gibb, J. 1954. Feeding ecology of tits, with notes on treecreepers and Goldcrests. *Ibis* 96:513-544.

Gilman, M. F. 1902. Notes on the Verdin. *Condor* 4:88-89.

Graber, J. W., and R. R. Graber. 1979. Severe weather and bird populations in southern Illinois. *Wilson Bull.* 91:88-103.

Guntert, M., D. Hay, and R. P. Balda. 1988. Communal roosting in the Pygmy Nuthatch: A winter survival strategy. *Proc. Intern. Ornthol. Congr.* 19:1964-1972.

Hainsworth, F. R., and L. L. Wolf. 1970. Regulation of oxygen consumption and body temperature during torpor in a hummingbird, *Eulampis jugalaris. Science* 168 :368-369.

Hainsworth, F. R., B. G. Collins, and L. L. Wolf. 1977. The function of torpor in hummingbirds. *Physiol. Zoll.* 50:215-222.

Heinrich, B. 1975. Thermoregulation in bumblebees II. Energetics of warm-up and free flight. *J. Comp. Physiol.* 96:155-166.

— The physiology of exercise of the bumblebee. *American Scientist* 65:455-465.

Heinrich, B., and G. A. Bartholomew. 1971. An analysis of preflight warm-up in the sphinx moth, *Manduca sexta. J. Exp. Biol.* 55:223-239.

Heinrich, B., and T. M. Casey. 1973. Metabolic rate and endothermy in sphinx moths. J. *Comp. Physiol.* 82:195-206.

Heinrich, B., and T. P. Mommsen. 1985. F light of winter moths near 0°C. *Science* 228:177-179.

Heinrich, B., and R. Bell. 1995. Winter food of a small insectivorous bird, the Golden-crowned kinglet. *Wilson Bull.* 107:558-561.

Hill, R. W., D. L. Beaver, and J. H. Veghte. 19 80. Body surface temperatures and thermoregulation in the Black-capped chickadee *(Parus atricapillus). Physiol. Zool.* 53:305-321.

Howell, T.R., and G. A. Bartholomew. 1959. Further experiments on torpidity in the Poor-will. *Condor* 61:180-186.

Ingold, J. L., and R. Galati. 1997. Golden-crowned kinglet (Regulus satrapa). In *The Birds of North America*, edited by A. Poole and F. Gill. No. 301. Philadelphia: The Birds of North America, Inc.

Jaeger, E. C. 1948. Does the Poor-will «hibernate»? *Condo*r 50:45-46.

Jaeger, E. C. 1949. Further observations on the hibernation of the Poor-will. *Condor* 51:105-109.

Kessel, B. 1976. Winter activity patterns of Black-capped Chickadees in interior Alaska. *Wilson Bull.* 88:36-61.

Lasiewski, R. C., and W. R. Dawson. 1964. Physiological responses to temperature in the common nighthawk. *Condor* 66:477-490.

Ligon, J. D. 1970. Still more responses of the Poor-will to low temperature. *Condor* 72:496-498.

Lyman, C. P.,J. S. Willis, A. Malan, and L. C. H. Wang. 1982. *Hibernation and Torpor in Mammals and Birds.* New York and London: Academic Press.

Marsh, R. L., and W. R. Dawson. 1982. Substrate metabolism in seasonally acclimated American Goldfinches. *Amer. J. Physiol.* 242:R563-R569.

Marshall, T. T., Jr. 1955. Hibernation in captive goatsuckers. *Condor* 57:129-134.

McAtee, W. L. 1947. Torpidity in birds. Amer. *Midl. Natur.* 38:191-206.

Nakamura, H., and Y. Wako. 1988. Food storing behavior of Willow tit, *Parus montanus. J. Yamashina lnst. Ornith.* 20:721-736.

Peipunen, V. A. 1966. The diurnal heterothermia and torpidity in the Nightjar (*Caprimulgus europaeus*). *Ann. Acad. Sci. Fennicae.* Ser. A. 101:1-35.

Perrins, C. M. 1976. *British Tits.* Glasgow: Collins & Co.

Pitts, T. D. 1976. Fall and winter roosting habits of Carolina chickadees. *Wilson Bull.* 88:603-610.

Reinertsen, R. E., and S. Haftorn. 1986. Different metabolic strategies of northern birds for nocturnal survival. *J. Comp. Physiol.* B 156:655-663.

Reinertsen, R.E., S. Haftorn, and R. Thaler. 1988. Is hypothermia necessary for winter survival of the Goldcrest, *Regulus regulus? J. Ornithol.* 129:433-437.

Rising, J. D., and J. W. Hudson. 197 4. Seasonal variation in the metabolism and thyroid activity of the Black-capped chickadee (*Parus atricapillus*). *Condor* 76:198-203.

Smith, Susan M. 1991. *The Black-capped Chickadee: Behavioral Ecology and Natural History.* Ithaca, N.Y.: Cornell University Press.

Steen, J. 1958. Climatic adaptation in some northern birds. *Ecology.* 39:625-629.

Vogt, F.D., and B. Heinrich. 1983. Thoracic temperature variations in the onset of flight in dragonflies (*Odonata: Anisoptera*). *Physiol. Zool.* 56:236-241.

Walsberg, G. E. 1990. Communal roosting in a very small bird: Consequences for the thermal and respiratory gas environments. *Condor* 92:795-798.

Webster, M. C. 1999. Verdin (*Auriparus flaviceps*). In *The Birds of North America*, edited by A. ALPoole and F. Gill. No. 470, Philadelphia: The Birds of North America, Inc.

Withers, P. C. 19 77. Respiration, metabolism, and heat exchange of euthermic and torpid poorwills and hummingbirds. *Physiol. Zool.* 50:43-52.

Wolf, L. L., and F. R. Hainsworth. 19 72. Environmental influence on regulated body temperature in torpid hummingbirds. *Comp. Biochem. Physiol.* 41A: 167-173.

Zonov, G. B. 1 967. On the winter roosting of Paridae in Cicbaikal. *Ornitologiya* 8:351-354. (In Russian; quoted in S. M. Smith).

11. Tortugas letárgicas bajo el hielo

Belkin, D. A. 1968. Aquatic respiration and underwater survival of two freshwater turtle species. *Respir. Physiol.* 4:1-14.

Brown, G. P., and R. J. Brooks. 1994. Characteristics and fidelity to hibernarcula in a northern population of snapping turtles, *Chelydra serpentina. Copeia* 1994: 222-226.

Crocker, C. E., T. E. Graham, G. R. Ultsch, and D. C. Jackson. 2000. Physiology of common map turtles (*Graptemys geographica*) hibernating in the Lamoille River, Vermont. *J. Exp. Zool.* 286:143-148.

Gatten, R. E. 1981. Anaerobic metabolism in freely living painted turtles (*Chrysemys picta*). *J. Exp. Biol.* 212:377-385.

Graham, T. E., and A. A. Graham. 1992. Metabolism and behavior of wintering common map turtles, *Graptemys geographica*, in Vermont. *Canadian Field Naturalist* 106:517-519.

Graham, T. E., C. B. Graham, C. E. Crocker, and G. R. Ultsch, 2000. Dispersal from and fidelity to a hibernaculum in a northern Vermont population of common map turtles, *Graptemys geographica. Canadian Field Naturalist* 114:405-408.

Herbert, C. V., and D. C. Jackson. 1985. Temperature effects on the responses to prolonged submergence in the turtle *Chrysemys picta bellii*. I. Blood acid-base and ionic changes during and following anoxic submergences. *Physiol. Zool.* 58:655-669.

Jackson, D. C. 1968. Metabolic depression and oxygen depletion in the diving turtle. *J. Appl. Physiol.* 24:503-509.

Jackson, D. C., and G. R. Ultsch. 1982. Long-term submergence at 3° C of the turtle, *Chrysemys picta bellii*, in normoxic and severely hypoxic water. II.

Extracellular ionic responses to extreme lactic acidosis. *J. Exp. Biol.* 96:29-43.

Pluto, T. G., and E. D. Bellis. 1988. Seasonal and annual movements of riverine map turtles, *Graptemys geographica. J. Herpet.* 22:152-158.

Ultsch, G. R. 1985. The viability of nearctic freshwater turtles submerged in anoxia and normoxia at 3 and 10° C. *Comp. Biochem. Physiol.* 81A(3):607-611.

— 1988. Blood gases, hematocrit, plasma ion concentrations, and acid-base status of musk turtles (*Stemotherus odoratus*) during simulated hibernation. *Physiol. Zool.* 61(1):78-94.

Ultsch, G. R., and D. C. Jackson. 1982. Long-term submergence at 3° C of the turtle, *Chrysemys picta bellii*, in normoxic and severely hypoxic water. I. Survival, gas exchange and acid-base status. *J. Exp. Biol.* 96:11-18.

Ultsch, G.R., and D. Lee. 1983. Radiometric observations of wintering snapping turtles (*Chelydra serpentina*) in Rhode Island. *J. Alabama Acad. Sci.* 54(4):200-206.

Ultsch, G. R., C. V. Herbert, and D. C. Jackson. 1984. The comparative physiology of diving in North American freshwater turtles. l. Submergence tolerance, gas exchange, and acid-base balance. *Physiol. Zool.* 57:620-631.

Ultsch, G. R., R. W. Hanley, and T. R. Bauman. 1985. Responses to anoxia during simulated hibernation in northern and southern painted turtles. *Ecology* 66:388-395.

Ultsch, G. R., M. E. Carwile, C. E. Cracker, and D. C.Jackson. 1999. The physiology of hibernation among painted turtles: The Eastern painted turtle *Chrysemys picta picta. Physiol. Biochem. Zool.* 72(4):493-501.

12. Roedores en agua helada

Bazin, R. C., and R. A. MacArthur. 1992. Thermal benefits of huddling in the muskrat (*Ondatra zibethicus*). *J. Mammal.* 73(3):559-564.

Bovet, J., and E. F. Oertli. 1974. Free-running circadian activity rhythms in free-living beaver (*Castor canadensis*). *J. Comp. Physiol.* 92:1-10.

Calder, W. A. 1969. Temperature relations and underwater endurance of the smallest homeothermic diver, the water shrew. *Comp. Biochem. Physiol.* 30:1075-1082.

Heinrich, B. 1984. Strategies of thermoregulation and foraging in two wasps, *Dolichovespula maculate and Vespula vulgaris. J. Comp. Physiol.* B154:175-180.

MacArthur, R. A. 1979. Seasonal patterns of body temperature and activity in free-ranging muskrats (*Ondatra zibethicus*). *Can. J. Zool.* 57:25-33.

— 1984a. Microenvironment gas concentrations and tolerance to hypercapnia in the muskrat (*Ondatra zibethicus*). *Physiol. Zool.* 57(1):85-98.

— 1984b. Aquatic thermoregulation in the muskrat (*Ondatra zibethicus*): Energy demands of swimming and diving. *Can. J. Zool.* 62:241-248.

— 1992a. Foraging range and aerobic endurance of muskrats diving under the ice. *J. Mammal.* 73(3):565-569.

— 1992b. Gas bubble release by muskrats diving under ice: Lost gas or a potential oxygen pool? *J. Zool. Lond.* 226:151-164.

MacArthur, R. A., M. M. Humphries, and D. Jeske. 1997. Huddling behavior and the foraging efficiency of muskrats. *J. Mammal.* 78(3):850-858.

Smith, D. W., R. O. Peterson, T. D. Drummer, and D. S. Sheputis. 1991. Over-wintering activity and body temperature patterns in northern beavers. *Can. J. Zool.* 69:2178-2182.

Smith, D. W., T. D. Drummer, and R. Peterson. 1994. Reply-studies of beaver activity and body temperature in a historical perspective. *Can. J. Zool.* 72:567-569.

13. Ranas congeladas en el hielo

Bentley, P. J. 1996. Adaptations of Amphibia to arid environments. *Science* 152:619-623.

Burrough, J. 1951. A sharp lookout. In *John Burrough›s America*, edited by F. A. Wiley. Devia Adair Co.

Schmid, W. D. 19 65. Some aspects of the water economics of nine species of amphibians. *Ecology* 46:261-269.

— 1982. Survival of frogs in low temperature. *Science* 215:697-698.

Storey, K. B., and J. M. Storey. 1 984. Biochemical adaptation for freezing tolerance in the wood frog, *Rana sylvatica. J. Comp. Physiol.* B155:29-36.

— 1985. Adaptations of metabolism for freeze tolerance in the gray tree frog, *Hyla versicolor. Can. J. Zool.* 63:49-54.

— 1986. Freeze tolerant frogs: Cryoprotectants and tissue metabolism during freeze-thaw cycles. *Can. J. Zool.* 64:49-56.

— 1987. Persistence of freeze tolerance in terrestrial hibernating frogs after spring emergence. *Copeia* 3:720-726.

— 1988. Freeze tolerance: constraining forces, adaptive mechanisms. *Can. J. Zool.* 66:1122-1127.

— 1990. Frozen and alive. *Scientific American* (December): 92-97.

Tester, J. R., and W. J. Breckenridge. 1964. Winter behavior patterns of the Manitoba toad, *Bufo hemiophrys*, in northwestern Minnesota. *Annales Academiae Scientiarum Fennicae.* Series A. IV. *Biologica* 71(31):424-431.

14. Insectos: de la diversidad a los límites

Alonso, M. A., J. I. Glendinning, and L. P. Browers. 1993. The influence of temperature on crawling, shivering, and flying overwintering monarch butterflies in Mexico. In *Biology and Conservation of the Monarch Butterfly*, edited by S. B. Malcolm and M. P. Zalucki. Science Series No. 38. Los Angeles: Natural History Museum of Los Angeles County. Pp. 309-314.

Asahina, E. 1969. F rost resistance in insects. *Advances in Insect Physiology* 6:1-49.

Asahina, E., and K. Tanno. 1964. A large amount of trehalose in a frost resistant insect. *Nature* 204:1222.

Baust, J. G., R. Grandee, G. Condon, and R. E. Morissey. 1979. The diversity of overwintering strategies utilized by separate populations of gall insects. *Physiol. Zool.* 52:572-580.

Baust, J. G., and R. R. Rojas. 1985. Review-Insect cold hardiness: Facts and fancy. *J. Insect Physiol.* 31:755-759.

Diamond, J. M. 1989. Cryobiology: Resurrection of frozen animals. *Nature.*

Discover. 1987. Today a frozen dog, tomorrow the iceman. *Discover* 8 (June): 9.

Duman, J., and K. Howarth. 1983. The role of hemolymph proteins in the cold tolerance of *insects. Ann. Rev. Physiol.* 45:261-270.

Heinrich, B. 1987. Thermoregulation by winter-flying endetheric moths. *J. Exp. Biol.* 127:313-332.

Heinrich, B., and T. P. Mommsen. 1985. Flight of winter moths near 0°C. *Science* 228:177-179.

Hinton, H. E. 1960. A fly larva that tolerates dehydration and temperatures of minus 270°C to +102° C. *Nature* 188:333-337. Holland, W. J. 1968. *The Moth Book.* New York: Dover Publications.

Howarth, K. L., and J. G. Duman. 1984. Yearly variations in overwintering mechanisms of the cold-hardy beetle, *Denroides canadensis. Physiol. Zool.* 5 7(1):40-45.

Kukal, O. 1988. Caterpillars on ice. *Natural History* (January): 36-40.

Kukal, O., B. Heinrich, and J. Duman. 1988. Behavioral thermoregulation in the freeze-tolerant Arctic caterpillar, *Gynaephora groenlandica. J. Exp. Biol.* 138:181-193.

Leader, J. P. 1962. Tolerance to freezing of hydrated and partially hydrated larvae of *Polypedilum* (Chironomidae). *J. Insect Physiol.* 8:155-163.

Lee, R. E., Jr. 1989. Insect cold-hardiness: To freeze or not to freeze. *Bioscience* 39(5):308-313.

Lee, R. E., Jr., and D. L. Denlingers, eds. 1991. *Insects at Low Temperature.* New York: Chapman and Hall.

Mansingh, A., and B. N. Smallman. 1972. Variation in polyhydric alcohol in relation to diapause and cold-hardiness in the larva of *Isia isabella. J. Insect Physiol.* 18:1565-1576.

Mazur, P. 1984. Freezing of living cells: mechanisms and implications. *Amer. J. Physiol.* 247:C125-C142.

Miller, L. K. 1969. Freezing tolerance in an adult insect. *Science* 166:105-106.

Myers, M. T. 1985. A southward return migration of Painted Lady butterflies, *Vanessa cardui,* over southern Alberta in the fall of 1983, and biometeorological aspects of their outbreaks into North America and Europe. *Canadian Field-Naturalist* 99:147-155.

Salt, R. W. 1959. Survival of frozen fat body cells in an insect. *Nature* 184:1426.

— 1961. Principles of insect cold hardiness. *Ann. Rev. Entomol.* 6:58-74.

Schmid, W. D. 1982. Survival of frogs in low temperature. *Science* 215:697-698.

Storey, K. B., and J. M. Storey. 1983. Biochemistry of freeze tolerance in terrestrial insects. *Trends in Biochemical Sciences* 8(7):242-245.

— 1984. Biochemical adaptation for freezing tolerance in the wood frog, *Rana sylvatica. J. Comp. Physiol.* B 155:29-36.

— 1985. Adaptations of metabolism for freeze tolerance in the gray tree frog, *Hyla versicolor. Can.J. Zool.* 63:49-54.

— 1987. Persistence of freeze tolerance in terrestrial hibernating frogs after spring emergence. *Copeia* 1987(3):720-726.

— 1988. Freeze tolerance in animals. *Physiol. Rev.* 68:27-88.

— 1990. Frozen and alive. *Scientific American* (December): 92-96.

Tanno, K. 1968. Frost resistance in the poplar sawfly, *Trichiocampuspopuli* V. Freezing injury at the liquid nitrogen temperature. *Low Temp. Sci. Ser.* B 26:76-84.

Vogel, S. 1998. Cold storage. *Discover* (February): 52-54.

Walton, R. K., and L. P. Brower. 1996. Monitoring the fall migration of the monarch butterfly *Danaus plexippus L.* (Nymphalidae: Danaidae) in eastern North America: 1991-1994. *J. Lepidopterists' Society* 50:1-20.

Zachariassen, K. E., and H. T. Hamel. 1976. Nucleating agents in the hemolymph of insects tolerant to freezing. *Nature* (London) 262:285-287.

15. Los ratones en invierno

Choate, J. R. 1973. Identification and recent distribution of white-footed mice *(Peromyscus)* in New England. *J. Mammal.* 54:41-49.

Glaser, H., and S. Lustick. 1975. Energetics and nesting behavior of the northern white-footed mouse, *Peromyscus leucopus noveboracensis. Physiol. Zool.* 48:105-113.

Hamilton, W. J., Jr. 1935. Habits of jumping mice. Amer. *Midl. Natur.* 16:187-200.

Nestler, J. R. 1990. Relationship between respiratory quotient and metabolic rate during entry to and arousal from daily torpor in deer mice *(Peromyscus maniculatus). Physiol. Zool.* 63(3):504-515.

Nicholson, A. J. 1937. A hibernating jumping *mouse. J. Mammal.* 18:103.

Parren, S. G., and D. E. Capen. 1985. Local distribution and coexistence of two species of *Peromyscus* in Vermont. *J. Mammal.* 66(1):36-44.

Pierce, S. S., and F. D. Vogt. 1993. Winter acclimatization in *Peromyscus maniculatus gracilis, P. leucopus noveboracencis,* and P. *I. leucopus. J. Mammal.* 74(3):665-677.

Sealander, A. 1962. Seasonal changes in blood values of deer mice and other small mammals. *Ecology* 43(1):107-119.

Sealander, J. A. 1951. Survival of *Peromyscus* in relation to environmental temperature and acclimation at high and low temperatures. *Amer. Midl. Natur.* 46:257-311.

— 1952. The relationship of nest protection and huddling to survival of *Peromyscus* at low temperature. *Ecology* 33:63-71. Sheldon, C. 1938a. Vermont jumping mice of the genus *Zapus. J. Mammal.* 19:324-332.

—.1938 b. Vermont jumping mice of the genus *Napaeozapus. J. Mammal.* 19:444-453.

Stupka, A. 1934. Woodland jumping mice. Nature notes *from Acadia* 3:6.

Vogt, F. D., and G. R. Lynch. 1982. Influence of ambient temperature, nest availability, huddling, and daily torpor on energy expenditure in the white-footed mouse *Peromyscus leucopus. Physiol. Zool.* 55(1):56-63.

Walton, M. A. 1903. *A Hermit›s Wild Friends or Eighteen Years in the Woods.* Boston: Dana Estes Co.

16. Huéspedes sobreenfriados (con y sin anticongelante)

Barnes, B. M., J. L. Barger, J. Seares, P. C. Tacguard, and G. L. Zuercher. 1996. Overwintering in yellowjacket queens *(Vespula vulgaris)* and green stinkbugs *(Elasmostethus interstinctus)* in subarctic Alaska. *Physiol. Zool.* 69(6):1469-1480.

Duman, J. G., and J. L. Patterson. 1978. The role of ice nucleators in the frost tolerance of overwintering queens of the bald-faced hornet. *Comp. Biochem. Physiol.* 59A:69-72.

Duman, J. G., D. W. Wu, L. Xu, D. Tursman, and T. M. Olson. 1991. Adaptations of insects to subzero temperatures. *Quart. Rev. Biol.* 66:387-410.

17. De murciélagos, mariposas y cámaras de aire frío

Barclay, R. M. R. 1982. Night roosting behavior of the little brown bat, Myotis lucifugus. *J. Mammal.* 63:464-474.

Brower, L. P., and S. B. Malcolm. 1991. Animal migration: Endangered phenomena. *Amer. Zool.* 31:265-276.

Brower, L. P., W. H. Calvert, L. E. Hedrick, and J. Christian. 1977. Biological observations on an overwintering colony of monarch butterflies (*Danaus plexippus*, Danaidae) in Mexico. *J. Lepid. Soc.* 31(4):232-242.

Calvert, W. H., L. E. Hedrick, and L. P. Brower. 1979. Mortality of the monarch butterfly (*Danaus plexippus* L.): Avian predation at five overwintering sites in Mexico. *Science* 204:848-851.

Flyger, V. F. 1969. The 1968 squirrel «migration» in the eastern United States. *Trans. Northeast Sect. Wildlife Society* 26:69-70.

Henshaw, R. E., and G. E. Folk, Jr. 1966. Relation of thermoregulation to seasonally changing microclimate in two species of bats (*Myotis lucifugus and M. sodalis*). *Physiol. Zool.* 39:223-236.

Hock, R.J. 1951. The metabolic rates and body temperatures of bats. *Biol. Bull.* 101:289-299.

Humphrey, S. R., and J. B. Cope. 1977. Survival rates of the endangered Indiana bat, *Myotis sodalis.J. Mammal.* 58:32-36.

Kammer, A. E. 1970. Thoracic temperature, shivering, and flight in the monarch butterfly, *Danaus plexippus* (L.). *Z. Vergl. Physiol.* 68:334-344.

Masters, A. R., S. B. Malcolm, and L. P. Brower. 1988. Monarch butterfly *(Danaus plexippus)* thermoregulatory behavior and adaptations for overwintering in Mexico. *Ecology* 69(2):458-467.

McNab, B. K. 1974. The behavior of temperate cave bats in a subtropical environment. *Ecology* 55:943-958.

Richter, A. R., S. R. Humphrey, J. B. Cope, and V. Brack, Jr. 1993. Modified cave entrances: Thermal effect on body mass and resulting decline of endangered Indiana bats *(Myotis sodalis). Conservation Biology* 7(2):407-415.

Speakman, J. R., and P. A. Racey. 1989. Hibernal ecology of the pipistrelle bat: Energy expenditure, water requirements and mass loss, implications for survival and the function of winter emergence flights. *J. Animal Ecology* 58:797-813.

Tuttle, M. D. 1979. Status, causes of decline and management of endangered gray bats. *J. Wildlife Management* 43:1-17.

Urquhart, F. A. 1976. Found at last: The monarch›s winter home. *National Geographic Magazine* 150:160-173.

— 1987. *Monarch Butterfly, the International Traveler.* Chicago: Nelson-Hall.

Urquhart, F. A., and N. R. Urquhart. 1976. The overwintering site of the eastern population of the monarch butterfly *(Danaus plexippus;* Danaidae) in southern Mexico. *J. Lepid. Soc.* 30:153-158.

18. Reagruparse en invierno

Gorenzel, P. W., and T. P. Salmon. 1995. Characteristics of American crow urban roosts in California. *J. Wildlife Management* 59(4):638-645.

Hanson, H. G. 1 946. Crow centers of the United States. *Oklahoma Game and Fish News* 2(3):4-7, 18.

Heinrich, B. 1989. Communal roosts. In *Ravens in Winter.* New York: Simon and Schuster. Pp. 1 59-165.

Marzluff, J. M., B Heinrich, and C. S. Marzluff. 1996. Roosts are mobile information centers. *Animal Behav.* 51:89-103.

Shine, R., and R. Mason. 2001. Serpentine cross-dressers. *Natural History* (February): 56-61.

Stouffer, P. C., and D. F. Caccamise. 1991. Roosting and diurnal movements of radio-tagged American crows. *Wilson Bull.* 103(3): 387-400.

19. Las bandadas invernales

Morse, D. H. 19 77. Feeding behavior and predator avoidance in heterospecific groups. *BioScience* 27(5):332-339.

Thaler, E. 1990. *Die Goldhähnchen.* Wittenberg Lutherstadt: A. Ziemsen Verlag.

20. La conservación de las bayas

Karasov, W. H. 19 9 3. In the belly of the bird. *Natural History* (November): 32-37.

Stiles, E. W. 1984. Fruit for all seasons. *Natural History* (August): 43-53.

21. Los osos en invierno

Alt, G. L., and J. M. Grutladavria. 1984. Reuse of black bear dens in northeastern Pennsylvania. *J. Wildlife Management* 48:236-239.

Harlow, H. J., T. Lohuis, T. D. I. Beck, and P. A. Iaizzo. 2001. Muscle strength in overwintering bears. *Nature* 409:997.

Johnson, R. B. 1998. The bearable lightness of being: Bones, muscles, and spaceflight. *Anatomical Record* 253(1): 24-27.

Jones, J. D., P. Burnett, and P. Zollman. 1999. The glyoxylate cycle: Does it function in the dormant or active bear? *Campar. Biochem. and Physiol.* B 124: 177-179.

LeBlanc, L. Chen, L. Shackelford, V. Sinitsyn, H. Evans, O. Belichenko, B. Schenkman, I. Kozlouskaya, V. Oganov, A. Bakulin, T. Hedrick, and D. Feeback. 2000. Muscle volume, MRI relaxation times (T2), and body composition after spaceflight. *J. Applied Physiol.* 89(6):2158-2164.

Miller, M. K. 1995. Space makes strange bedfellows. *The Sciences* 35(3): 12-16.

Nelson, R. A., T. D. I. Beck, and D. L. Steiger. 1984. Ration of serum urea to serum creatine in wild black bears. *Science* 226:841-842.

Ormseth, O. A., M. Nicolson, M. A. Pellymounter, and B. B. Boyer. 1996. Leptin inhibits prehibernation hyperphagia and reduces body weight in arctic ground squirrels. *Amer. J. Physiol.* 271 (6):1 775.

Rerkin, A. C. 1989. Sleeping beauties. *Discover* (April): 62-65.

Rogers, L. 1981. A bear in its lair. *Natural History* 90 (October): 64-70.

Tietje, W. D., and R. L. Ruff. 1 980. Denning behavior of black bears in boreal forest of Alberta. *J. Wildlife Management* 44(4): 858-870.

Tinker, D. B., H. J. Harlow, and T. D. I. Beck. 1998. Protein use and muscle-fiber changes in free ranging, hibernating black bears. *Physiol. Zool.* 71:414-424.

White, R. J., and M. Avener. 2001. Humans in space. *Nature* (London) 409:1115-1118.

22. La conservación de los alimentos

Addison, E.M., R. D. Strickland, and D.J. H. Fraser. 1989. GrayJays, *Perisoreus canadensis,* and Common Ravens, *Corvus corax,* as predators of winter ticks, *Dermacentor albipictus. Can. Field Nat.* 103(3):406-408.

Clayton, N. S., and D. W. Lee. 1998. Memory and the hippocampus in food-storing birds. In *Animal Cognition in Nature,* edited by R. P. Balda, I.M. Pepperberg, and A. C. Kamil. San Diego and London: Academic Press. Pp. 99-118.

Clayton, N. S., and J. R. Krebs. 1994. Hippocampal growth and attrition in birds affected by experience. *Proc. Nat.Acad. Sci. USA* 91:7410-7414.

Dow, D. D. 1965. The role of saliva in food storage by the Gray Jay. *Auk* 82:139-154.

Heinrich, B. 1988. Winter foraging at carcasses by three sympatric corvids, with emphasis on recruitment by the raven, *Corvus corax. Behav. Ecol. and Sociobiol.* 23:141-156.

— 1999. *Mind of the Raven.* New York: HarperCollins.

Heinrich, B., and J. Pepper. 1998. Influence of competitors on caching behavior in the Common Raven, *Corvus corax.Anim. Behav.* 56:1083-1090.

Kallander, H., and H. D. Smith. 1990. Food storing in birds: An evolutionary perspective. In *Current Ornithology,* edited by D.M. Powers. Vol. 7. New York and London: Plenum Press. Pp. 147-207.

Marzluff, J.M., B. Heinrich, and C. S.Marzluff. 1996. Roosts are mobile information centers. *Anim. Behav.* 51:89-103.

Stahler, D. R., B. Heinrich, and D. W. Smith. 2002. The raven's behavioral association with wolves. *Anim. Behav.* (in press).

Strickland, D. 1991.Juvenile dispersal in Gray Jays: Dominant brood member expels siblings from natal territory. *Can. J. Zool.* 69:2935-2945.

Strickland, D., and H. Ouellet. 1993. Gray Jay. In *The Birds of North America,* edited by A. Poole and F. Gill. No. 40. Philadelphia: Academy of Natural Sciences. Washington, D. C.: American Ornithologists' Union.

Vander Wall, S. B., and R. P. Balda. 1981. Ecology and evolution of food-storage behavior in conifer seed-caching corvids. *Z. Tierpsychol.* 56:217-242.

— 1983. Rememberance of seeds stashed. *Natural History* 92:60-65.

Vander Wall, S. B., and H. E. Hutchins. 1983. Dependence of Clark›s Nutcracker, *Nucifraga columbiana,* on conifer seeds during the postfledging period. *Can. Field Nat.* 97:208-214.

Waite, T. A., and D. Strickland. 1997. Cooperative breeding in Gray jays: Philopatric offspring provision juvenile siblings. *Condor* 99:523-525.

23. La apuesta invernal de las abejas

Frisch, K. von. 1967. *The Dance Language and Orientation of Bees.* Cambridge, Mass.: Harvard University Press.

Heinrich, B. 19 79. Thermoregulation of African and European honeybees during foraging, attack, and hive exits and returns. *J. Exp. Biol.* 80:217-229.

—.1981. The mechanisms and energetics of honeybee swarm temperature regulation. *J. Exp. Biol.* 91:25-55.

Lindauer, M. 1 9 54. Temperaturreguliering und Wasserhaushalt im Bienenstaat. *Z. Vergl. Physiol.* 34:299-345.

— 1955. Schwarmbienen aufWohnungsuche. *Z. Vergl. Physiol.* 37:263-324.

Seeley, T. D. 1985. *Honeybee Ecology: A Study of Adaptation in Social Life.* Princeton, N.J.: Princeton University Press.

Seeley, T. D., and R. A. Morse. 1982. How do honeybees find a home? *Scientific American* 247 (October): 158-168.

Seeley, T. D., and J. Tautz. 2001. Worker piping in honeybee swarms and its role in preparing for liftoff. *J. Comp. Physiol.* A 187:667-676.

24. Brotes de invierno

Heinrich, B. 1996. When the bough bends. *Natural History* 2(96):56-57.

25. La clave de los reyezuelos

Bent, A. C. 1964. *Life Histories of North American Thrushes, Kinglets and Their Allies. U.S. Nat. Mus. Bull.* No. 196, New York: Dover Publications.

Blem, C. R., and J. F. Pagels. 1984. Mid-winter lipid reserves of the golden-crowned kinglet. *Condor* 86:461-492. Brewster, W. 1888. Breeding of the golden-crowned kinglet *(Regulus satrapa)* in Worcester County, Massachusetts, with a description of its nest and eggs. *Auk* 5:337-344.

Brockie, K. 1984. *One Man's Island.* New York: Harper and Row.

DeGraaf, R. M., and M. Yamasaki. 2001. *New England Wildlife.* Hanover and London: University Press of New England.

Desfayes, M. 1965. Biosystematics note of the genus *Regulus.Ardea* 53:82.

Ehrlich, P. R., D. S. Dobkin, and D. Wheye. 1992. *Birds in Jeopardy.* Stanford, Ca.: Stanford University Press.

Galati, R. 1991. *Golden-crowned Kinglets: Treetop Nesters of the North Woods.* Ames, Iowa: Iowa State University Press.

Galati, R., and C. Galati. 1985. Breeding of the golden-crowned kinglet in northern Minnesota. *J. Field Ornithol.* 56:28-40.

Graber, J. W., and R. R. Graber. 1979. Severe weather and bird populations in southern Illinois. *WilsonBull.* 91(1):88-103.

Graber, R. R., and J. W. Graber. 1963. A comparative study of bird populations in Illinois, 1906- 1909 and 1956-1958. Ill. *Nat. His. Surv. Bull.* 28:283-528.

Gstader, W. 1973. Jahresdynamik der Avifauna des Südwestlichen Innsbrucker Mittelgebirges. *Monticola* 3:1-68.

Heinrich, B. 1992. *The Hot-Blooded Insects.* Cambridge, Mass.: Harvard University Press.

Heinrich, B., and R. Bell. 1995. Winter food of a small insectivorous bird, the Golden-crowned Kinglet. *Wilson Bull.* 107:558-561.

Hilden, O. 1982. Winter ecology and partial migration of the Goldcrest, *Regulus regulus* in Finland. *Ornis Fenn.* 59:99-122.

Hogstad, O. 1984. Variation in numbers, territoriality and flock size of a Goldcrest, *Regulus regulus* population in winter. *Ibis* 126:296-306.

Ingold, J. L., L. A. Weight, and S. I. Guttman. 1988. Genetic differentiation between North America kinglets and comparisons with three allied passerines. *Auk* 105:386-390.

Ingold, J. L., and R. Galati. 1997. Golden-crowned kinglet *(Regulus satrapa).* In *The Birds of North America,* edited by A. Poole and F. Gill. No. 301. Philadelphia: Academy of Natural Sciences. Washington, D.C.: American Ornithologists[1] Union.

Kania, W. 1983. Preliminary remarks on the migration of North European Goldcrests, *Regulus regulus. Ornis. Fenn.,* Suppl. 3:19-20.

Kubisz, M.A. 1989. Burdock as a hazard to Golden-crowned kinglets and other small birds. *Ont. Birds* 7: 112-117.

Lagerström, M. 1979. Goldcrests *(Regulus regulus)* roosting in the snow. *Ornis. Fenn.* 5 6:170-171.

Larrison, E. J., and K. G. Sonnenberg. 1968. Washington birds. *J. Seattle Audubon Soc.* (Seattle, Wash.).

Lepthien, L. W., and C. E. Bock. 1976. Winter abundance of North American kinglets. *Wilson Bull.* 88:482-485.

Löhrl, H. 1955. Schlafgewohnheiten der Baumlaufer (*Certhia brachydactyle, C. familiaris*) und arderer Kleinvögel in Kalten Winternächten. *Vogelwarte* 18:71-77.

Palmgren, P. 19 3 2. Zur Biologie von *Regulus r. regulus* (L.) und *Parus atricapillus. Acta Zoologica Fennica* 14:1-113.

— 1936. Über den Massenwechsel bei *Regulus r. regulus* (L.). *Ornis Fenn.* 13:1 59-164.

Reinertsen, R. E., S. Haftorn, and E. Thaler. 1988. Is hypothermia necessary for the winter survival of the Goldcrest *Regulus regulus? J. Ornithol.* 4:43 3-437.

Sabo, S. R. 1980. Niche and habitat relations in subalpine bird communities of the White Mountains of New Hampshire. *Ecol. Monogr.* 50:241-259.

Sheldon, F. H., and F. B. Gill. 1996. A reconsideration of songbird phylogeny, with emphasis on the evolution of titmice and their sylvioid relatives. *Syst. Biol.* 45:473-495.

Sibley, C. G., and J. E. Ahlquist. 1985. The phylogery and classification of the passerine birds, based on comparisons of the genetic material DNA. *Proc. 1 8th Int. Ornith. Congr. 1984.*

Thaler, E. 1990. *Die Goldhähnchen.* Wittenberg Lutherstadt: A. Ziemsen Verlag.

Thaler, E., and K. Thaler. 1982. Feeding biology of Goldcrests and Firecrests and their segregation by choice of food. *Ökol. Vögel* 4:191-204.

Thaler-Kottek, E. 1986. The genus *Regulus* as an example of different survival strategies: Adaptation to habitat and ethological differentiation. In *Acta XIX Intern. Congr. Ornithol.* II (Ottawa). Pp. 2007-2020.

Para más información:

EDITORIAL
CARBRAME

www.editorialcarbrame.es
editorialcarbrame@gmail.com